Katja Krauß und Gabi Maue

Emotionen
bei Hunden sehen lernen

© 2020 KYNOS VERLAG Dr. Dieter Fleig GmbH
Konrad-Zuse-Straße 3, D-54552 Nerdlen/Daun
Telefon: 06592 957389-0
www.kynos-verlag.de

Grafik & Layout: Kynos Verlag
Bildnachweis siehe Seite 624
Grafikelemente von sabri deniz kizil-adobe.stock.com

4. Auflage 2023

Gedruckt in Lettland

ISBN 978-3-95464-302-8

KYNOS STIFTUNG

Mit dem Kauf dieses Buches unterstützen Sie die
Kynos Stiftung Hunde helfen Menschen
www.kynos-stiftung.de

Inhaltsverzeichnis

Vorwort von Linda Tellington-Jones

Ich kenne die beiden Autorinnen Katja Krauß und Gabi Maue seit ihrer Ausbildung zum Tellington TTouch® Practitioner und schätze ihre Arbeit und ihr tiefes Wissen über Hunde sehr.
Im Jahr 2014 sah ich zum ersten Mal das Vorlayout für diese Buchidee, die nun, einige Jahre später, Wirklichkeit geworden ist. Damals war ich bereits sehr beeindruckt – von der Idee, der Auswahl und der Qualität der Fotos und den präzisen Fotobeschreibungen. Dieses Zusammenspiel weckte die Hoffnung auf eine völlig neue Art und Weise, die nonverbale Kommunikation von Hunden zu diskutieren und zu erklären. Die Komplexität des Themas könnte sichtbar und verständlich gemacht werden – nicht nur für Menschen, die professionell damit umgehen, sondern für alle am anderen Ende der Leine. Ein solches Buch wurde damals schon dringend benötigt, und ich bin sehr froh, dass es nun endlich fertig ist.
Dieses Buch eröffnet einen neuen und noch nie dagewesenen Zugang zur Sprache der Hunde und vervollständigt und bereichert die Reihe der Bücher über die Körpersprache und das Ausdrucksverhalten von Hunden. Es enthält eine phänomenale Sammlung von Hundefotos, die verschiedene Rassen in zahlreichen Situationen mit detaillierten Beschreibungen ihres Ausdrucksverhaltens zeigen. Jede Seite lädt Sie ein, tiefer in diese Welt der nonverbalen Kommunikation von Hunden einzutauchen.
Ohne Übertreibung kann man von einem monumentalen Werk sprechen. Es sollte in viele Sprachen übersetzt werden, damit es einem großen Kreis von Menschen, die Hunde lieben, zugänglich gemacht werden kann!
Für unser Practitioner-Training für Hunde wünsche ich mir, dass dieses Buch zur Pflichtlektüre wird! Es ist eine wunderbare, unverzichtbare Ergänzung zur Philosophie und Arbeitsweise der Tellington TTouch® Methode.

Stimmen zum Buch*

Dr. Susan G. Friedman
Behavior Works

Emotionen bei Hunden sehen lernen ist ein Gamechanger: Weg vom traditionellen Mensch-zu-Hund-Monolog hin zum Mensch-mit-Hund-Dialog, der den modernen, emphatischen Trainer auszeichnet. Mit der nötigen Berücksichtigung von Rasse und Situation ist es ein erstaunlich vollständiges Referenzwerk in Wort und Bild dazu, was Hundeverhalten für alle diejenigen Sorgeberechtigten bedeutet, die zum Zuhören bereit sind.

Udo Kopernik
Mitglied im Vorstand des Verband für das Deutsche Hundewesen (VDH), VDH-Pressesprecher

Die Frage „Was denkt mein Hund?“ ist ziemlich alt. Einige seiner Gedanken haben wir bereits für uns entdeckt. Aber vielleicht ist da noch mehr. Und dieses „Mehr“ können wir nur entdecken, wenn wir unsere Gefährten besser verstehen, deren Emotionen „lesen“ können und mit unseren in Einklang bringen. Das Buch von Katja Krauß und Gabi Maue hilft dabei. Ein Bilderbuch im besten Sinne – entscheidende Momente des Ausdrucksverhaltens auf zahllosen Fotos eingefroren und plastisch erklärt.

Claudia Matten
Gründerin und Geschäftsführerin von Easy Dogs

Die Körpersprache des Hundes lesen zu können schafft Verständnis, Vertrauen und Sicherheit für alle Beteiligten. Sicherheit für sich selbst und die eigene Familie, die Umwelt, in der wir uns bewegen, und natürlich auch für die Hunde selbst. Dieses wunderbare Buch mit viel Blick zum Detail ist aus gutem Grund sehr umfangreich. Eine wirklich gelungene Mischung aus großformatigen, scharfen und ausdrucksstarken Bildern – und kurzen, leicht verständlichen und einprägsamen Erklärungstexten!

* *in alphabetischer Reihenfolge*

Dr. Patricia B. McConnell
zertifizierte Tierverhaltenstherapeutin,
Autorin des Bestsellers „Das andere Ende der Leine“

„Wir haben die Meinungen und die Hunde haben die Fakten“, sagt eine der Autorinnen dieses tollen Buchs in Anerkennung der Tatsache, dass wir ständig raten, wie ein Hund sich wohl gerade fühlen mag. Aber dieser wichtige Vorbehalt führt uns zu einer erstaunlichen Anzahl exzellenter Fotografien, die jedem Detail jedes nur möglichen visuellen Signals, das ein Hund uns zum Signalisieren seines inneren Zustands geben könnte, auf den Grund gehen. Dieses Buch ist eine Leistung, die es zu feiern gilt, denn es wird unsere Fähigkeit zur Beobachtung subtiler, aber wichtiger Signale unserer Hunde verfeinern. Wenn Sie ernsthaft an Hundeverhalten interessiert sind, setzen Sie es auf Ihre „Must-have-Liste“!

Lily Merklin
Tellington TTouch® Instruktorin, Psychologin,
Psychologische Psychotherapeutin

Nach diesem Buch bezweifelt niemand mehr, dass Tiere Gefühle haben! Es enthält eine schier unglaubliche Menge an hervorragenden Fotos, die von den Autoren mit viel Liebe zum Detail kommentiert werden. Ein Muss für jeden Hundehalter, der seinen Vierbeiner besser verstehen und sein Auge schulen will und hoffentlich bald ein Standardwerk in den Ausbildungen zum Hundetrainer.

Dr. James O'Heare
Verhaltensexperte, Autor, Inhaber Animal Sciences Institute

Ich wünschte, der durchschnittliche Hundehalter könnte das bevorstehende Verhalten eines Hundes aufgrund seines Ausdrucksverhaltens genau vorhersagen. *Emotionen bei Hunden sehen lernen* kommt dieser Anforderung ziemlich nahe und wird auch eine nützliche Lektüre für alle diejenigen sein, die eine berufliche Karriere in Hundetraining oder -betreuung anstreben.

Simon Prins
Spür- und Diensthundeausbilder bei der niederländischen Polizei, Gründer von ACT – Animal Consultancy and Training

Emotionen sind der Schlüssel zur Seele, und wenn Sie sie lesen können, wird die Kommunikation mit Ihrem Hund intensiver werden als je zuvor. Katja und Gabi ist es nicht nur gelungen, diese Emotionen einzufangen, sondern sie erklären und zeigen dem Leser in ihrem Buch, wie er den Schlüssel zur Seele seines Hundes finden kann. Ein definitives Muss für den ernsthaften Hundehalter.

Daniela Rickert
Veterinärdirektorin, Fachtierärztin für Tierschutz, Fachtierärztin für öffentliches Veterinärwesen

Das Buch von Katja Krauß und Gabi Maue hilft mir in meiner täglichen Arbeit als Amtstierärztin. Oft sind wir mit Haltungsproblemen konfrontiert, die aufgrund von Missverständnissen zwischen Hund und Halter entstehen. Durch die vielen exzellenten Bilder kann man Hundehaltern verdeutlichen, welche Emotionen ihr Tier hat (und zeigt!) und dadurch zu einem harmonischeren Miteinander beitragen.

Dr. Barbara Schöning
Fachtierärztin für Verhaltenskunde und Tierschutz

Das Buch beschreibt detailliert die Ausdruckselemente bei Hunden und welche Informationen sie einzeln und im Zusammenspiel liefern. Der Leser wird besonders auf die dezenten Signale hingewiesen, mit denen Hunde ihre Emotionen und den Motivationszustand zum Ausdruck bringen. Beschreibungen komplexer Bilder, z.B. Unsicherheits- oder Stressdisplay, und Verhaltensgruppen, z.B soziopositives Verhalten oder Aggressionsverhalten, runden das Gesamtbild ab. Das Buch ist nicht nur für Halter*innen nützlich und hilfreich, sondern auch für Hundetrainer*innen und Veterinärmediziner*innen.

Dr. Viviane Theby
Tierärztin mit Zusatzbezeichnung Verhaltenstherapie, Buchautorin, Leiterin der Tierakademie Scheuerhof

Mir ist es in der Ausbildung der Trainer sehr wichtig, dass sie die feinen Zeichen der Hunde lesen können. Diese werden in diesem Buch mit einer Menge an Hintergrundinformationen sehr schön gezeigt. Eine feine Kommunikation ist die Grundlage für gutes Training und damit auch zu einer bereichernden und harmonischen Partnerschaft. Den Autorinnen ist mit den aussagekräftigen Bildern ein sehr guter Beitrag zur besseren Verständigung zwischen Mensch und Hund gelungen und ich hoffe, dass sich dieses Wissen weit verbreitet.

Mag. Gabriele Vana
CNVC-zertifizierte Trainerin für Gewaltfreie Kommunikation und Autorin des Onlinekurses "Loving Animals"

Wie schön, dass es endlich ein umfassendes Werk gibt, das sich dem Hundewesen durch achtsames Beobachten nähert! Es ist eine ideale Ergänzung zu unserem Online Kurs Loving Animals, der auf der Grundlage der Gewaltfreien Kommunikation von Marshall B. Rosenberg basiert und sich unter anderem auch dem wertfreien Beobachten widmet. Ich kann das Buch nur jedem Hundefreund empfehlen, der Spaß und Interesse daran hat, seine Beobachtungsgabe zu verfeinern und somit die Beziehung zu seinem treuen Kameraden zu vertiefen.

Dr. Daniela Zurr
Tierärztin mit Zusatzbezeichnung Verhaltenstherapie

Nach dem Lesen dieses Buches hat der Hundehalter die Werkzeuge an der Hand, um seinen Hund wirklich zu verstehen. Deshalb gehört es in das Bücherregal jedes verantwortungsvollen Hundehalters.

Ein paar Worte der Autorinnen zuvor ...

Katja Krauß: Warum ich dieses Buch schreiben wollte

Ich bin inzwischen überzeugt, dass ich in einem vorangegangenen Leben selber mal ein Hund gewesen sein muss. Denn warum sonst ist für mich so offensichtlich, was viele Menschen überhaupt nicht wahrnehmen – warum Tiere in welcher Weise agieren und interagieren.

Ich bin gesegnet mit drei Geschwistern und nur bei mir fühlten sich meine Eltern fast genötigt, mir schon mit drei Jahren meinen ersten Hund zu schenken.

Bereits damals umgab ich mich mit allen Tieren, die ich finden konnte – Vogelküken, Katzen, Mäusen und so weiter. Mein Stoffhund, der eigentlich ein kleiner, brauner Bär war, war an Halsband und Leine mein täglicher Begleiter. Ich unterhielt mich mit allen Tieren und brachte meinen ersten drei Hunden, Blacky eins und zwei sowie Whiskey, unter anderem bei, eine Leiter hochzuklettern, eine Rutsche runterzurutschen und in allen Lebenslagen abzuwarten. Wenn ich heute sehe, wie schwer es den meisten Hundehaltern fällt, ihren Hunden das Warten beizubringen, geschweige denn Leitern zu klettern, dann muss mir eine gewisse Gabe des Verstehens wohl in die Wiege gelegt worden sein.

Nachdem wir nach Berlin gezogen waren, gab es ein paar Jahre in meinem Leben, die ich ohne eigenen Hund verbrachte. Damals hatte ich dann eigentlich alles, was man ansonsten an Tieren in der Wohnung haben konnte. Allerhand Vögel, Nager und natürlich immer Ausführhunde oder Pflegehunde bereicherten mein Leben. Dabei möchte ich nur Karli erwähnen, einen Bullterrier, den ich über Jahre täglich ausführte und der mir ein guter Lehrmeister war.

Ich denke heute, dass ich es irgendwann nicht mehr ohne eigenen Hund aushielt, und da meine Eltern ebenfalls Hunde liebten, trat Sascha, eine dreifarbige Border-Collie-Mix Hündin, in mein Leben. Mit ihr gemeinsam nahm ich bereits nach vier Wochen Mitgliedschaft in einem Hundesportverein an den ersten Wettkämpfen erfolgreich teil. In kürzester Zeit starteten wir bereits bei Meisterschaften. Das erwähne ich nur, weil ich heute denke, dass ich diese Erfolge so schnell verbuchen konnte, weil ich ein tiefes Verständnis für Hunde und Tiertraining besitze.

Allerdings ist es mir wichtig, hervorzuheben, dass ich nicht in ihre Köpfe schauen kann und auch nicht immer weiß, was sie denken. Doch in den

Blacky, der erste Hund, mit dem ich zusammenleben durfte.

Blacky zwei, auf der Rutsche.

meisten Fällen kann ich absehen, was passieren wird und mir ist vermeintlich klar, warum es so kommen wird.

Als Jugendliche in meiner aktiven Tierschutzzeit und auf dem Hundeplatz kann ich mich noch daran erinnern, dass meine Trainerin Sabine zu mir sagte, ich könnte mal ein Buch schreiben, denn es wäre hochinteressant, wenn ich die Interaktionen zwischen unseren Hunden oder den Hunden mit ihren Haltern kommentieren würde. Ich nannte das damals „Übersetzen", wenn wir gemeinsam am Zaun standen und dabei zusahen, wie die anderen mit ihren Hunden trainierten und ich den Hunden eine „Stimme" verlieh. Ich sprach aus, was die Hunde dachten – besser gesagt, was ich dachte, was die Hunde dachten.

Wir haben die Meinungen und die Hunde haben die Fakten. Daher würde ich mir niemals anmaßen zu behaupten, dass ich exakt wüsste, was in einem anderen Individuum vor sich geht, doch häufig liege ich richtig mit meiner Meinung, was an der Reaktion zu erkennen ist, die im Anschluss folgt.

Dabei wird mir immer wieder klar, wie froh ich bin, dass ich kein Wissenschaftler bin. Ich sehe mich als Praktiker. In meinem Leben wurde ich bis heute von 17 eigenen Hunden begleitet. Einige stammten aus dem Tierschutz, einige adoptierte ich als

Sascha kam aus dem Tierheim. Sie half mir dabei, mein Abitur zu bestehen und meine Studienzeit kurzweilig zu gestalten.

Unser Boxer Whiskey.

Karli war ein waschechter Bullterrier aus dem Kneipenmilieu Berlins, der mich sicherlich sehr viel für meine spätere Tätigkeit als Hundetrainer gelehrt hat.

Welpen, andere als erwachsene Hunde. Es sind verschiedenste Rassen und Mischlinge, und eine Hündin durfte auch aus einem eigenen Wurf bei mir bleiben. Zudem habe ich mit Tausenden anderen Hunden in meiner Hundeschule Kontakt haben dürfen. Also spreche ich aus Erfahrung und von meinem Bauchgefühl ausgehend. Wenn ich etwas in diesem Buch beschreibe, dann ist das meine Meinung und ich erhebe keinen wissenschaftlichen Anspruch darauf, dass ich damit richtig liege. Ich möchte lediglich mit anderen Menschen meine Ansichten teilen und sie teilhaben lassen an dem, was ich wahrnehme. Ich habe in über drei Jahrzehnten immer wieder festgestellt, dass viele Menschen durch Nachahmung lernten, wenn ich ihnen ihre Hunde erklärte, selber ihre Hunde besser zu verstehen.

Verstehen ist ein sehr wichtiger Begriff in meinem Leben. Deshalb ist es mir ein Herzensanliegen, meine Beobachtungen mit möglichst vielen Menschen zu teilen.

So kam es zu der Idee, gemeinsam mit meiner Freundin Gabi Maue diesen Bildband zu schaffen. Ich kenne Gabi seit unserer gemeinsamen Ausbildung zum Tellington TTouch® Practitioner. Wir haben vor vielen Jahren angefangen, über dieses Buchprojekt zu sprechen und haben seitdem Fotos und Videos gesammelt.

Ich habe dabei immer großen Wert darauf gelegt, dass alle Aufnahmen in natürlichen Situationen entstanden sind – sofern man von natürlichen Situationen sprechen kann, wenn von der Haltung unserer Hunde in unserer Gesellschaft gesprochen wird. Doch wir haben Hunde nicht gezielt provoziert und mussten auch manchmal interessante Bildfolgen abbrechen, da wir Situationen deeskalieren mussten. Dadurch bedingt entsprechen manche Fotos nicht ganz dem üblichen Qualitätsstandard für ein Buch. Es sind Schnappschüsse, die wir in unzähligen Stunden der letzten Jahre sammelten.

Hundebegegnungen sind Menschenbegegnungen gar nicht so unähnlich. Das ist allerdings nicht der Grund dafür, warum es mir wichtig erschien, Begriffe zu verwenden, die wir auch verwenden würden, wenn unser Buch von Menschen handeln würde. In den letzten Jahren wurden in mehreren wissenschaftlichen Disziplinen herausgearbeitet, was die Sprache mit uns macht. Warum zum Beispiel nennt man die Lippe beim Hund Lefze und den Mund Fang und was macht das mit dem Lesenden? Lassen Sie es mal auf sich wirken, ob es für Sie einen Unterschied macht, wenn ich beschreibe, die Lefze ist angespannt oder die Lippe des Hundes ist angespannt. Ich denke die „Hundefachsprache“ hilft dabei, Hunde als etwas „Anderes“ und vielleicht auch etwas „Niederes“ zu betrachten. Dem Menschen ist eine Scheu vor Unbekanntem in die Wiege gelegt. Es wird somit allein über die Sprache ein gewisser Abstand zum Wesen Hund erzeugt, der meines Erachtens dem Hund nicht guttut. Ich möchte die These aufwerfen, dass es dem Menschen leichter fällt, Tiere grob zu behandeln, wenn es – auch bedingt durch die sprachliche Prägung – schließlich nicht „unmenschlich“ ist. Lange Rede kurzer Sinn: Wir haben uns in diesem Bildband daher ganz bewusst für eine menschliche Beschreibung entschieden, das heißt wir verwenden zum Beispiel bewusst das Wort Lippe anstatt Lefze. An manchen Stellen erschien uns das selber recht merkwürdig. Also sollten wir das manchmal nicht ganz stringent durchgehalten haben, dann ist es dem Umstand geschuldet, dass auch wir es jahrelang anders kennengelernt haben.

Ich hoffe, dass dieser Bildband möglichst viele Hundehalter erreicht und ihnen dabei hilft, die Gefühle ihrer Hunde besser zu verstehen. Denn durch Verstehen entsteht Verständnis und Mitgefühl, zwei Grundpfeiler einer guten Beziehung. Ich wünsche allen Betrachtern dieses Buches viel Spaß und freue mich schon jetzt auf möglichst viel Feedback.

Bedanken möchte ich mich bei meiner Familie, die meine Tierliebe nicht nur ertragen, sondern immer voll umfänglich unterstützt hat. Außerdem möchte ich mich bei all meinen Tieren und natürlich ganz besonders bei meinen Hunden bedanken. Sie alle waren und sind meine besten Lehrmeister.

Katja Krauß
Berlin, Juni 2020

„Zu lernen, Deinen Tierfreunden etwas zu flüstern, ist wertvoll. Zu lernen, ihnen zuzuhören, ist das Zeichen eines begnadeten Tierliebhabers."

Linda Tellington-Jones

Gabi Maue: Wie dieses Buch entstand

Seit ich denken kann, fühle ich mich zu Tieren und insbesondere zu Hunden und Pferden hingezogen.

Den Traum vom eigenen Pferd oder Hund konnten mir meine Eltern lange nicht erfüllen. Als Jugendliche hatte ich dann mein erstes Islandpferd – bis mich der erste eigene Hund begleitete, war ich fast zwanzig Jahre alt. Und so war ich in meiner Kindheit und Jugendzeit mehr im Tierheim und auf dem Reiterhof zugegen als zuhause.

Schon immer haben mich beim Umgang mit den Pferden die Ängstlichen, die Unsicheren fasziniert, mit denen ich gut zurechtkam und die mir ihr Vertrauen schenkten.

Als 1985 Tiber, ein zwölf Wochen alter Pyrenäenschäferhund, bei mir und meiner Familie einzog, wurde aus der Leidenschaft eine tiefe und intensive Beziehung. Tiber erblindete mit drei Jahren, war zu Beginn völlig verunsichert und fortan sehr auf seine Menschen angewiesen.

Ich lernte, für Tiber die anderen Hunde zu lesen, ihre Stimmungen vorauszuahnen, um ihm in den Hundebegegnungen die nötige Sicherheit geben zu können. Tiber wurde über vierzehn Jahre alt, hatte viele gute Hundekontakte und wurde nicht einmal von einem anderen Hund ernstlich attackiert. Im Laufe der Jahre stellte ich fest, dass wir uns zunehmend mehr auf seine eigenen Entscheidungen verlassen konnten – er hatte, vor allen Dingen für angespannte Situationen, eine Art „Bauchgefühl" entwickelt. Mit den „Augen wahrnehmen zu können" war nicht mehr unbedingt notwendig.

Um Tiber das Leben zu erleichtern, entschieden wir, eine Hündin gleichen Alters und gleicher Rasse zu übernehmen, Fanny. Sie war sehr unsicher

Gabi Maue mit Quivive

in der Begegnung mit fremden Menschen und andersrassigen Hunden, als sie zu uns kam. Leider war sie eher offensiv eingestellt und schnappte auch nach. Fanny lehrte mich, ihre Signale, ihre Rufe um Hilfe zu sehen und zu respektieren und dies möglichst im Vorfeld beginnender Eskalation. Mit Fanny wurde mir bewusst, wie subtil und schnell Stimmungen und Emotionen gezeigt werden und wie schnell sie sich ändern können.
Es fiel mir leicht, meine Hunde zu lesen und sie zu verstehen. Seit meiner Ausbildung zum Tellington TTouch® Practitioner konnte ich diese Eigenschaft verfeinern und ausweiten im Kontakt mit mir fremden Hunden. Ich erlebte, wie viel Vertrauen mir auch von unbekannten Hunden entgegengebracht wurde, wenn ich auf ihre Signale achtete, ihre gegenwärtige Stimmung respektierte und achtsam mit ihnen umging.
Seit dieser Zeit bereichert und beeinflusst die Tellington-Methode mein Leben und dafür bin ich Linda Tellington-Jones sehr dankbar.
Als Fanny mit neuneinhalb Jahren in einer Narkose blieb, hatte sie sich zu einer recht souveränen und vertrauensvollen Hündin entwickelt, die ihre schwierige Anfangszeit vergessen ließ.
Tiber zuliebe, der Fannys Tod nicht gut verkraftete, nahmen wir sehr schnell einen Welpen bei uns auf, die elf Wochen alte Quivive aus der Zuchtstätte meiner Freundin Else Großpietsch.
Quivive wurde mit Tellington TTouch® groß und sie benötigte kaum erzieherische Maßnahmen, weil unsere Beziehung auf gegenseitigem Vertrauen und Respekt basierte. Sie war schon sehr früh meine Partnerin und Mitarbeiterin in meinen Kursen, den Einzeltrainings und den Gruppenstunden. Quivive wurde eine Meisterin im Lesen und Anwenden der Körper- und Signalsprache von Hunden. Ich lernte jeden Tag aufs Neue von ihr dazu.
Quivive ist während der Endphase an der Verwirklichung dieses Buches fast fünfzehnjährig von uns gegangen. Sie wird in diesem Buch weiterleben.
Zu den Situationen, die Quivive unsicher bis ängstlich zeigen, möchte ich als ihre Bezugsperson zum Ausdruck bringen, dass sie zu keinem Zeitpunkt alleine war, sondern immer meinen Rückhalt hatte und auch nicht überfordert wurde.
Ich habe mich immer an Quivive orientiert, ob sie eine Begegnung zulässt oder sich für ein Ausweichen entscheidet. Natürlich habe ich auch die Körpersprache der begegnenden Hunde genau beobachtet, um sicher zu sein, dass Quivive keiner Bedrohung ausgesetzt war, während ich fotografierte.
Wenn Quivive zögerlich in der Annäherung reagierte, wusste ich, dass sie etwas an dem anderen Hund wahrgenommen hatte, das sie vorsichtig werden ließ. Oft genug war das für mich nicht so eindeutig zu lesen, aber ich konnte mich auf Quivive verlassen – und wieder einmal dazulernen. Denn Quivive war eine perfekte Lehrerin. Ich habe es nur zweimal erlebt, dass sie sich in der Einschätzung eines anderen Hundes geirrt hatte.
Während der Ausbildung zum Tellington TTouch® Practitioner, die ich 1998 begann, lernte ich auch meine Freundin Katja Krauß kennen. Ich war fasziniert – nicht nur, wie gut sie die Hunde lesen und einschätzen konnte, sondern auch, wie schnell sie gute Entscheidungen für Hund und Mensch traf und blitzschnell entsprechend handelte.
In dieser Zeit wuchs in mir das Bedürfnis, neben dem Wissen über die Tellington TTouch® Methode mehr über das Verhalten und die Emotionen von Hunden zu erfahren.
Im Austausch mit Katja und in vielen gemeinsamen Gesprächen entstand letztendlich die Idee zu diesem Bildband.
Wir haben etwa 2010 damit begonnen, gezielt für das Buch zu fotografieren. Vor allen Dingen Katja hat eine immense Anzahl von Fotos verschiedenster Hunde angefertigt. Alleine das Sichten und Aussortieren der Fotos hat, insgesamt gesehen, wahrscheinlich Monate gedauert. 2014 fühlten wir uns soweit, unsere Idee einem Verlag vorzustellen. Udo Kopernik (VDH) erstellte uns dazu dankenswerter Weise ein professionelles Vorlayout.
Nach anfänglicher Begeisterung des damals angefragten Verlages kam die Absage, das Buch sei zu sehr auf einen speziellen Kreis von Lesern ausgerichtet. Wir waren enttäuscht und es folgte eine Art „Loch", in das wir hineinfielen. Erst Anfang des Jahres 2019 haben wir überlegt, ob wir das Projekt entweder neu angehen oder endgültig aufgeben.

Mit Kynos haben wir dann einen Verlag gefunden, der bereit war, unser Buch zu drucken. Wir waren sehr glücklich und der Meinung, dass, sowohl inhaltlich wie von der Auswahl der Bilder her das Buch eigentlich druckfertig schien. Weit gefehlt! Es hat bezüglich Gliederung, Struktur und Fotoauswahl noch über ein Jahr intensiver Arbeit gebraucht, bis dem Verlag das Gesamtmanuskript vorlag.

Gabi Maue
Im Juni 2020

„Du bist zeitlebens für das verantwortlich, was du dir vertraut gemacht hast."

Antoine de Saint-Exupéry, Der kleine Prinz

Seit Juli 2020 gehört Anuk zu unserer Familie. Er wird von all dem profitieren, was mich Quivive und alle anderen Hunde gelehrt haben.

Warum also dieses Buch?

Wir, die Autorinnen Katja Krauß und Gabi Maue, arbeiten seit vielen Jahren als Lehrerinnen der Tellington TTouch® Methode mit Hunden unterschiedlicher Rassen, Charaktere, unterschiedlichen Alters und unterschiedlichen Erfahrungen in ihrem bisherigen Leben.

Was uns immer wieder auffällt, ist die Tatsache, dass selbst Menschen, die ihre Hunde lieben und zu verstehen glauben – und deswegen auch oft den Weg zu uns und unserer Art des Umgangs mit Hunden gefunden haben – die Emotionen ihrer Hunde entweder gar nicht verstehen oder völlig missverstehen.

Das hat verschiedene Gründe, angefangen bei kulturellen Unterschieden, von der Art und Weise, wie zum Beispiel die Eltern schon mit Hunden umgegangen sind, ob Hunde in der Familie mitlebten, über die Anwendung veralteter Trainingsmethoden, die auf Bestrafung basieren, „weil der Hund ja sonst seine Familie dominiert" bis hin zu der falschen Deutung der Körper- und Signalsprache von Hunden. Zu letzterem Punkt gibt es schon einige Bücher, die diese körpersprachliche Kommunikation sehr gut beschreiben. Was uns immer wieder fehlte, war eine detaillierte Beschreibung in Bildform. So begannen wir, Hunde zu fotografieren, in der Interaktion mit uns Menschen, mit anderen Hunden oder alleine in bestimmten Lebenssituationen.

Es ist uns natürlich bewusst, dass die Fotos – ähnlich wie Standfotos eines Videofilms – nur einen Moment festhalten, der schwierig zu interpretieren ist.

Darum haben wir sehr viele Fotosequenzen in diesem Buch, die mit circa sieben Bildern pro Sekunde aufgenommen wurden.

Die Kommunikation von Hunden untereinander läuft rasend schnell und meist sehr subtil ab, bevor deutliche und unübersehbare Signale gesendet werden. Diese subtile Kommunikation ist oft für unser Auge nicht wahrnehmbar. Sie verändert sich in Bruchteilen von Sekunden und kann, je nach Situation, auf einer Körperseite anders ablaufen als auf der anderen – wenn ein Hund sich zum Beispiel zwischen zwei Hunden befindet und beiden unterschiedliche Signale sendet.

Nur wenige Menschen besitzen die Fähigkeit, in diesen schnellen Frequenzen wahrzunehmen. Und nicht alle Hunde können so schnell wahrnehmen – auch da gibt es individuelle Unterschiede.

Wir haben für uns festgestellt, dass das viele Beobachten und das Auswerten der Fotos zu einer Art Bauchgefühl führte, was das Einschätzen von Situationen betrifft, vor allen Dingen, bevor es zu einer Eskalation kommt.

Unterschiede

Kurzhaarige helle Hunde sind oft leichter zu lesen als lang behaarte dunkelfarbige Hunde. Hunde mit einer markanten Gesichtszeichnung werden oft von anderen Hunden besser gelesen als Hunde mit einfarbigem Gesicht. Allerdings kann dies auch zu Problemen führen bei Hunden, die nicht gerne angestarrt werden, denn eine markante Zeichnung um den Augenbereich herum kann fixierend wirken.

Wir haben uns entschieden, mit vielen vergleichenden Fotos zu unterschiedlichen emotionalen Stimmungen unserer eigenen Hunde zu arbeiten, weil wir sie am besten kennen. Darum stellen wir Ihnen anschließend unsere „Hauptdarsteller" des Buches vor. Ein großer Teil des Buches ist aber genauso der Beschreibung und der Interpretation der Körpersprache von Hunden verschiedener Rassen und Hundetypen gewidmet, sodass Sie als Leser und Betrachter des Buchs auch die Möglichkeit haben, die Unterschiede innerhalb der einzelnen Rassen wahrzunehmen.

Jeder unserer Hunde ist ein Individuum, Gefühle werden unterschiedlich stark gezeigt bzw. es werden bestimmte Signale bevorzugt oder seltener benutzt.

Entsprechend ihres Charakters und ihres Temperamentes zeigen sie in ihrer Körpersprache eher zurückhaltendes oder offensives Verhalten.

Eben wegen dieser Unterschiedlichkeiten können diese Signale von den Haltern auch sehr verschieden gedeutet werden. So hat ein Porträtfoto von Quivive, auf dem sie für Gabi wirklich gelangweilt schaut, bei einem Halter von Hunden gleicher Rasse den Kommentar ausgelöst: „Wenn meine so schauen, muss ich aufpassen, sonst sind sie im nächsten Augenblick weg".

Hier wurde allein der Gesichtsausdruck von Quivive interpretiert, weil es sich um eine Porträtaufnahme handelte. Wahrscheinlich wäre hier eine Beobachtung des ganzen Körpers wichtig gewesen, um einen Schluss ziehen zu können auf die emotionale Verfassung von Quivive und um den Vergleich mit den anderen Hunden zu relativieren. Aus diesem Grund haben wir uns nicht nur auf die Darstellung der Gesichter konzentriert, sondern auch vergleichende Ganzkörperdarstellungen angefertigt.

Wichtig war uns, erst einmal möglichst neutral zu beschreiben, was auf dem Bild zu sehen ist, bevor eine Interpretation stattfindet.

Das Ausdrucksverhalten kann von äußeren Faktoren wie Wetter, Temperatur, Lichtverhältnisse, räumliche Umstände, Untergründe etc. und/ oder von inneren Faktoren wie unterschiedliche

Ausprägung der Sinneswahrnehmungen, Hunger oder Durst, Einschränkungen der Beweglichkeit aufgrund von Schmerzen etc. beeinflusst werden. All das spielt zusammen, weshalb die isolierte Betrachtung einzelner Körperteile zunächst nur unserer eigenen Blickschulung dient – bevor wir das Ganze zu erfassen versuchen!
Unser Anliegen ist, das Auge und die Wahrnehmung der Halter für die Emotionen der eigenen, aber auch die fremden Hunde zu schulen, um eben diese Art „Bauchgefühl" zu entwickeln, von dem weiter oben im Text die Rede war. Situationen, in denen Hunde Artgenossen oder Menschen begegnen, brauchen je nach Gemütslage und den Erfahrungswerten des eigenen Hundes eine Einschätzung, ob eine Unterstützung benötigt wird und in welcher Form. Die Art der Hilfe sollte für den Hund verständlich sein und sich an dem orientieren, was für den Hund leistbar ist und die Beziehung nicht belastet.

Emotionen – ein strapazierter Begriff

Emotionen werden auch von Hunden empfunden und gezeigt. Freude, Ärger, Angst, Neugier, liebevolle Zuwendung, Ekel oder Enttäuschung sind Emotionen, die wir denken, bei unseren Hunden alle schon wahrgenommen zu haben.
Dabei sind wir uns darüber im Klaren, dass schon Menschen sehr unterschiedliche Wahrnehmungen eigener oder bei anderen Menschen empfundener Situationen haben. Das hängt von sehr vielen Faktoren ab. Wie wollen wir dann die Emotionen von Tieren und hier speziell von Hunden erkennen und interpretieren?
Es kann trotzdem hilfreich sein, die Vokabeln zu verwenden, die wir auch in Bezug auf menschliche Emotionen benutzen, wenn wir uns dabei immer wieder ins Gedächtnis rufen, dass wir es nicht wirklich sicher wissen. Die Kynologie steht gerade am Anfang, was die Erforschung solcher Begriffe betrifft.
So ist sich die Wissenschaft auch noch nicht darüber einig, ob Hunde auch Neid oder Reue empfinden können und ob diese Gefühle ähnlich den unseren empfunden werden. Könnte es sein, dass Hunde zum Beispiel für das Gefühl „Freude" ähnlich viele unterschiedliche Empfindungen haben wie die Inuit unterschiedliche Wörter für den Begriff „Schnee" (aus John Bradshaw: Hundeverstand, Kynos Verlag)?
Drücken Hunde körper- und signalsprachlich unterschiedlich aus, wie sie z. B. Freude empfinden? Sind sie „eifersüchtig" in unserem Verständnis oder ist es ein anderes grundlegendes Gefühl, das ein Verhalten entstehen lässt, das uns an Eifersucht erinnert? Könnte es mit Trennungsangst, Bewachen, Verteidigung von Ressourcen oder dem Verhindern von zu großer Nähe fremder Hunde oder Menschen aus Unsicherheit zu tun haben?
Dieses Buch soll helfen, in Bildern Emotionen und Stimmungslagen zu erkennen. Um den eigenen Hund in diesem Bereich subtiler Signale und ihrer Körpersprache wirklich verstehen zu lernen, ist unsere beste Empfehlung: Fotografieren Sie Ihren Hund in allen Lebenssituationen. Schauen Sie sich diese Bildfolgen hinterher sehr genau an und üben Sie sich im neutralen Beobachten und Beschreiben, bevor Sie an eine Interpretation denken!
Im ersten Teil des Buchs werden wir zunächst nur die Details der einzelnen Körperteile in der Kommunikation beschreiben. Später ist aber zur Interpretation und Einschätzung einer Stimmungslage immer die Beobachtung der gesamten Körperhaltung und Gesamtsituation wichtig.
Damit Hunde ein bestmögliches Leben in ihren Familien führen können, ist es nicht nur notwendig, dass sie geliebt werden, sondern auch, ihre Bedürfnisse zu sehen und darauf einzugehen, dass sie Respekt und Verständnis im täglichen Leben und in allen Lebenssituationen erfahren. Dazu möchten wir mit diesem Buch beitragen.

Unsere Hauptdarsteller

Gabis Hunde

Litla Wolfsspitz *1982

Tiber Berger des Pyrénées *1995

Zinfandelle, genannt Fanny Berger des Pyrénées *1995

Quivive Berger des Pyrénées *2004

Sie leben in meinem Herzen weiter.

Katjas Hunde

Von links nach rechts: Ischka Terriermix Hündin *1996
Momo Border Collie Hündin *1999;
Taschka Border Collie Pudel Mix Hündin *1999;
Dodger Schäferhundmix Hündin *1990
Drigon Deutscher Schäferhund Rüde *1993
alle fünf Hunde sind inzwischen im Himmel

Von links nach rechts: Tamika (genannt Mika) Podengo Português Mix Hündin *2009
Eve Yorkshire Terrier Hündin *2004; Arwen Schafpudel Hündin *2010
Jean russische Mix Hündin *2019; Neo Australien Cattle Dog Rüde *2018
Shoucran (genannt Rani) Golden Retriever Hündin *2009;
Dhanyabaad (genannt Dhanyi) Golden Retriever Hündin *2016
Cinderella (genannt Ella) spanische Mix Hündin *2010

Teil 1

Was uns der Hundekörper sagt – Details der Beschreibung

1. Der Kopf

Wenn wir den Kopf anschauen, haben wir verschiedene Bereiche, die uns einzeln betrachtet, aber auch in ihrer Gesamtheit sehr viele Informationen geben können. Hier finden Sie eine Übersicht der für eine Interpretation der Stimmungslage wichtigen Bereiche des Kopfes.

1. Ohren und Ohransatz
2. Kopfdecke mit Mittellinie
3. Augen
4. Mund, Mundwinkel
5. Nase
6. Wangen
7. Nasenregion

Gesichtsmimik und Ausdruck

Hunde verfügen über eine sehr differenzierte Gesichtsmuskulatur. Im Bindegewebe und direkt unter der Haut befindet sich eine Vielzahl kleiner Muskelstränge, die den Gesichtsausdruck steuern. Stimmungen lassen sich gut anhand der Gesichtsmimik ablesen. Hunde setzen ihre Gesichtsmimik aber auch zur Kommunikation ein. Angepasst an die Situation können sie diese auch asymmetrisch benutzen.

Subtile Veränderung mit einseitig hochgezogenem Mundwinkel bei der Annäherung eines Hundes von dieser Seite.

Deutliche Veränderung mit hochgezogener Oberlippe, Faltenbildung im Nasenbereich und sichtbaren Fangzähnen.

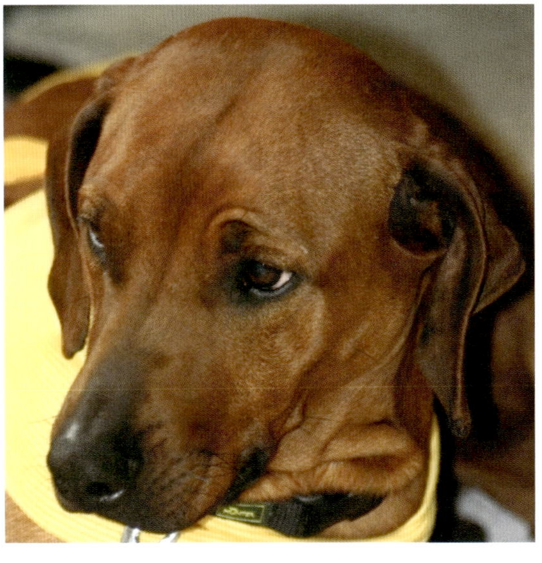

Anheben der linken Augenbraue mit Faltenbildung über dem Auge.

Einseitiges Blinzeln wegen der sorgenden Mutter von dieser Seite.

Ein Hund – zwei Gesichter

Ähnlich wie Menschen können Hunde zwei unterschiedliche Gesichtshälften haben, die, zum Beispiel betont durch markante Gesichtsmarkierungen oder unterschiedliche Ohrenstellungen, eine jeweils andere Wirkung haben *(siehe auch Kapitel Augen, Seite 109)*.
Wir neigen oft dazu, die optisch stärker betonte Hälfte eher wahrzunehmen.

Entspanntes, fröhliches Gesicht mit zwei fast gleichen Seiten und gleicher Mundwinkelstellung. Hier ist der Gesamtausdruck des Hundes von beiden Seiten sehr ähnlich.

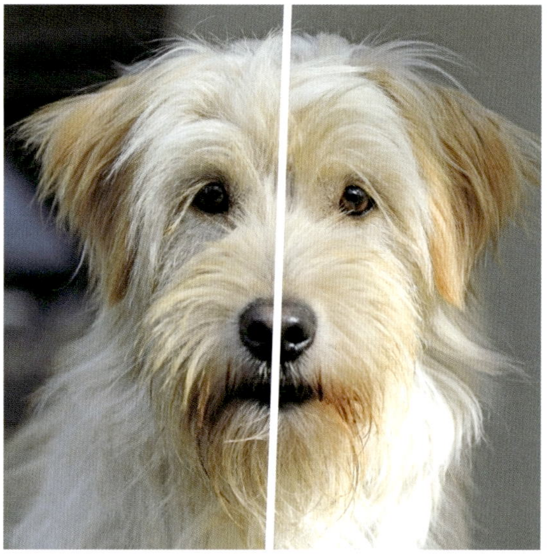

Entspanntes Gesicht mit unterschiedlich groß wirkenden Augen. Hier kann die Seite mit dem größeren Auge eher beobachtend bis fixierend wirken.

Leicht angespanntes Gesicht bei Aufmerksamkeit mit asymmetrischer Markierung und unterschiedlicher Ohrenstellung. Hier kann der Eindruck des direkten Blickkontaktes verstärkt werden, links durch die Augenmarkierung, die Ohrstellung und durch eine scheinbare Faltenbildung auf der Kopfdecke.

Leicht angespanntes Gesicht bei Aufmerksamkeit mit stark asymmetrischer Markierung und leicht schlitzförmigem Auge. Hier kann der direkte Blickkontakt durch das dunkle Auge in der dunklen Gesichtsmarkierung mit hellem Augenfleck irritieren.

Decken Sie auf den Fotos links eine der beiden Gesichtshälften im Wechsel ab und lassen Sie die sichtbare Gesichtshälfte auf sich wirken.
Welche Wahrnehmung haben Sie?
Ist die Wahrnehmung bei den einzelnen Gesichtshälften unterschiedlich?
Welche Gefühle empfinden Sie dabei?

Falten und Kopfdecke

Die Faltenbildung von Kopfdecke und Stirn gehört zu der Gesichtsmimik und sagt einiges über die Stimmungslage eines Hundes aus. Die Haltung der Ohren und die Augenbrauenstellung sind maßgeblich an der Faltenbildung beteiligt.
Man kann an der Anzahl und Tiefe der Falten ablesen, ob ein Hund aufmerksam beobachtend oder entspannt ist. Hunde können über die Faltenbildung im Gesicht und auf der Kopfdecke aber auch zum Ausdruck bringen, ob sie gestresst, ängstlich oder ärgerlich und ungehalten sind. Die Veränderungen finden meist sehr subtil statt im Gegensatz zum deutlichen Drohen mit entsprechender Faltenbildung um den Bereich von Mund und Nase.
Auch hier ist es wichtig zu beobachten, wie viele Falten ein Hund normalerweise im Gesicht hat und wie stark die Faltenbildung bei entspannter Situation ist.
Um vorausschauend handeln zu können, ist es hilfreich, beginnende Faltenbildung und damit eine Veränderung der Gesichtsmimik wahrzunehmen.
Entspannte Hunde weisen in der Regel wenig Faltenbildung im Gesicht auf. Ausnahmen bilden Hunde von Rassen, die sowieso sehr viele Falten haben. Sie werden oft von anderen Hunden missverstanden, vor allen Dingen dann, wenn Erfahrungen mit solchen Hunden fehlen.

Falten sind bei kurzhaarigen Hunden leichter zu erkennen als bei langhaarigen.

Von entspannt zu angespannt

Nala, eine Boxer-Mischlingshündin, nimmt mit ihrer Halterin an einem Ausbildungskurs „HUNDGESTÜTZT" in Berlin teil. Sie schaut sich das Kursgeschehen aufmerksam und recht entspannt an (Foto links). Dann gerät sie zunehmend mehr in den Modus des Beobachtens (Foto rechts).

Glatte (links) und in Falten gelegte Kopfdecke (rechts) bei zunehmender Anspannung.
Die Faltenbildung entsteht durch das Anheben der Ohren und das Zusammenziehen der Augenbrauen. Dadurch verändert sich auch die Größe der Augen.

Von entspannt zu angespannt

Bonnie ist eine kleine American Staffordshire-Hündin mit sehr viel Temperament und sehr hoher Muskelspannung. Bei ihr ist der Grad der Anspannung (Foto links) und die folgende Entspannung durch das Führen im Tellington-Lernparcours gut an dem Grad der Hautbeschaffenheit im Kopfdeckenbereich zu erkennen. Die Schädelkonturen werden sichtbarer.

Zunehmende Entspannung bei Kontaktaufnahme

Hier begegnet Quivive einer Beagle-Hündin. Deren Kopfdecke ist in deutliche Falten gelegt. Sie hat Interesse an dem Kontakt mit Quivive, bleibt aber auf Distanz und reckt Hals und Kopf.

Die Kopfdecke der Beagle-Hündin entspannt sich zusehends, die Falten werden deutlich weniger und flacher. Die beiden Hunde nehmen mehr Kontakt zueinander auf.

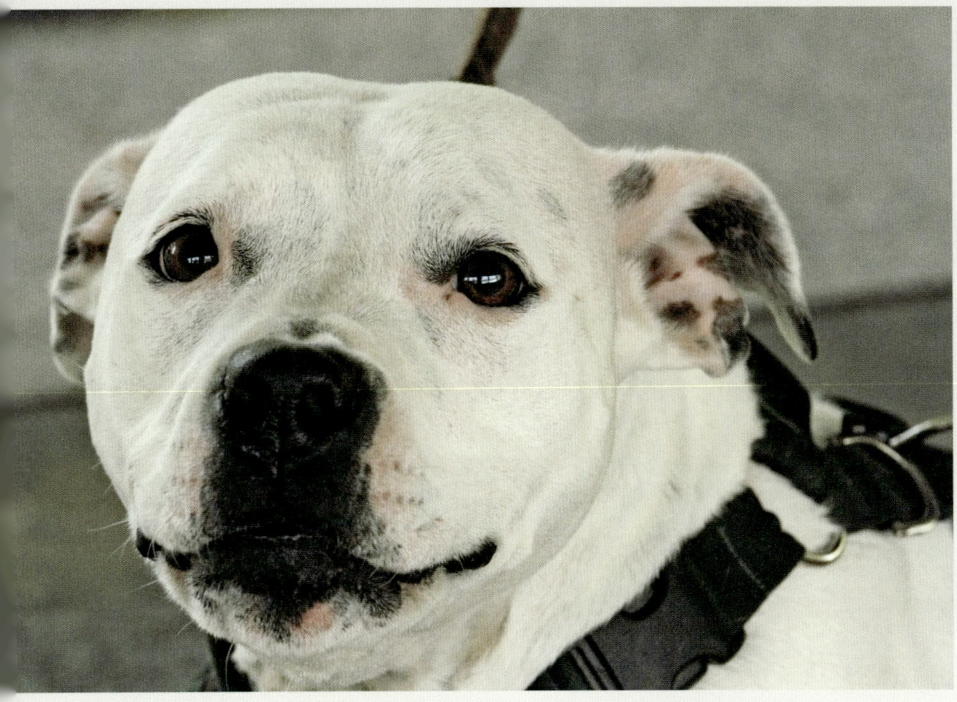

Straffe Kopfdecke (links) durch stark zurückgezogene Ohren bei starker Anspannung und weichere Kopfdecke (rechts) mit sichtbar werdender knöcherner Mittellinie bei zunehmender Entspannung.

Bleibende leichte Anspannung aus Interesse

Der helle Labrador-Rüde begegnet der schwarzen Taschka und der hellen Tamika (im Vordergrund). Er hat Interesse an Tamika und ist etwas aufgeregt. Seine Rückenhaare sind aufgerichtet. Durch die Aufrichtung der Ohren kommt es zur Faltenbildung der Kopfdecke.

Es ist gut zu sehen, dass die Faltenbildung nur die den Hunden zugewandte Seite betrifft. Tamikas Ohren zeigen die typische „Flirtstellung" der Ohren, die deutlich nach seitlich-hinten gedreht sind. Diese Ohrenstellung wird in einer interessierten Kontaktaufnahme zwischen Rüde und Hündin gezeigt.

Bleibende leichte Anspannung aus Interesse

Dieser Rüde lebt in einer Zuchtgruppe von Sloughis in Tunesien auf einem großen Gehöft. Er ist den Kontakt mit seinen Pflegern gewohnt, hat aber selten Kontakt mit fremden Menschen.
Hier geht er an Katja vorbei, die ihre Position ihm gegenüber nicht verändert hat.

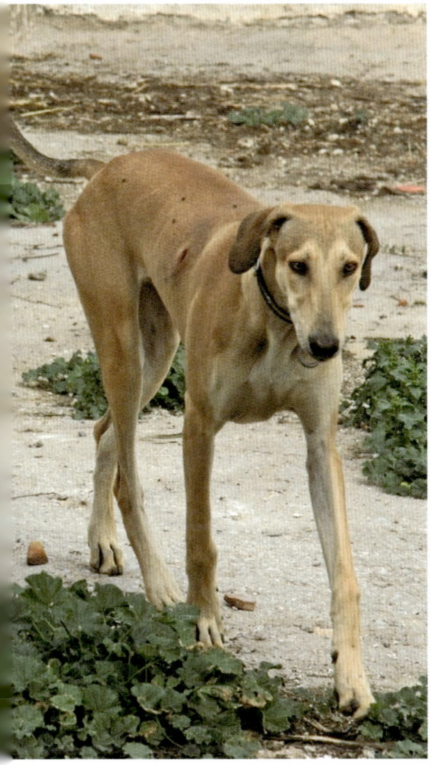

Leichte Anspannung
Leichtes Stirnrunzeln bei der Annäherung an einen fremden Menschen (in diesem Falle Katja mit der Kamera).

- Ohrenansatz leicht aufgerichtet
- Ohren nach hinten getragen
- Ohrspitzen hängen nach unten

Zunehmende Anspannung
Weitere Annäherung an Katja
Deutliche Faltenbildung im Bereich der Kopfdecke zwischen den Ohren

- Ohransatz vermehrt aufgerichtet
- Ohren weiter nach vorne genommen, Außenseite zeigt nach vorne
- Ohrspitzen etwas festgehalten

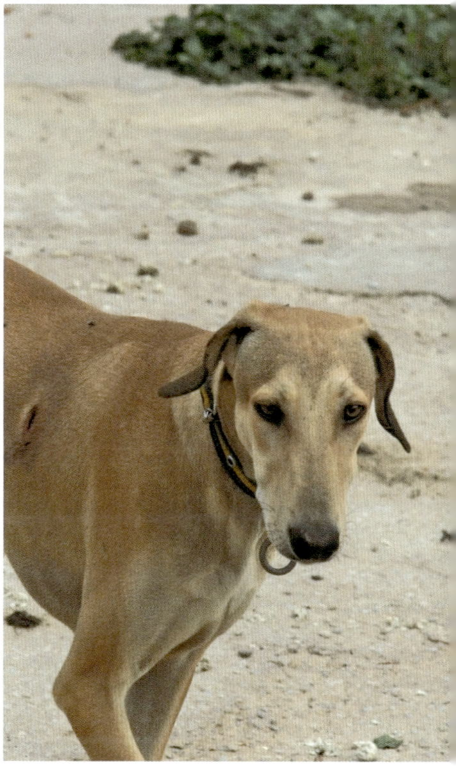

Nachlassende Anspannung
Die nach hinten getragenen Ohren zeigen den Rest des Unbehagens, der durch die Anwesenheit des fremden Menschen bleibt.

- Ohransatz weniger aufgerichtet, zur Seite und eher nach hinten zeigend
- Ohren flach am Kopf und nach hinten gehalten

Faltenbildung der Kopfdecke – aus anderer Perspektive

In der nächsten Fotoserie aus einem anderen Blickwinkel sind die Veränderungen der Faltenbildung an der Kopfdecke in Abhängigkeit der Ohrenstellung gut nachzuvollziehen. Die Ohrenstellung wiederum ist abhängig vom Grad der Entspanntheit.

Entspannt

- glatte Kopfdecke
- Ohren locker nach seitlich-hinten gehalten

Angespannt

- Kopfdecke in Falten gelegt,
- Ohren im Ansatz aufgerichtet

Blickwinkel

Dieser Blickwinkel erschließt sich, wenn der Hund angeleint vor seinem Halter läuft. In der Regel haben wir von dieser Perspektive aus weniger Möglichkeiten, die Faltenbildung des Gesichtes zu beobachten. Wir können aber die Ohrstellung und damit den Aufmerksamkeitsgrad unseres Hundes und seine Blickrichtung gut wahrnehmen.

Viele Hunde zeigen mit einem Aufstellen der Ohransätze und vermehrter Faltenbildung der Kopfdecke schon in weiterer Entfernung an, ob sie etwas gesehen, gerochen oder gehört haben. Damit haben wir mehr Zeit, vorausschauend zu handeln, zum Beispiel bei einem Hund mit Problemen in der Annäherung an andere Hunde oder Menschen oder Hunden mit einer deutlichen Jagdpassion.

Die Beobachtung von Veränderungen der Kopfdecke ist natürlich bei Langhaar-Hunden nicht mehr möglich, aber die Stellung der Ohren lässt sich hier sehr gut erkennen.

Wenig angespannt

- Ohren im Ansatz aufgerichtet und seitlich gehalten
- Ohrspitzen locker nach unten hängend

Daraus lässt sich schließen, dass die Kopfdecke kaum angespannt ist.

Etwas mehr angespannt

- Ohren im Ansatz weiter nach hinten gedreht
- Ohrspitzen nach unten gehalten

Aus der Annäherung der Ohrspitzen lässt sich schließen, dass die Kopfdecke etwas straffer ist.

Deutlich angespannt

- Ohren im Ansatz nach hinten gedreht
- Ohrspitzen nach hinten-unten abstehend

Daraus lässt sich schließen, dass sich die allgemeine Spannung gesteigert hat und die Kopfdecke entsprechend angespannter ist.

Hier sind die Veränderungen sehr subtil und nicht einfach zu erkennen. Wenn Sie die Ohrenstellungen eines Langhaarhundes oft und gut beobachten, werden Sie die geringen Veränderungen bald bemerken und einordnen können.

Unbeabsichtigte Veränderung des Gesichtsausdruckes

Hunde von Rassen, die sowieso sehr viele Falten haben, werden oft von anderen Hunden missverstanden, vor allen Dingen dann, wenn Erfahrungen mit solchen Hunden fehlen. Sie können schnell den Eindruck vermitteln, als würden sie fixieren oder sogar bedrohen, obwohl sie vielleicht nur interessiert in eine bestimmte Richtung schauen.

Bulldogge

Bordeaux-Dogge

Rhodesian Ridgeback-Mischling

Rassebedingte Missverständnisse – ein Beispiel

Der Französische Bulldoggen-Rüde steht hier inmitten neugieriger Hunde. Sein Gesicht mit den vielen zusammengezogenen Falten über den Augen wirkt angespannt, seine Ohren allerdings sind eher in „Flirtstellung" gehalten. Solche Hunde zu lesen ist manchmal wirklich schwierig und es müssen alle anderen körpersprachlichen Details in eine Beobachtung oder Interpretation mit einbezogen werden.

Jean ist sichtlich beeindruckt von dem Gesichtsausdruck mit der schwarzen Gesichtsmarkierung (Maske) und der Gesichtsfalten der Französischen Bulldogge. Ihr Körperschwerpunkt ist nach hinten verlagert (siehe Foto links). Sie schwankt wohl noch, ob sie eine Spielaufforderung machen soll oder lieber das Weite sucht - und entscheidet sich für letzteres.

Veränderungen des Gesichtsausdrucks durch Maulkorb und Kopfhalfter

Hunde, die einen Maulkorb oder ein Kopfhalfter tragen, sind vielleicht eingeschränkt darin, jeden ihrer feinen Gesichtsmuskeln gezielt zu bewegen. Das kann alleine schon beim Tragen der Fall sein, obwohl es mittlerweile sehr weiche, abgepolsterte Modelle gibt, die sich gut tragen lassen. Die Einschränkung ist aber sicherlich erhöht, wenn Kopfhalfter oder Maulkorb nicht optimal passen oder wenn der Hund ein Problem mit dem Tragen hat. Dadurch kann es zu verändertem Ausdrucksverhalten im Gesichtsbereich kommen. Sich unwohl zu fühlen hat meist auch eine Auswirkung nicht nur auf Teilbereiche des Körpers, sondern auf den gesamten Körper.

Ein Maulkorb kann den Gesichtsausdruck verändern, weil manche Partien durch das Gesicht hervorgehoben wirken (z.B. die Augen) und andere Bereiche (z.B. Mund und Mundspalte) nicht gut zu sehen sind. Das kann die Kommunikation mit anderen Hunden einschränken.

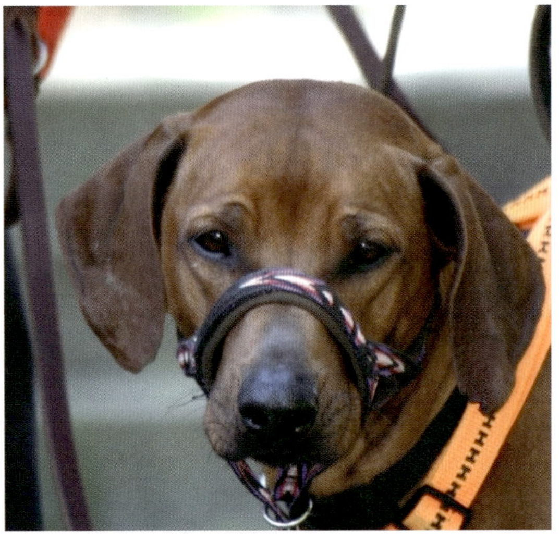

!!!

Kopfhalfter, wie auch Maulkörbe, sollten im Mund-Nasenbereich genügend Weite haben, damit Hecheln zum Temperaturausgleich und das Öffnen des Mundes zur Kommunikation oder Selbstberuhigung möglich sind.

Auch ein Kopfhalfter kann den Gesichtsausdruck verändern, zum Beispiel, weil die Mundspalte nicht gut zu erkennen ist.

Emotionserkennung

DogFACS

Seit 1978 beschäftigt sich die Wissenschaft sehr viel damit, Mimik standardisiert zu beschreiben (u.a. Paul Ekman, Wallace V. Friesen: Facial Action Coding System: A Technique for the Measurement of Facial Movement. Consulting Psychologists Press, Palo Alto, Calif. 1978, OCLC 605256401).
FACS ist eine Technik zur Mimik- beziehungsweise Emotionserkennung beim Menschen und wird mittlerweile auch auf verschiedene Tierarten übertragen, wie zum Beispiel auf Hunde (DogFACS, 2013).

Die Bedeutung der einzelnen Gesichtsausdrücke scheint universell zu sein, aber rassebedingt kann es zu Unterschieden kommen, die auch einem Hund eine Interpretation schwer machen können. Darum ist es zum Beispiel wichtig, dass Hunde nicht innerhalb einer Rasse großwerden, sondern die Vielfalt ihrer Artgenossen schon in ihren ersten Lebensmonaten erleben, um die unterschiedlichen „Dialekte“ im Ausdrucksverhalten kennenzulernen.

Wussten Sie, dass die Unterschiede in der Art und Weise, wie Hunde ihre Gesichtsmimik benutzen, auch auf uns Menschen einen Einfluss zu haben scheinen?

Wer kennt nicht den treuen Hundeblick, der viele Menschen dahinschmelzen lässt?

Hunde haben über die letzten Jahrtausende einen Muskel entwickelt, mit dem sie ihre innere Augenbraue nach oben ziehen können. Diesen kleinen Muskel haben Wölfe nicht. Ziehen Hunde ihre Augenbrauen nach oben, lässt das ihre Augen größer und damit kindlicher erscheinen. Noch dazu ähnelt diese Bewegung der von traurigen Menschen. Forscher nehmen an, dass Hunde so beim Menschen den Reflex auslösen, sich um sie zu kümmern.
In der Studie, für die DogFACS entwickelt wurde, konnte gezeigt werden, dass Tierheimhunde, die das Hochziehen der Augenbraue häufiger zeigten, eher wieder ein Zuhause fanden als andere Hunde, also von potenziellen Interessenten bevorzugt wurden (Quelle: wikipedia, Bridget M. Waller, Kate Peirce, Cátia C. Caeiro, Linda Scheider, Anne M. Burrows, Sandra McCune, Juliane Kaminski, Claire Wade: Paedomorphic Facial Expressions Give Dogs a Selective Advantage. In: PLoS ONE. 8, 2013, S. e82686, doi:10.1371/journal.pone.0082686).

Kopfhöhe und Hals

Der Hals steuert durch unterschiedliche Aufrichtung in bestimmten emotionalen Situationen zum Ausdrucksverhalten bei. Die Höhe, in welcher der Kopf getragen wird, ist mit von der Aufrichtung des Halses (Aufrichten, Absenken) abhängig und sagt zum Beispiel viel darüber aus, wie der Hund gerade „drauf“ ist, also wie entspannt oder aufmerksam er ist. Darum werden Ihnen in diesem Bildband immer wieder Hinweise auf die Aufrichtung des Halses und auf die Kopfhöhe begegnen.

Meist tragen sehr entspannte Hunde ihren Hals in Rückenhöhe oder tiefer, während er bei Anspannung stärker aufgerichtet wird. Der Kopf wird, abhängig von der Situation oder der Stimmung, abgesenkt oder angehoben getragen. Ausnahmen bilden Hunderassen, die von Natur aus eine sehr hohe Halsaufrichtung haben. Dazu gehören zum Beispiel die nordischen Hunderassen, Spitze oder der Akita Inu.

Es gibt auch Situationen (zum Beispiel Lauern), die mit Anspannung verbunden sind und in denen eine Kopftiefhaltung bei abgesenktem Hals gezeigt wird.

Kopftiefhaltungen können auch von älteren Hunden mit abnehmender Beweglichkeit der Halswirbelsäule und bei Erkrankungen und Schmerzen gezeigt werden. Hunde, die sich in einer Situation unwohl fühlen, haben oft tiefe Hals- und Kopfhaltungen. Hier ist, wie bei allen Detailbeschreibungen, immer die Gesamtsituation mit in Betracht zu ziehen.

Die Bewegungen des Kopfes (Anheben, Absenken) können, in Nuancen abgestuft, eine Veränderung der Emotion zeigen.

Das Anheben oder Absenken des Kopfes lässt sich am besten daran erkennen, wenn beobachtet wird, wo die Nase des Hundes hinweist.

Dhanyi hat in der Ferne etwas wahrgenommen. Mit der Veränderung der Aufmerksamkeit hebt sie den Kopf leicht an. Die Veränderungen von Kopfhöhe (wahrzunehmen an dem hellen Fleck im Hintergrund), Augenöffnung und Blickrichtung sind minimal, aber wahrnehmbar.

Wenig Anspannung

- Hals aufgerichtet
- Auge leicht mandelförmig
- Oberlid mit Augenwimpern abgesenkt
- Augenbraue neutral
- Kopf eher abgesenkt

Dhanyi fixiert kein bestimmtes Ziel.
Ihr Blick ist leicht nach unten gerichtet.

Etwas mehr Anspannung

- Hals aufgerichtet
- Auge etwas mehr geöffnet
- Augenbraue leicht angehoben
- Kopf etwas angehoben

Der Blick geht nun mehr nach oben in die Weite.

Veränderung der Halsaufrichtung bei zunehmender Aufmerksamkeit

Luna, die Hündin unserer Tellington TTouch-Kollegin Monika Reeh-Mehlis, ist in für sie ungewohnten Situationen oft etwas unsicher.

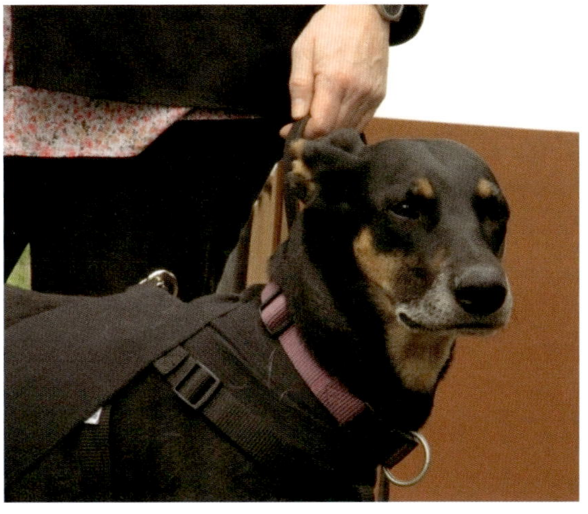

Skepsis und Unbehagen

- etwas „geduckte" Haltung von Hals und Kopf

Weitere Hinweise für Anspannung, gepaart mit Unbehagen:

- Ohren flach nach hinten gezogen
- Kopfdecke sehr straff und glatt
- keine direkte Blickrichtung
- Mund geschlossen

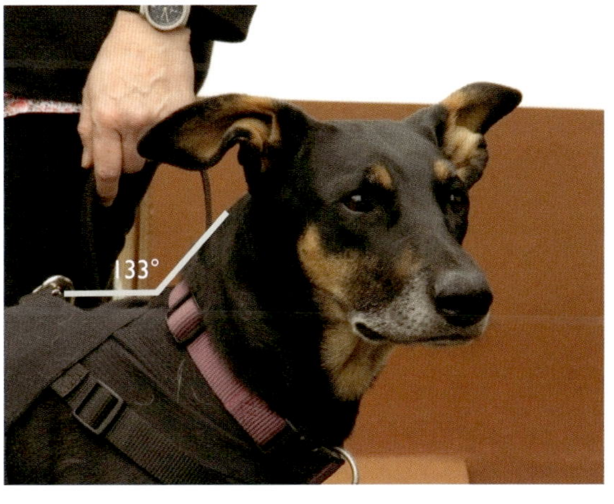

Angespannte und zunehmende Aufmerksamkeit

- Hals etwas mehr aufgerichtet

Weitere Hinweise für Anspannung, gepaart mit zunehmender Aufmerksamkeit:

- Ohren im Ansatz aufgestellt und nach seitlich-hinten gedreht
- direkte Blickrichtung
- Augenbrauen leicht zusammengezogen

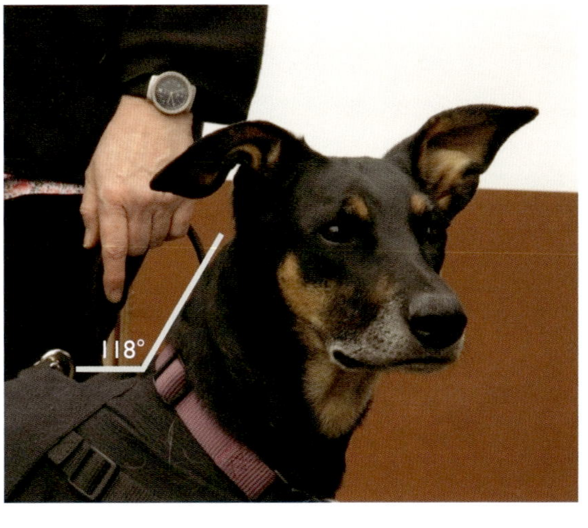

Erhöhte Anspannung bei großer Aufmerksamkeit

- Hals deutlich aufgerichtet

Weitere Hinweise für Anspannung, gepaart mit großer Aufmerksamkeit:

- Ohren im Ansatz aufgestellt und nach vorne ausgerichtet
- Augenbrauen angehoben und zusammengezogen
- leichte Faltenbildung auf der Kopfdecke

Diese Hündin lebt in einer Tierherberge und befindet sich mit ihrer Gruppe im Außengehege.
Oben: Sie läuft ohne besondere Anspannung, bis sie Katja und Gabi wahrnimmt.
Unten: Sie nimmt ihren Kopf hoch und nimmt Blickkontakt auf.

Verschieden hohe Kopfhaltungen aus unterschiedlichen Beweggründen

Dieser Husky-Rüde hat deutliches Interesse an Ranis Hinterteil, das sich rechts vor ihm befindet. Die etwas seitlich getragen Ohren („Flirtstellung") signalisieren seine freundlich-interessierte Grundstimmung *(s. a. Kapitel Ohren, Seite 76).*

Hohe Kopfhaltung bei Anspannung aus Interesse

- hoch aufgerichteter Hals
- Kopf abgesenkt

Weitere Anzeichen für leichte Anspannung:

- Walauge
- Mund geschlossen

Quivive hat Hasen im schneebedeckten Feld entdeckt. Ihre hohe Anspannung ist auch an der erhobenen Vorderpfote (Vorstehen) zu sehen.

Sehr hohe Kopfhaltung bei starker Anspannung (im Jagdmodus)

- Hals hoch aufgerichtet
- Kopf hoch erhoben

Weitere Anzeichen für Anspannung:

- Rückenlinie gerundet
- Ohren im Ansatz aufgerichtet und nach vorne gehalten

Der hoch erhobene Kopf signalisiert in Kombination mit dem Darüber-Hinwegschauen und leicht angehobener Rute sehr deutlich Yorks Desinteresse. Sind dabei die Ohren flach angelegt und die Mundwinkel angespannt, ist Missfallen mit im Spiel. York fühlt sich hier etwas genervt durch die vehementen Liebesbezeugungen von Arwen, die ihm seit der Welpenzeit sehr vertraut ist. Hier zeigt er souverän ein bisschen „Erwachsenen-Gehabe“, um sich etwas Respekt zu verschaffen.

Sehr hohe Kopfhaltung bei leichtem Ärger

York, rechts stehend:

- Hals aufgerichtet
- Kopf hoch erhoben

Weitere Anzeichen für Anspannung:

- Rute in Rückenhöhe
- Ohren flach angelegt, nach hinten genommen
- Mundwinkel nach hinten gezogen
- kein Blickkontakt

Junghundavancen

Eigentlich dienen diese Handlungen, wie Arwen sie hier zeigt, zur Bekräftigung von sozialen Bindungen unter sich bekannten Hunden. Trotzdem kann es manchmal ratsam sein, den jungen Hund zu sich zu rufen, wenn der erwachsene Hund sich wirklich sehr bedrängt fühlt und sich nicht souverän zu wehren weiß. Dann kann aus diesem Verhalten schnell ein Ernstfall werden.

Vorsicht bitte, wenn Sie einen solch überschwänglichen Junghund haben, der dieses etwas distanzlose Verhalten gegenüber fremden erwachsenen Hunden zeigt! Nicht jeder Hund reagiert souverän. Schmerzen, chronische Erkrankungen, fehlende oder negative Erfahrungen im Kontakt mit anderen Hunden, aber auch einfach das Empfinden von Unhöflichkeit oder Respektlosigkeit des Junghundes können zu Disziplinierung oder Aggression führen.

Für die Halter solcher Welpen- und Junghunde ist es ratsam, höfliches Verhalten in der Annäherung an andere Hunde zu üben, zum Beispiel durch die Einhaltung entsprechender Abstände.

Rani (rechts) möchte ihre kleine Schwester Ella etwas mäßigen. Wahrscheinlich bellt oder knurrt Rani hierbei. Der Körperschwerpunkt liegt vorne.

Tiefe Kopfhaltung bei Ärger
Rani, rechts laufend:

- Kopf und Hals unter Rückenhöhe getragen

Weitere Anzeichen für Anspannung:

- Rute in Rückenhöhe und steif gehalten
- Ohren etwas nach hinten genommen
- direkter Blickkontakt
- Barthaare aufgerichtet
- kurze Mundspalte

Dieser Rhodesian Ridgeback-Rüde zeigt eine offensive, schon bedrohlich wirkende Annäherung an Gabi und Quivive. Je näher der Rüde kommt, desto tiefer wird seine Kopfhaltung. In diesem Fall hat sich der Hund nach mehrfachem Rufen seines Halters letztendlich abgewendet, worüber sowohl Gabi als auch Quivive sehr erleichtert waren.

Tiefe Kopfhaltung

- Kopf unter Rückenhöhe getragen

Weitere Anzeichen für Anspannung:

- direkter Blickkontakt
- nach vorne gerichtete und angehobene Ohren
- starke Faltenbildung der Kopfdecke
- nach vorne ausgerichtete Körperhaltung und -bewegung
- aufgestellte Haare vom Nacken bis in die Rute hinein (selbst der „Ridge“ des Hundes ist vermehrt aufgestellt)

Tiefe Kopfhaltung bei Aufmerksamkeit, gepaart mit Vorsicht
- Kopf unter Rückenhöhe getragen

Weitere Anzeichen für Anspannung:
- Rückenlinie gerade
- aufgerichtete Rute
- Körperschwerpunkt eher nach vorne verlagert
- Blick zielgerichtet
- Ohren etwas seitlich getragen
- linkes Vorderbein angehoben
- Fell über Rücken aufgerichtet

Dieses Bild könnte eine gewisse Verzögerung in der Vorwärtsbewegung beinhalten, so als ob Rani sich kurz überlegt, ob sie weiter vorwärts gehen soll. Möglicherweise war ein Wildschwein in der Nähe gewesen. Doch die anderen Hunde verhielten sich alle unauffällig.

Fionn ist gestresst von dem groben Spiel mit der Landseer-Hündin Fredi. Sie ist eigentlich eine sehr nette Hündin, die aber sehr körperbetont spielt.

Tiefe Kopfhaltung
- Hals tief abgesenkt

Weitere Anzeichen für Stress:
- starke Faltenbildung im Gesicht
- gesenkter Kopf
- Ohren flach nach hinten genommen
- straffe Kopfdecke
- Augenweiß sichtbar *(s. a. S. 104 Das Auge)*
- Zungenspitze verbreitert

Tiefe Kopfhaltung bei Stress
- Kopf etwas über Rückenhöhe getragen

Weitere Anzeichen für Anspannung:
- Ohren flach nach hinten gehalten
- Kopfdecke straff
- Augen gerundet
- Augenbrauen angehoben
- Zunge lang aus dem Mund hängend, mit sichtbarer Mittellinie

Diesem Schäferhund wird für ein Mantrailing-Training das Suchgeschirr angezogen. Da der Halter verletzt ist, übernimmt das ein dem Hund weniger gut bekannter Helfer. Er beugt sich dabei von oben über den Hund. Seine ganze Körpersprache zeigt den Stress, den er in dieser Situation empfindet.

Hohe und tiefe Kopfhaltung in der friedlichen Kommunikation

Die souveräne Althündin dieser Sloughi-Zuchtgruppe betritt erhobenen Hauptes die Szene – die jüngere Hündin zeigt ihren Respekt gegenüber der älteren durch die abgesenkte Kopfhaltung, die zurückgelegten Ohren und Blinzeln ohne direkten Blickkontakt.

- Ruten unter Rückenhöhe gehalten
- kein direkter Blickkontakt von Beiden
- Ohren der Althündin (rechts) locker hängend
- Blinzeln und abgesenkter Kopf der links stehenden Hündin

Die Beweglichkeit des Halses zur Seite

Es gibt Rassen, die anatomisch bedingt im Halsbereich weniger beweglich sind als andere. Kurznackige Hunde gehören dazu wie zum Beispiel Molosserartige und Bullterrier, aber auch kleinere Rassen wie der Mops oder die Französische Bulldogge. Solche Hunde können oftmals das Kommunikationssignal „Abwenden des Kopfes" nicht so gut ausführen und wenden dafür eher das Abwenden des gesamten Körpers an. Umgekehrt wenden sie sich dann auch eher mit dem gesamten Körper zu einem anderen Hund hin, was offensiver wirken kann, als nur den Kopf zu drehen.

Diese ganz eigenen Bewegungs- und Verhaltensmuster können zu Missverständnissen mit anderen Hunden führen, die zum Beispiel beweglicher im Halsbereich sind und erst einmal den Kopf einem anderen Hund zuwenden würden. Das ist einer der Gründe dafür, dass Hunde gleicher oder ähnlicher Rassen sich häufig leichter verstehen.

Dies ist ein gutes Beispiel für eine hohe Beweglichkeit im Bereich der Halswirbelsäule.

Die Bullterrier-Hündin ist da deutlich weniger beweglich.

Sie nähert sich Quivive, die sie nett aufgefordert hatte, zwar freundlich, aber grobmotorisch, indem sie in ihrem ganzen Körper sehr steif bleibt und Quivive nicht nur den Kopf, sondern gleich den ganzen Körper zuwendet.

Perspektivenwechsel

Gerade für sehr kleine Hunde macht die Perspektive einen großen Unterschied in der Wahrnehmung eines anderen Hundes. Kleinere Hunde haben – ähnlich wie kleine Kinder – einen anderen Blickwinkel auf ihre Umwelt. Sie nehmen dadurch anders wahr.

Von unten sehen wir unsere Hunde eher selten, beim Spielen kommen schon mal Blickwinkel aus gleicher Höhe dazu, aber unsere Perspektive ist meist die von oben.

In einer Stadt brauchen besonders die kleineren Hunde immer den Schutz ihrer Halter.

Aber auch auf dem Land ist die Wahrnehmung eines kleinen Hundes erschwert, zum Beispiel durch Unterholz oder hohes Gras. Das ist vielleicht ein Grund dafür, dass viele kleinere Hunderassen kurzbewachsene Wege bevorzugen. Eine Ausnahme bilden sicherlich niedrigläufige Jagdhunderassen wie zum Beispiel Dackel oder Basset.

Das Ohr

Hören ist ein komplexer Vorgang, den wir im Rahmen dieses Buches nur sehr vereinfacht darstellen wollen.
Mehr zu dem Thema erklärt Katja in ihren beiden Webinaren über die Sinne des Hundes (dog-ibox.com).
Hunde hören wesentlich mehr Frequenzen, als unser menschlicher Gehörsinn wahrnehmen kann. Wie in der Riechleistung sind sie uns auch in diesem Bereich weit überlegen.
Menschen hören in dem Frequenzbereich zwischen Infraschall und Ultraschall, von circa 16 Hz bis 20.000 Hz. Hunde dagegen können rasseunabhängig Geräusche bis in den Ultraschallbereich von mindestens 50.000 Hz hören und Schallereignisse in Entfernungen von circa 600 Metern wahrnehmen.
Der Bereich des Infraschalls unter 16 Hz ist bisher noch nicht ausreichend für Hunde getestet. Allerdings werden Vibrationen bei hohem Schalldruck des Infraschalls gut fühlbar und verursachen körperliche Veränderungen wie Ohrendruck, Verminderung der Atemfrequenz und Blutdruckanstieg. Das kann zu Angstgefühlen führen.
Ähnlich wie uns beispielsweise ein interessantes Buch so fesseln kann, dass wir von unserer Umwelt keine Notiz mehr nehmen, können Hunde durch Geräusche oder Gerüche, die wir nicht wahrnehmen, so abgelenkt sein, dass sie auf unser Rufen nicht mehr reagieren. Ständige Anspannung oder Unruhe ohne anderen erkennbaren Grund können auf eine Dauerlärmquelle oberhalb unseres eigenen Hörvermögens hinweisen, die den Hund unter Stress setzt. Wie Menschen reagieren Hunde darauf mit einem Anstieg des Stresshormonpegels und dem Absinken ihrer Toleranzgrenze.
Hunde haben individuell unterschiedliche Hörfähigkeiten. In zunehmendem Alter lässt der Gehörsinn neben der Sehfähigkeit nach, der Geruchssinn bleibt oft bis ins hohe Alter erhalten.
Zusammenfassend lässt sich sagen, dass viele Reaktionen und Verhaltensweisen unserer Hunde wie Bellen, Unruhe oder Angstzustände darauf beruhen können, dass sie auf Geräusche reagieren, die wir selbst nicht wahrnehmen, weil sie für uns zu hoch sind oder sich zu weit entfernt ereignen.

Das Außenohr und seine Details

Die Ohrmuschel und der äußere Gehörgang bilden das Außenohr, welches in einen ersten und zweiten Teil gegliedert ist. Der erste Teil des äußeren Gehörganges geht senkrecht in den Hundekopf hinein und ist meist gut einsehbar. Diesen Teil des Ohres werden wir möglichst ausführlich beschreiben, weil er uns sichtbare Informationen zu den emotionalen Stimmungen in unterschiedlichen Situationen anzeigt. Der zweite Teil des Gehörgangs ist nicht einsehbar, er führt zum Trommelfell und zum Mittelohr.

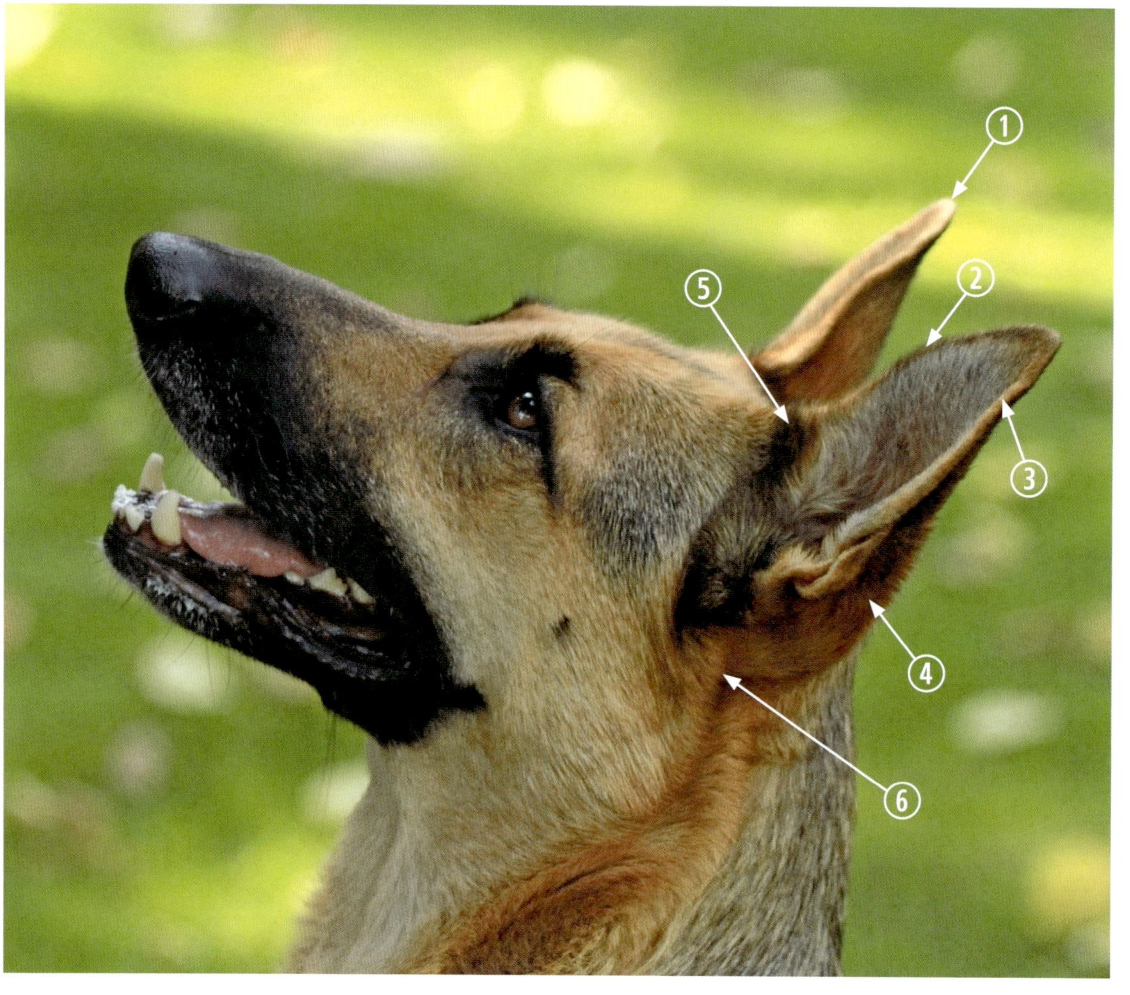

Benennung der für dieses Buch relevanten Teile des Außenohrs am Beispiel eines Stehohrs:

1. Ohrspitze
2. Ohrrand innen
3. Ohrrand außen
4. Ohrmuschel
5. Ohransatz innen (oben)
6. Ohransatz außen (unten)

Im äußeren Ohr gibt es verschiedene Strukturen, die das Empfangen von Schallwellen und damit die Qualität des Hörens verbessern. Hunde mit Hängeohren hören fast gleich gut wie Stehohr-Hunde. Nur bei der Wahrnehmung der Tonhöhe hat der hängeohrige Hund einen kleinen Nachteil.

Dafür können die Hunde mit besonders langen Hängeohren, wenn sie am Boden schnüffeln, manchmal sogar mehr Töne wahrnehmen, wenn diese aus Bodennähe oder von unter der Erde stammen.

Eins vor, eins zurück: Beweglichkeit in unterschiedliche Richtungen

In der Ohrmuschel gibt es siebzehn Muskeln, die dazu dienen, dass der Hund seine Ohren wie ein Richtmikrofon in Richtung der Schallquelle ausrichten kann. Er hat die Fähigkeit, beide Ohren unabhängig voneinander zu bewegen, sodass die Lokalisation der Schallwellenherkunft noch exakter gelingt. Das bedeutet auch, dass der Hund seine Aufmerksamkeit aufgeteilt hat, wenn seine Ohren in unterschiedliche Richtungen ausgerichtet sind.

Diese Hunde haben einen Teil ihrer Aufmerksamkeit dem Geschehen hinter ihnen, den anderen Teil der Fotografin zugewendet. Bei Langhaarhunden ist das oft schwerer erkennbar. Natürlich kann eine unterschiedliche Ohrstellung auch einen emotionalen Hintergrund haben und Ausdruck sein für einen inneren Konflikt, zwiespältige Gefühle, Unsicherheit oder auch Schmerzen *(s. S. 141 ff.)*.

Ohrformen

Es wird uns in diesem Buch nicht gelingen, alle verschiedenen Ohrformen abzubilden. Wir stellen deshalb hier nur einige häufige Ohrformen vor.

Natürliche Ohrformen

Beispiel Stehohren: Pharaonenhund

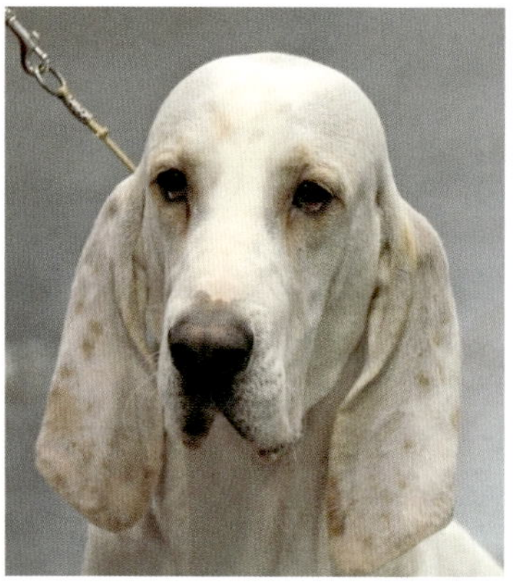

Beispiel Hängeohren: Porcelaine, Französischer Laufhund

Beispiel Langohren: Azawakh

Beispiel Rosenohren: Mischlingshund

Beispiel Steh-Kipp-Ohren: Sheltie

Beispiel Knopfohren: Mops

Unnatürliche Ohrformen – Kupierte Ohren

Leider wurden früher allgemein bei einigen Rassen die Ohren kupiert, das heißt, es wurden Teile der Ohren (wie auch der Rute) abgeschnitten, um das Aussehen der Hunde den Wunschvorstellungen der Züchter anzupassen. Kupiert wurde in den ersten Lebenstagen bis zu etwa sieben Wochen, da man annahm, dass so junge Welpen noch keine Schmerzen empfinden. Heute weiß man, dass gerade in dieser Zeit Erlebtes besonders prägend in der unbewussten Erinnerung abgespeichert bleibt.

Es ist zu begrüßen, dass sich immer mehr Länder beziehungsweise Zuchtvereine entschließen, weder Rute noch Ohren zu kupieren. Kupierte Ohren nehmen den Hunden weitgehend die Möglichkeit, über die Ohren ihre Befindlichkeit auszudrücken und zu kommunizieren. Sie sind für andere Hunde

Spike, links mit kupierten Ohren und Vera, rechts unkupiert. Beide Hunde schauen aufmerksam auf das Leckerchen - mit sehr unterschiedlich wirkendem Gesichtsausdruck, der durch die Ohren entsteht.

auch nicht so eindeutig zu lesen wie ein Hund mit unkupierten Ohren. Im gesamten Ohr liegen außerdem Akupunkturpunkte, die zum ganzen Körper einen Bezug haben. In der Ohrspitze liegt ein sogenannter Beruhigungs- oder Schockpunkt, der im Notfall stimuliert werden kann. Die Narbenränder können zu Missempfindungen an den Ohren führen und haben eventuell auch Einfluss auf die Durchblutung.

Nicht mehr erkennbare Ohrformen

Bei manchen Hunderassen sind aufgrund des Haarwuchses die Ohren nicht vom übrigen Fell zu unterscheiden. Das kann sowohl die Kommunikation wie auch die Interpretation der Stimmungslage erschweren. Bei diesen Hunden sollte verstärkt auf die übrige Körpersprache und die Gesamtsituation geachtet werden. Wenn auch die Rute im Fell verschwindet, können selbst Hunde, die eigentlich sehr gut im Lesen der Körpersprache anderer Hunde sind, Schwierigkeiten haben.

Wie diese beiden Hunde ihre Ohren gerade tragen, ist nur zu erraten. Das erschwert ihnen die Kommunikation mit anderen Hunden.

Vier Geschwister, drei verschiedene Ohrformen: Bei jungen Hunden mit Veranlagung zum Stehohr richten sich die Ohren oft erst nach dem Zahnwechsel dauerhaft auf. Bis dahin sollten Halter eines (Rasse-) Hundes mit Stehohren Geduld bewahren!

Ohrstellungen bei Welpen und Junghunden

Welpenohren sind sehr flexibel, weil der Ohrenknorpel noch sehr weich ist.

Welpe Robbie kann seine Stehohren bemerkenswert verändern.

Mögliche Ohrstellungen und ihre Aussage

Ohren sind natürlich wie die Augen und die Nase in erster Linie ein Sinnesorgan. Sie dienen der Wahrnehmung akustischer Informationen. Erst in zweiter Linie werden sie zur Kommunikation benutzt. Dabei wird der Hauptanteil der Informationen über die Stellung oder Haltung der Ohren angezeigt. Anhand der Ohrstellungen lassen sich unterschiedliche Stimmungslagen sehr gut erkennen. Dazu sind Kenntnisse über neutrale Ohrpositionen und der damit verbundenen Gesichtsmimik sehr hilfreich. Generell kann man sagen: Je stärker die Ohren aufgerichtet sind, desto angespannter (positiv oder negativ) ist der Hund, je weiter nach hinten oder unten gehalten, desto unsicherer und ängstlicher ist der Hund. Allerdings gibt es auch Ausnahmen, zum Beispiel, wenn Hunde extrem begeistert von einer Sache sind oder wenn sie sehr wütend sind (siehe in Teil 3, Emotionen).

Mögliche Ohrstellungen am Beispiel eines Stehohrs

Neben der Aufrichtung ist eine seitliche Drehung bis zu einem ganz flachen Anlegen der Ohren möglich. Eine veränderte Ohrstellung kann auch den Gesichtsausdruck sehr stark verändern und lässt eine Aussage zur gerade vorherrschenden Stimmungslage zu. Trotzdem bleibt es eine Interpretation, wenn wir nur auf die Ohrstellung achten und den Gesamtausdruck und die Gesamtsituation nicht mit einbeziehen.

Aufmerksamkeit
- beide Ohren aufgerichtet
- Ohrmuschel nach vorne ausgerichtet und im Ansatz aufrecht gehalten

Zwiespalt
- rechtes Ohr leicht zur Seite gedreht und im Ansatz aufrecht gehalten
- linkes Ohr flacher seitlich gehalten

Unbehagen, Unsicherheit
- beide Ohren nach hinten gedreht und flach gehalten
- Ohrmuscheln seitlich gehalten, Ohrspitzen nach unten zeigend

Von Anspannung zu Entspannung am Beispiel unterschiedlicher Ohrformen

Stehohren

Bako, ein grauer Schäferhund mit Stehohren, zeigt je nach Aufmerksamkeitsgrad sehr unterschiedliche Ohrstellungen.
Hier ist gespannte Aufmerksamkeit gepaart mit Wachsamkeit zu sehen. Die Ohren sind im Ansatz durch die Anspannung der Kopfdecke näher zusammengerückt.

Die Kopfhaut zeigt leichte Faltenbildung. Dieser Eindruck wird durch Bakos Fellzeichnung auf der Kopfdecke und um die Augen herum verstärkt. Der Blickkontakt ist direkt.

Sehr angespannt

- Ohren im Ansatz aufgerichtet
- Ohrmuscheln nach vorne gedreht

Weitere Hinweise auf Anspannung:

- Augen gerundet
- Augenbrauen zusammengezogen
- Mund geschlossen

Bako ist entspannter, die Ohren sind weiter auseinander stehend und seitlich weggedreht.
Das zeigt sich auch an der glatten Kopfdecke und dem weichen Blick, der durch die Veränderung der Augenbrauenstellung entsteht. Der direkte Blickkontakt ist aufgehoben.

Entspannt

- Ohren im Ansatz zur Seite gehalten
- Ohrmuscheln unterschiedlich gedreht gehalten

Weitere Hinweise auf Entspannung:

- Augen mandelförmig
- Augenbrauen weniger zusammengezogen

Hängeohren Kurzhaar

Bei Hängeohren ist der Grad der Anspannung oft nur am Ohrenansatz und seiner Stellung zum Kopf zu sehen. Diese Veränderung kann sehr subtil sein.

Hier ist die Aufmerksamkeit des Hundes nach vorne gerichtet, der Gesichtsausdruck ist konzentriert.

Sehr angespannt

- Ohren im Ansatz leicht aufgerichtet und mehr nach vorne gehalten

Weitere Hinweise auf Anspannung:

- leichte Faltenbildung der Kopfdecke
- Augenbrauen angehoben
- Mund geschlossen

Die Entspannung zeigt sich neben der Ohrhaltung auch an der glatten Gesichtshaut und der locker hängenden Oberlippe.

Entspannt

- Ohransatz nicht aufgerichtet
- Ohren locker zur Schwerkraft hin nach unten hängend
- Ohr faltet sich an den Rändern

Weitere Hinweise auf Entspannung:

- obere Lippe locker hängend

Hängeohren Langhaar

Bei langhaarigen Hunden ist die Veränderung in der Stellung des Ohransatzes mitunter noch schwieriger zu sehen. Hier sind alle anderen Faktoren mit zu betrachten, um eine Aussage über Chinas Stimmungslage treffen zu können.

China musste unfreiwillig mit ins Meer. Dass ihr das keinen Spaß gemacht hat, ist auch an ihrer Faltenbildung um Nase und Augen und um den geschlossenen Mund zu sehen.

Sehr angespannt

- Ohr im Ansatz flach nach hinten und unten gezogen

Weitere Hinweise auf Anspannung:

- Kopfdecke glatt nach unten gezogen
- Faltenbildung im Gesicht
- Lippen zusammengepresst

China läuft hier entspannt am Strand entlang. Ihre Ohransätze wirken durch den Wind unter den Ohren im Ansatz etwas aufgerichtet.

Entspannt

- Ohr im Ansatz ohne Aufrichtung und seitlich getragen

Weitere Hinweise auf Entspannung:

- Mund leicht geöffnet

Weitere Beispiele für Ohrenhaltungen in verschiedenen Stimmungen

Wenn man die neutrale Ohrstellung des Hundes kennt, ist an der Aufrichtung, der Haltung und Ausrichtung sehr gut zu erkennen, wie entspannt oder angespannt ein Hund ist.

Von aufmerksam-entspannt zu skeptisch-angespannt (Rosenohr)

Lotti ist eine Mischlingshündin mit halb aufgerichteten Ohren, deren Ohrspitzen seitlich nach unten kippen. In der seitlichen Ansicht ähnelt ihre Ohrform einem sogenannten Rosenohr.

- Ohren im Ansatz seitlich aufgerichtet und leicht nach vorne gedreht
- Ohrspitzen nach unten zeigend

Weitere Hinweise auf Aufmerksamkeit und Entspannung:

- Auge leicht mandelförmig
- Augenbrauenstellung ohne Anspannung
- keine Faltenbildung der Kopfdecke
- Mittellinie über den Augen sichtbar

Hier fühlt sie sich wohl im Kontakt mit Katjas Hundefamilie, die sie sehr gut kennt. Sie schaut aufmerksam und offen in Richtung der Kamera.

Lotti in Anwesenheit fremder Personen. Dabei ist sie immer sehr angespannt.

- Ohren im Ansatz ganz nach hinten gezogen und flach am Kopf anliegend
- Ohren von vorne fast nicht sichtbar
- Ohrmuscheln weit nach hinten gedreht

Weitere Hinweise auf Anspannung:

- Augenweiß sichtbar, Auge schmal
- Backen aufgeplustert (Backenblasen)
- Kopfdecke straff nach hinten gezogen
- Mittellinie über den Augen fast nicht sichtbar

Von aufmerksam-entspannt zu sehr angespannt (Steh-Kippohr)

Fanny, eine Berger des Pyrénées-Hündin, hatte nur wenig Erfahrungen mit Umweltreizen gemacht, bevor sie dreijährig zu Gabi kam. In ihr unbekannten Situationen war sie anfangs schnell überfordert. Hier schaut sie aufmerksam und offen zu Gabi hin.

- Ohr im Ansatz halb aufgerichtet
- Ohrspitze locker zur Seite hängend

Weitere Hinweise auf Entspannung:
- direkter Blickkontakt
- leicht mandelförmiges Auge
- aufrechte Körperhaltung
- Rute in Bewegung

Fanny (links) zeigt sich als „Keinohr-Hund" in vielen Situationen, die meist mit zu viel Nähe oder mit der Kamera zu tun haben. Tibers Ohrenhaltung dagegen ist locker, seine Ohren sind aufgerichtet. Beide Hunde lehnen sich etwas voneinander weg *(siehe Kapitel Schwerpunktverlagerung, Seite 222 ff.).*

Angespannt
- Ohren im Ansatz flach nach hinten gelegt
- kein Ohransatz sichtbar

Weitere Hinweise auf Anspannung:
- Mund geschlossen
- leicht geduckte Körperhaltung

Von entspannt zu angespannt (Stehohr)

Diese Hündin lebt in einer Tierherberge. Ihr wird gerade fürs Gassigehen ein Geschirr angezogen, das aber noch auf ihre Größe verstellt werden muss.

- Ohren im Ansatz aufgerichtet, leicht seitlich gehalten
- Ohrmuscheln zur Seite gedreht

Weitere Hinweise für Entspannung:
- Mund leicht geöffnet
- Augen mandelförmig

Die Tierpflegerin respektiert die Individualdistanz der Hündin, während sie an den Gurten hantiert. Das Gesicht der Hündin ist ohne Anspannung. Sie fühlt sich neben der Tierpflegerin wohl.

Ein Griff ins Halsband oder ins Geschirr, verbunden mit der Ausübung von Zug, kann eine Veränderung der Ohrstellung bewirken und einiges über die gerade vorherrschende emotionale Lage aussagen. Die Barthaare sind jetzt etwas mehr nach vorne gerichtet. Sie fühlt sich nun sichtlich unwohl in dieser Situation.

- beide Ohransätze flach nach hinten gehalten
- Ohrmuscheln flach nach hinten weggedreht, rechts mehr als links

Weitere Hinweise für Anspannung:
- Augen schmal
- Zungenspitze sichtbar

Von wach zu müde

Manche Hunde verändern ihre Ohrenhaltung bei zunehmender Müdigkeit.

Tamika schaut mit aufmerksamem Blick in Richtung der Kamera.

- Ohren im Ansatz aufgerichtet
- Ohrmuscheln nach vorne gedreht

Tamika beginnt müde zu werden. Dabei wandern ihre aufrecht getragenen Stehohren meist zur Seite des Kopfes.

Ohren im Ansatz unterschiedlich gehalten: rechts seitlich, links flach nach hinten

- rechte Ohrmuschel nach vorne gedreht gehalten
- linke Ohrmuschel nach hinten-unten weggedreht

Auf diesem Foto ist Tamika zu sehen, kurz bevor ihr die Augen zufallen.

- linkes Ohr aufgerichtet, seitlich gehalten
- Ohrmuschel nach vorne gedreht
- rechtes Ohr im Ansatz noch leicht aufgerichtet
- Ohr zu zwei Drittel nach vorne umgeklappt

Von offensiv zu freundlich – interessiert
Ben, ein unkastrierter Mischlingsrüde, kommt offensiv auf Quivive zu. Er hat in größerer Nähe den Kopf angehoben und seine Rute steil nach oben aufgerichtet. Er möchte imponieren, weil er wohl einen potenziellen Konkurrenten vermutet – Gabi und Quivive begegnen ihm zum ersten Mal.

- Ohren im Ansatz hoch aufgerichtet
- Ohrmuscheln nach vorne ausgerichtet

Weitere Anzeichen für Anspannung:
- Rute hoch erhoben
- Kopf abgesenkt
- direkter Blickkontakt
- Mund geschlossen
- dynamische Vorwärtsbewegung

- Ohren im Ansatz hoch aufgerichtet
- Ohrmuscheln nach seitlich-hinten gedreht

Weitere Anzeichen für Entspannung:
- Kopf etwas tiefer gehalten

Ben hat erkannt, dass es sich bei Quivive um eine Hündin handelt und nun wechselt seine Ohrstellung. Er zeigt sich mit hoch aufgerichteten Ohransätzen und nach hinten gedrehten Ohrmuscheln in der typischen Flirtstellung. *(Mehr über die Begegnung zwischen Quivive und Ben finden Sie auch in weiteren Kapiteln des Buches.)*

Von angespannt zu sehr angespannt und zu entspannt

Der erwachsene Luke (rechts) hat Familienzuwachs bekommen, den vier Monate alten Jake. Luke ist verunsichert und weiß nicht, wie er sich gegenüber Jake, der ihn sehr bedrängt, verhalten soll.

Luke ist genervt von Jakes Zudringlichkeiten. Er schaut an ihm vorbei, die große Nähe, die Jake zu ihm aufbaut, ist ihm unangenehm.

Angespannt

- Ohrenansatz flach nach seitlich-hinten gehalten
- Ohrmuscheln nach hinten weggedreht
- Ohrspitzen in der Waagerechten gehalten

Weitere Hinweise auf Anspannung:

- schlitzförmige Augen
- Augenbrauen zusammengezogen
- Mund geschlossen

Jetzt warnt er mit entblößten Zähnen. Dabei wendet er Jake nur die Augen zu, den geöffneten Mund lässt er seitlich zu ihm stehen.

Sehr angespannt

- Ohren im Ansatz flach nach hinten gezogen
- Ohrmuscheln ganz nach hinten gedreht

Weitere Hinweise auf Anspannung:

- schlitzförmige Augen
- sichtbares Augenweiß
- Augenbrauen zusammengezogen
- Kopfdecke straff
- Zähne entblößt

Luke ist jetzt weniger aufgeregt, es gab inzwischen einige sehr harmonische Momente mit Jake.

Entspannt

- Ohren im Ansatz flach und seitlich gehalten
- Ohrmuscheln zur Seite gedreht

Weitere Hinweise auf Entspannung:

- Augen weniger schlitzförmig
- Oberlippe ohne Spannung
- Zunge locker aus dem Mund hängend

Wussten Sie schon, dass Ihr Hund auch flirten kann?

Das sieht so aus:

- Ohren im Ansatz leicht aufgerichtet und nach hinten gehalten
- Ohrmuschel zur Seite gedreht
- Ohrspitzen nach hinten unten zeigend

Auf diesen Fotos begegnet Golden Retriever-Hündin Rani (im Vordergrund) einem fremden Rüden, der ihr gut gefällt. Nach kurzer Zurückhaltung möchte er mit Rani Kontakt aufnehmen.
Er zeigt eine typische Ohrstellung von Rüden, die großes Interesse an einer Hündin haben. Man nennt diese Ohrstellung auch „Flirtstellung".

Links: Auf diesem Foto zusammen mit Tamika (links im Bild) ist die typische Flirtstellung des Rüden noch einmal schön von der Seite zu sehen. Rechts: Auch Hündinnen wie hier Arwen (rechts im Bild) zeigen die typische Flirtstellung, wenn sie Interesse an einem Rüden haben.

Arwen (rechts stehend) trifft auf einen Rüden, der Kontakt zu ihr aufnehmen möchte. An der Flirtstellung seiner Ohren und der Schwerpunktverlagerung von Arwen weg ist seine höfliche und freundliche Annäherung zu erkennen.

Bei langhaarigen Hunden mit weniger aufgerichteten Ohren lässt sich die Flirtstellung auch gut erkennen, wenn man weiß, worauf man achten muss.

Links stehender Hund (Rüde):

- Ohren im Ansatz aufgerichtet und seitlich gehalten
- Ohrmuschel zur Seite und dann nach hinten gedreht

Durch Bewegung entstehen lustige Ohrformen.

Das Auge

Die Gefühle und Stimmungen unserer Hunde lassen sich an der Größe der Augen und der Pupillen sowie an der Stellung der Augenbrauen ablesen. Für eine spätere Interpretation dessen, was das Auge aussagt, ist die individuelle Grundform des Auges im entspannten Zustand wichtig (wenn Ihr Hund sich entspannt, glücklich und sicher fühlt).
Hunde haben runde oder eher mandelförmige Augen, und bei manchen Rassen können sie schlitzförmig aussehen (zum Beispiel beim Akita Inu). Wenn sie größer als normal erscheinen, können sie ein Zeichen dafür sein, dass der Hund aufgeregt oder von etwas sehr beeindruckt ist. Etwas könnte ihm Angst machen oder er fühlt sich gestresst. Auch ein aggressiver Hund hat oft größere Augen, als es seiner normalen Augenform entspricht, sie können sich in der Wut aber auch schlitzförmig zusammenziehen.

Bei schlechten Lichtverhältnissen ist der Hund dem Menschen in seiner Sehkraft weit überlegen, da sein Auge hinter der Netzhaut (Retina) mit einer speziellen lichtreflektierenden Schicht, dem Tapetum lucidum, ausgekleidet ist, die dem Menschen fehlt. Das Tapetum lucidum bewirkt auch, dass die Augen der Hunde bei Dunkelheit leuchten, wenn Licht auf sie trifft. Die Farbe kann dabei variieren.

Hunde nehmen Farben anders wahr als wir Menschen, sie sehen vorwiegend im Blau-Gelb-Bereich, ähnlich wie Menschen mit einer Rot-Grün-Blindheit.
Sie haben ein größeres peripheres Sehvermögen, da sich ihre Augen seitlicher am Kopf befinden als menschliche Augen. Das periphere Sehvermögen ist bei Hunden allerdings rassebedingt unterschiedlich ausgeprägt. Dafür können Menschen in größeren Entfernungen besser scharf sehen.

Hunde nehmen sich bewegende Objekte besser wahr als unbewegte Objekte, diese Erfahrung haben sicherlich viele Hundehalter selbst schon gemacht.

Wenn wir uns all dieser Faktoren bewusst sind, lassen sich manche Unsicherheiten oder ungewöhnliche Verhaltensweisen unserer Hunde erklären.

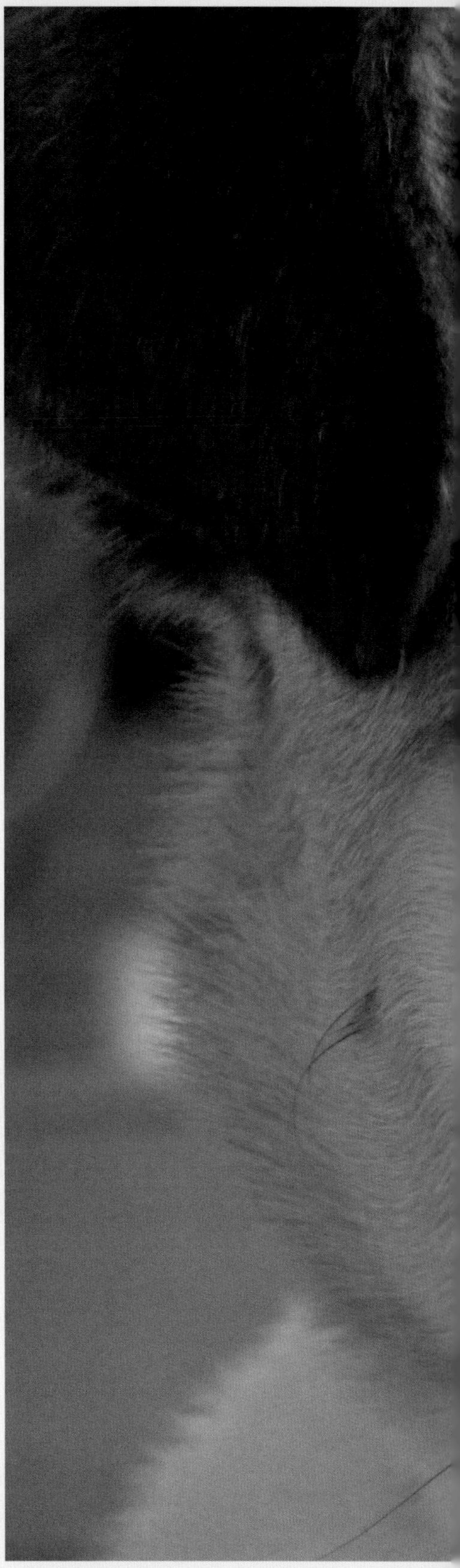

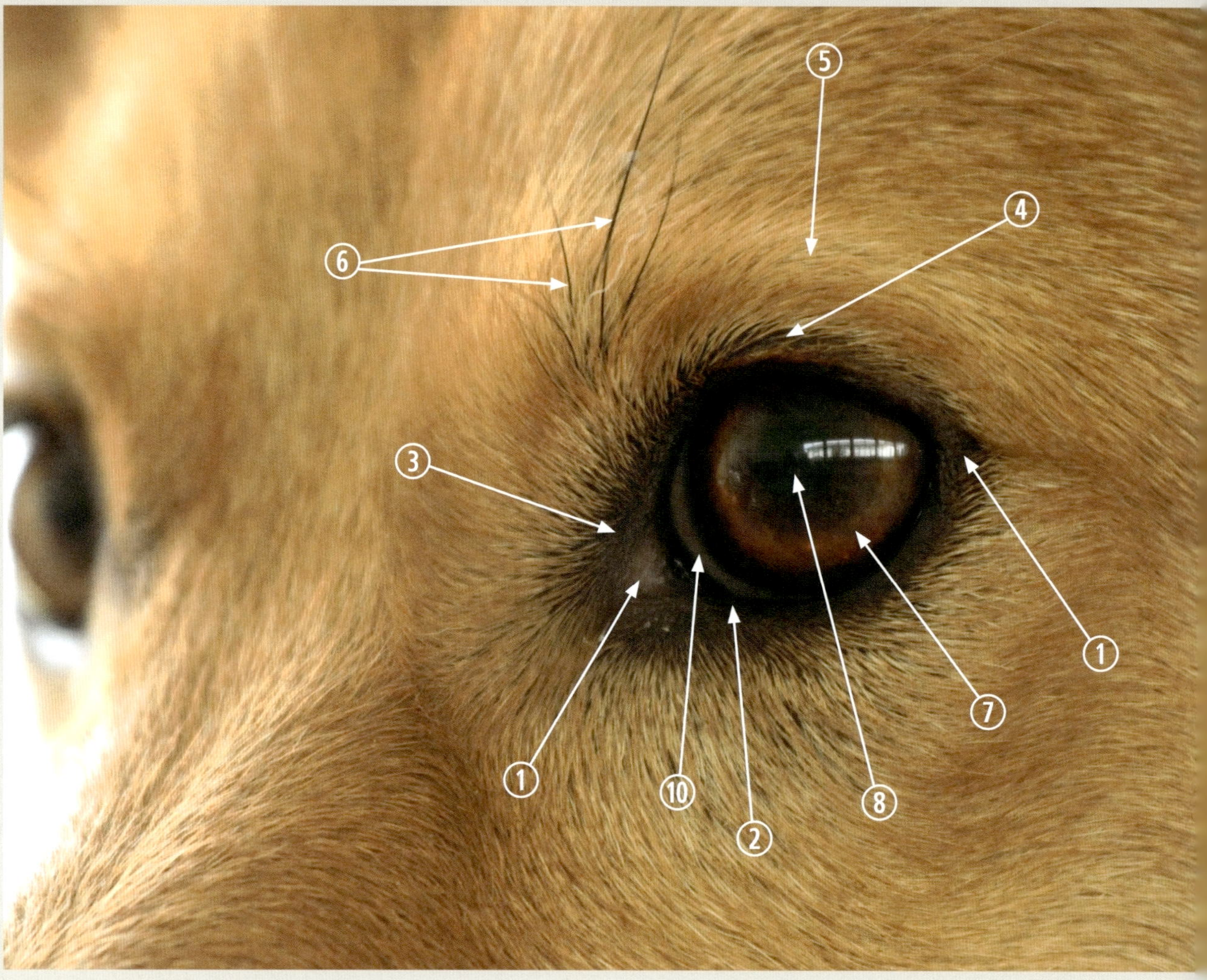

Benennung der für dieses Buch relevanten sichtbaren Details des Auges

1. Innerer und äußerer Augenwinkel (Augenform bestimmend)
2. Lidkante
3. kahle Stelle
4. Wimpern
5. Augenbrauen
6. Tasthaare (Vibrissen oder Sinushaare)
7. Iris
8. Pupille
9. Augenweiß (Lederhaut, Sclera)
10. Nickhaut
11. Bindehaut (hier stark gereizt)
12. hochgezogene Nickhaut

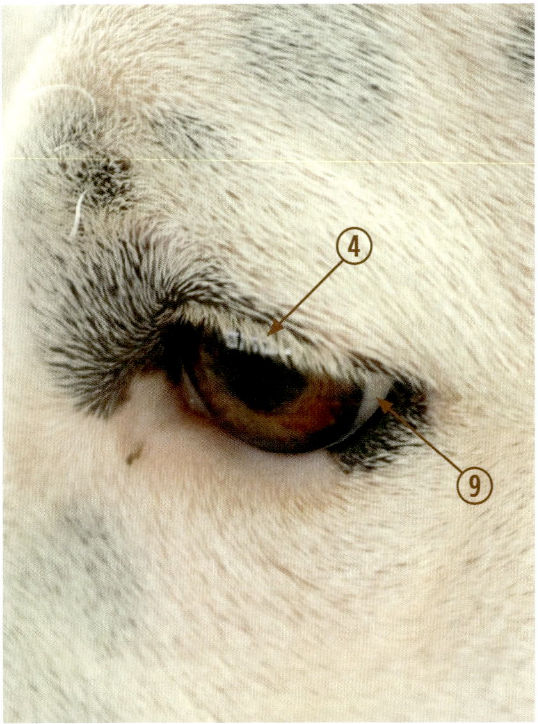
4
9

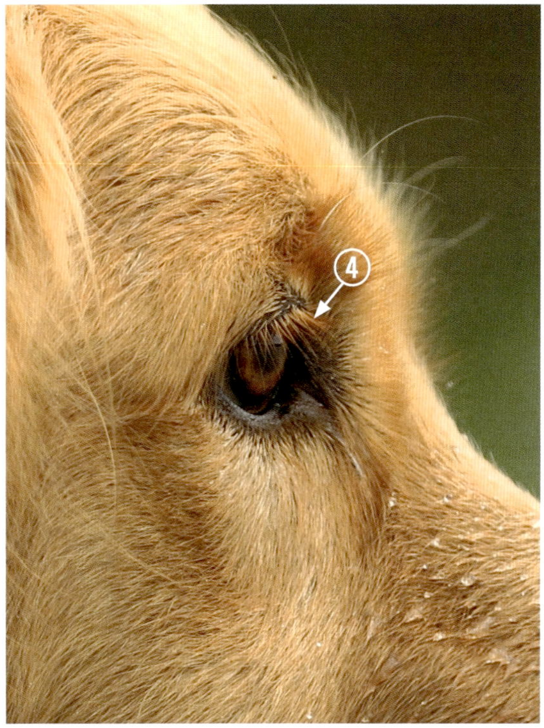
4

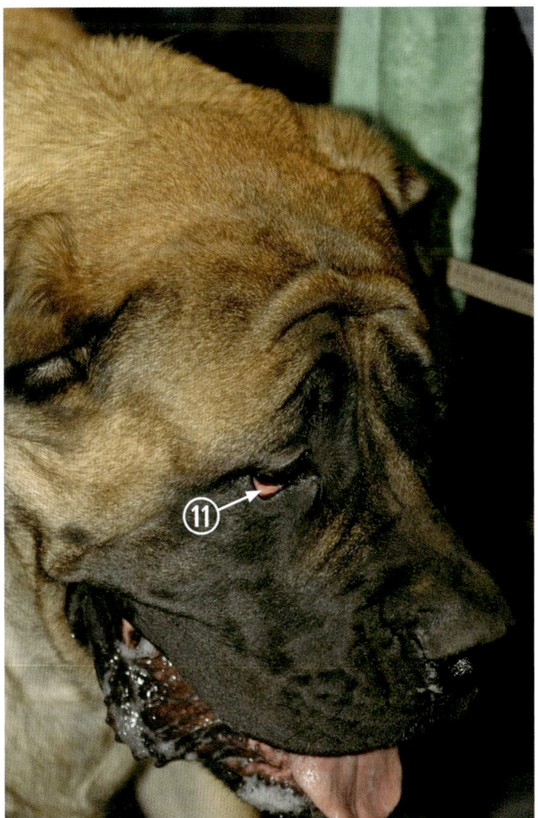
11

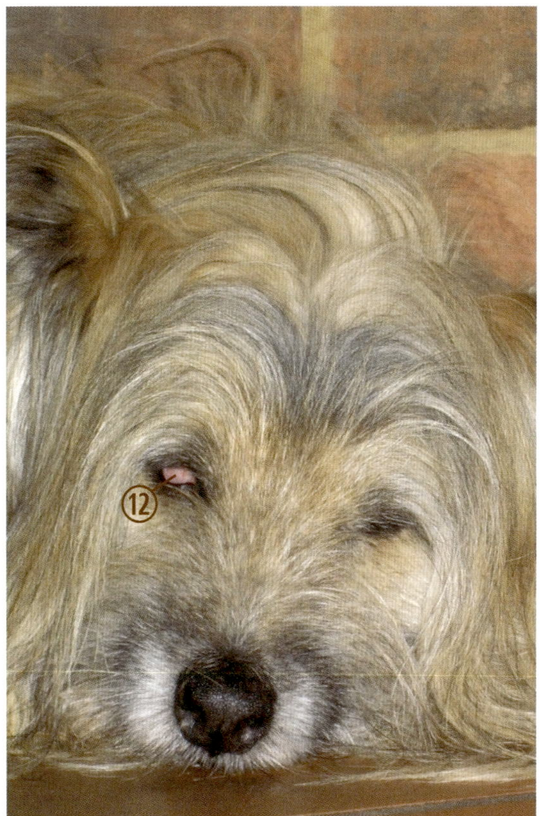
12

Mandelförmige Augen

Leicht schlitzförmige Augen bei Mutter mit Welpen

Schlitzförmige Augen

Gerundete Augen

Von Anspannung zu Entspannung bei unterschiedlichen Augenformen

Unterschiedliche „Grund-Augenformen“ lassen den Ausdruck bei gleichem Gefühlszustand oft unterschiedlich erscheinen. Deshalb hier ein paar Beispiele, wie Anspannung und Entspannung bei unterschiedlichen Augenformen aussehen können.

Bei mandelförmigen Augen

Quivive ist sehr entspannt während eines Spaziergangs. Ein solches Auge wird auch als „weiches“ Auge bezeichnet.

Entspannt
- mandelförmiges Auge
- Blick nicht zielgerichtet

Weitere Anzeichen für Entspannung:
- Ohren im Ansatz wenig aufgerichtet, seitlich ausgerichtet
- Ohrspitzen locker fallend
- Mund geschlossen
- Lippen ohne Anspannung

Quivive ist zum ersten Mal mit Katjas Hängebauchschweinen zusammen und sehr verunsichert.

Angespannt
- stark gerundetes Auge
- Augenbrauen angehoben

Weitere Anzeichen von großer Anspannung:
- Ohren im Ansatz aufrecht und nach hinten gerichtet
- Ohrspitzen nach hinten festgehalten
- Hautpartie um den Nasenschwamm angespannt mit leicht aufgerichteten Haaren
- Mund geschlossen
- Oberlippe bedeckt die Unterlippe nicht ganz
- Nasenlöcher geweitet

Bei schlitzförmigen Augen

Gabi und Quivive begegnen dieser Bullterrier-Hündin. Sie schaut schon von weitem aufmerksam zu Quivive hinüber. Die Haut um den Nasenbereich ist ohne Spannung und sie möchte gerne Kontakt.

Aufmerksam – leicht angespannt

- Im Oberlidbereich leicht gerundetes Auge
- Augenbraue am inneren Augenwinkel leicht angehoben

Weitere Anzeichen für leichte Anspannung:

- Ohren nach vorne gestellt
- leichte Faltenbildung der Kopfdecke zwischen den Ohren

Bei der Bullterrier-Hündin sind eine Veränderung der Augenform und die Stellung der Augenbrauen durch den tiefliegenden Augapfel und die weiße Fellfarbe schwierig zu erkennen. Unter Einbeziehung der Ohrstellung, der Rutenhaltung und der Form der Mundspalte ist die gerade vorherrschende Stimmungslage besser zu interpretieren.

Unsicher – angespannt

- Auge etwas schmaler

Weitere Anzeichen für Anspannung:

- Ohren flach nach hinten gehalten
- Kopfdecke straff und ohne Falten
- Mundspalte langgezogen
- Barthaare leicht aufgestellt

Bei runden Augen

Bei Hunden mit sehr runden Augen ist Aufregung manchmal schwierig an der Augenform zu erkennen, da das Auge von Natur aus schon sehr gerundet erscheint. Oft wird das Augenweiß vermehrt sichtbar oder der Augapfel tritt stärker aus der Augenhöhle hervor, das Auge erscheint noch gerundeter. Wenn die Augäpfel deutlich aus der Augenhöhle hervortreten, ist der Stress sehr groß und sollte sofort aufgelöst werden.

Aufmerksam – entspannt

- Augapfel liegt in Augenhöhle
- Augenbrauen nur leicht angehoben

Weitere Anzeichen für Entspannung:

- Ohren seitlich getragen
- Kopfdecke glatt
- keine verstärkte Faltenbildung im Gesicht
- Oberlippe locker hängend
- Mund geschlossen

Angespannt

- Auge vermehrt gerundet
- sichtbare Augenbraue angehoben
- Augenweiß sichtbar

Weitere Anzeichen für Anspannung:

- Faltenbildung zwischen den Augen
- Zunge gestreckt gehalten
- Ohren nach hinten gedreht

Bestehende Anspannung und aktive Entspannung durch Tellington TTouch®

Hunde, die gerne selbst fixieren oder sich schnell fixiert fühlen, leben mit einer hohen Grundanspannung und reagieren oft sehr schnell und impulsiv auf eine Veränderung der bestehenden Situation.
Die Tellington TTouch® Methode bietet uns mit ihren Techniken die Möglichkeit, den Hund aktiv zu entspannen. Das lässt sich auch an der Entspannung der Augenbrauenstellung und der Größe des Auges wahrnehmen *(siehe auch Kapitel Details der Beschreibung: Der Körper, Seite 264/265)*.
Hier wird Roxi im Rahmen eines Tellington TTouch® Ausbildungskurses von unserer Kollegin, Tellington TTouch® Instruktorin Dr. med. vet. Daniela Zurr, am Vorderbein gettoucht.

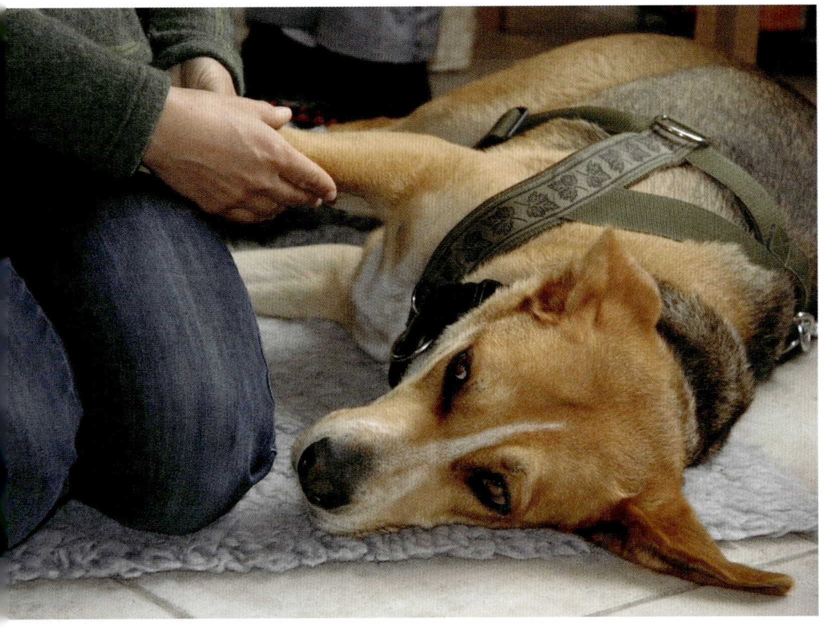

Wir wissen, dass für viele Hunde die Berührung an den Beinen und Pfoten nicht leicht zu ertragen ist und Anspannung mit sich bringt. Es kann aber wichtig sein (zum Beispiel für eine tierärztliche Untersuchung), dass der Hund sich mit weniger Anspannung in diesem Bereich berühren lässt.

Angespannt

- Walaugen (Augenweiß sichtbar) wegen direktem Blickkontakt nach oben zur behandelnden Person
- Augen schmal
- linke Augenbraue hochgezogen
- Kopf nicht entspannt aufliegend

Daniela arbeitet ruhig und mit achtsamen TTouches® weiter am Bein entlang und nun tritt deutlich Entspannung in Roxis Gesichtszügen ein.

Entspannt

- Augenweiß nicht mehr sichtbar
- Augen mandelförmiger
- linke Augenbraue abgesenkt
- direkter Blickkontakt aufgehoben
- Kopf entspannt auf dem Boden aufliegend

Die Augenbrauenstellung und der Augenausdruck

Die Stellung der Augenbrauen kann sehr viel über die Stimmung eines Hundes aussagen, daher ist es für uns sehr hilfreich, diese Mimik lesen zu können und zwischen einer entspannten und angespannten Augenbrauenstellung unterscheiden zu können. Ähnlich wie Menschen können Hunde die Augenbrauen „ärgerlich" zusammenziehen oder bei Erstaunen oder Neugier leicht anheben, bei Angst werden sie extrem hochgezogen, begleitet von einem stark gerundeten Auge.

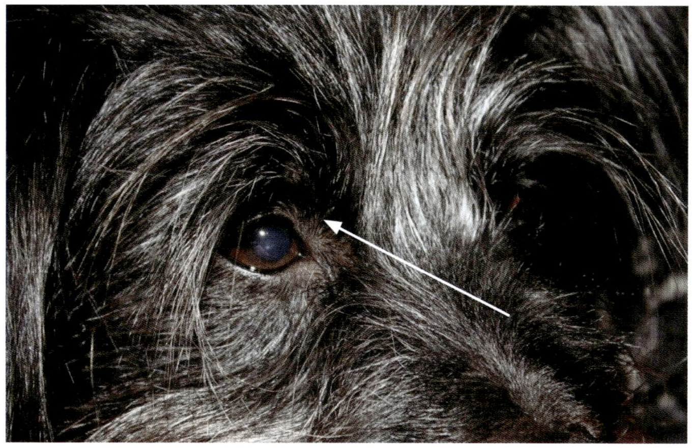

Quivive, Berger des Pyrénées
Zum inneren Augenwinkel hin (über der kahlen Stelle) sind die Haare etwas kürzer und erscheinen dunkler (Pfeil).
Von der Mitte bis zum äußeren Augenwinkel sind die Haare länger und fallen seitlich über das Auge. Dadurch wird die Augenbraue auch bei längerer Gesichtsbehaarung erkennbar.

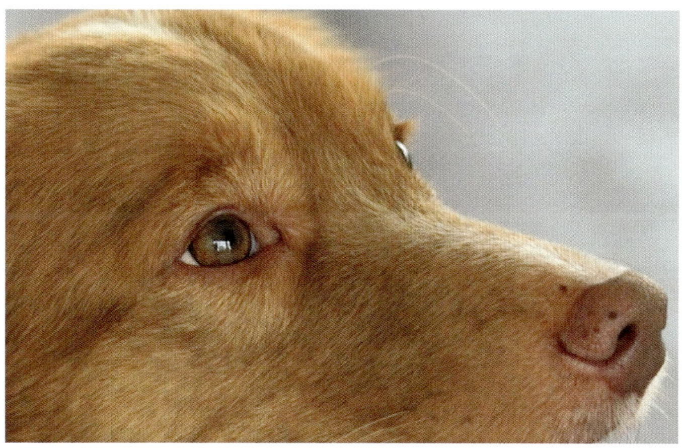

Nash, Nova-Scotia-Duck-Tolling-Retriever
Hier haben die Augenbrauen trotz des einfarbigen Fells und der hautfarbenen Pigmentierung eine Zeichnung, die am inneren Augenwinkel durch die gegenläufige Fellwuchsrichtung entsteht und sich durch aufgehellte beziehungsweise dunklere Haare rund um das Auge herum fortsetzt. Dadurch lässt sich bei Nash die Augenbrauenstellung gut erkennen.

Basset Bleu de Gascogne
Augenflecken, die zur Fellzeichnung gehören *(siehe auch Seite 112)*, betonen die Stellung der Augenbrauen und damit auch den Gesichtsausdruck. Je nachdem, ob und wie die Augenbraue farblich markiert ist, wirkt sie auf einen anderen Hund entsprechend klarer in der Aussage oder intensiver, als der Hund das eigentlich möchte.

Beispiele für Augenbrauenstellungen in verschiedenen emotionalen Situationen

Entspannte Augenbrauenstellung bei langer Gesichtsbehaarung

Quivive ist sehr entspannt während eines Spaziergangs. Ein solches Auge wird auch als „weiches" Auge bezeichnet.

- mandelförmiges Auge

Weitere Anzeichen für Entspannung:

- Ohren im Ansatz seitlich aufgestellt
- Ohrspitzen locker zur Seite hängend
- Mund geschlossen ohne Anspannung

Ein aufmerksamer Blick bei neutraler Augenbrauenstellung (weiches Auge).

Angespannte Augenbrauenstellung bei Ärger

- Auge gerundet
- Augenbraue am inneren Augenwinkel hochgezogen
- direkter Blickkontakt zum vorbeilaufenden Hund

Weitere Anzeichen für Anspannung:

- Ohren im Ansatz aufgerichtet, nach hinten gehalten
- Mund geschlossen
- Kopf abgesenkt

Quivive ist sehr genervt von den unermüdlichen Spielaufforderungen der jungen Eurasier-Hündin.

Entspannte Augenbrauenstellung bei kurzer Gesichtsbehaarung

- mandelförmiges Auge
- keine Faltenbildung zwischen den Augen

Weitere Anzeichen für Entspannung:

- Ohren locker hängend, links leicht zurückgenommen
- Kopfdecke glatt ohne Spannung
- Lippen locker nach unten hängend
- untere Zahnreihe sichtbar
- Zunge locker über den unteren Schneidezähnen liegend

Australian Shepherd-Collie-Mischling Spot: Ein aufmerksamer Blick mit neutraler Augenbrauenstellung (weiches Auge).

Angespannte Augenbrauenstellung bei kurzer Gesichtsbehaarung

- Augenbrauen nach innen-oben gezogen
- gerundetes Auge
- Augenweiß sichtbar

Weitere Anzeichen für Anspannung:

- Ohren nach hinten gedreht
- leichte Faltenbildung der Kopfdecke
- Mundspalte langgezogen

Ein wildes Junghundespiel zwischen Rani (hinten) und dem jungen Deutschen Schäferhund im Vordergrund. Wir sehen das „sorgenvolle" Auge des Deutschen Schäferhundes, dessen Eindruck durch das sichtbare Augenweiß (Walauge) und die dunklere Zeichnung der hochgezogenen Augenbraue verstärkt wird.

Von angespannter zu neutraler Augenbrauenstellung

- Augenbrauen am inneren Augenwinkel hoch- und zusammengezogen
- direkter Blickkontakt
- Augenweiß sichtbar

Weitere Anzeichen für Anspannung:

- Ohren nach hinten zurückgenommen
- Kopfdecke straff
- Hals aufgerichtet

Golden Retriever-Hündin Dhanyi (links stehend) möchte Arwen ihren Stock abnehmen. Sie zieht den Stock fest zu sich, dadurch richtet sie den Nacken stark auf.

- Augenbrauen abgesenkt, fast Neutralstellung
- Blickkontakt fast aufgehoben
- Augenweiß kaum sichtbar
- Auge weniger gerundet

Weitere Anzeichen für Entspannung:

- Ohren locker hängend
- Kopfdecke locker, Mittellinie sichtbar
- Hals abgesenkt

Dhanyi hält jetzt nur noch und zieht nicht mehr. Ihre Augen sind weniger gerundet und ihr Gesichtsausdruck ist eher entspannt.

Fixieren

Fixieren findet häufig sehr subtil statt und wird nicht immer von jedem Hund wahrgenommen. Es kann in großer Nähe, aber auch auf Distanz gezeigt werden. Oft ist keine weitere sichtbare Veränderung im Gesichtsausdruck zu sehen, manchmal ist ein Zusammenziehen der Augenbrauen zu beobachten oder die Ohrstellung verändert sich leicht und es ist eine Anspannung (angedeutete Faltenbildung) um den Mund- oder Nasenbereich zu sehen.

Es entsteht häufig eine Stille, der fixierende Hund bewegt sich nicht mehr, die Augengröße bleibt unverändert und Blinzeln findet nicht mehr statt. Dieser Zustand wird auch als subtiles Warnen bezeichnet.

Wichtig ist, die Ernsthaftigkeit dieses Blicks wahrzunehmen und sich entsprechend zu verhalten. Der Hund meint es durchaus ernst mit seiner Warnung, sei es, dass er sich in seiner Individualdistanz bedrängt fühlt oder eine Ressource wie zum Beispiel Futter, Beute, Spielzeug, eine Person oder einen Artgenossen verteidigen möchte.

Fixieren im Ansatz

- direkter Blickkontakt mit nach oben gerichteten Augen
- Ohren im Ansatz seitlich gehalten

Beide Hunde reagieren auf die Annäherung eines Menschen. Während der linke Hund still verharrt, befindet sich der rechte Hund in der Vorwärtsbewegung, hier könnte ein Angriff erfolgen.

Deutliches Fixieren

Kaylee sagt dem vor ihr stehenden Hund: Komm nicht näher! Sie ist dabei ohne Bewegung. Das ist bei subtilem Fixieren oder Warnen häufig der Fall.

- direkter Blickkontakt
- Ohren nach vorne ausgerichtet
- Mund geschlossen
- Kopf abgesenkt

Taschka warnt Tamika, „ihrer“ Ratte nicht näher zu kommen.

- fast direkter Blickkontakt
- Ohren nach vorne ausgerichtet
- Mund geschlossen
- Kopf abgesenkt

Junghündin Arwen (vorne rechts) ist Taschka zu nahe gekommen. Taschkas Blick sagt deutlich: Bleib weg!

- Auge gerundet
- rechte Augenbraue innen hochgezogen
- direkter Blickkontakt

Weitere Anzeichen von Anspannung:
- Ohren flach nach hinten gehalten
- Mund nur leicht geöffnet
- Kopf etwas angehoben

Kein bewusstes Fixieren

Nicht jeder Hund, der direkten Blickkontakt aufbaut, fixiert bewusst. Bei vielen Hunden ist es auch Interesse an einem Kontakt, Neugierde oder die verstärkte Konzentration auf eine bestimmte Sache. Je nachdem, welche Erfahrungen der andere Hund hat oder wie eng die räumlichen Verhältnisse ohne Ausweichmöglichkeiten sind (zum Beispiel im Wartezimmer eines Tierarztes), kann aber auch solch ein eigentlich harmloser Blickkontakt provozierend oder bedrohlich wirken.

Es ist oft sehr hilfreich, den Hund zu bitten, seinen Kopf abzuwenden. Indem man ihn anspricht oder ihn sanft berührt, hat er die Möglichkeit seine Aufmerksamkeit umzurichten.

Ein sehr direkter Blickkontakt von Eve, der absolut nichts mit Fixieren zu tun hat, sondern eher mit der Konzentration auf ein bestimmtes Ziel.

„Weiches“ und „hartes“ Auge

Für ein drohend erstarrtes Auge wird auch die Bezeichnung „hartes“ Auge benutzt. Es ist eine Bezeichnung für ein sehr angespanntes Auge in einer emotional prekären Situation. Hunde, die ein „hartes Auge“ zeigen, meinen es sehr ernst mit ihrer Botschaft. Sie können direkten Blickkontakt ausüben, dabei aber auch durch jemanden „hindurchschauen“ oder an dem Problem (anderer Hund, Mensch) seitlich vorbeischauen.

Im Unterschied zum „angstgeweiteten“ Auge werden die Lidkanten festgehalten und es wird meistens nicht das maximal geöffnete Auge gezeigt. Blinzeln findet nicht statt, der Mund verändert sich oft nicht und die Atmung wirkt flacher, so als halte der Hund die Luft an. Oft wird der Kopf dabei abgesenkt gehalten und auch der Körper ist ohne Bewegung, es entsteht ein Moment der Stille wie die „Ruhe vor dem Sturm“.

Gerade wenn Menschen einen solchen Blick empfangen, ist größte Zurückhaltung geboten, denn meist geht es darum, nicht näher zu kommen oder eine begonnene Handlung am Hund nicht weiter fortzusetzen. Diese Hunde bitten nicht mehr, sie drohen.

Man muss dazu sagen, dass die meisten Hunde in einer solchen Situation zwar fixieren, aber nicht tatsächlich angreifen würden. Hat ein Hund aber genügend Negativ-Erfahrungen gesammelt und schon gebissen, greift er wahrscheinlich auch an, wenn er dieses „harte“ Auge zeigt.

Für die Sicherheit anwesender Kinder, die zum Beispiel in der Interaktion mit einem Hund sind, ist es für die Erwachsenen besonders wichtig, eine solche sich anbahnende Situation direkt zu erkennen und sie auch schnellstens zu unterbrechen, um einen Angriff zu vermeiden.

Um ein „hartes Auge“ erkennen zu können, ist es hilfreich zu wissen, wie ein „weiches Auge“ aussieht.

Beispiel Daisy:
Entspanntes Gesicht
mit „weichen“ Augen

- leicht mandelförmiges Auge
- Augenbrauenstellung neutral

Weitere Anzeichen für Entspanntheit:

- Ohren im Ansatz kaum aufgerichtet und locker hängend
- Mund leicht geöffnet

Die schwarze Mischlingshündin Daisy ist eine sehr freundliche Hündin, die immer versucht, Streit zu schlichten. Hier versucht sie, Maiky, den Magyar Vizsla, der den liegenden Benny seit geraumer Zeit einfach nicht in Ruhe lässt, etwas in die Schranken zu weisen.

Ihr Auge ist sehr angespannt und wirkt erstarrt, trotzdem würde sie Maiky auf Grund ihres Naturells nicht wirklich angreifen. Sie splittet zwischen den beiden Hunden, indem sie sich zwischen beide begibt. Ihr Körper ist dabei Maiky zugewendet. Daisy meint es in diesem Moment durchaus ernsthaft. Maiky hat das auch verstanden und wendet sich für den Moment von Benny ab, der selbst auch den Kopf abgewendet hält, um nicht zu provozieren.

Angespanntes Gesicht mit „hartem" Auge

- groß gerundetes Auge
- Augenbraue hochgezogen
- Walauge
- kein direkter Blickkontakt

Weitere Anzeichen für Anspannung:

- leichte Faltenbildung um Nasenspiegel herum
- Kopf abgesenkt
- Ohren nach hinten genommen

Hartes und weiches Auge

Es ist oft schwierig zu erkennen, wann ein Hund beginnt, ein hartes Auge zu zeigen. Meist ist eine Unbeweglichkeit des ganzen Körpers damit verbunden. Die momentane emotionale Situation kann oft nur

Beispiel für Quivives weiches Auge:

Auf diesem Foto ist Quivives Auge in einem sehr entspannten Zustand zu sehen. Verglichen mit den folgenden Fotos lassen sich die Unterschiede in der Augenform gut erkennen.

Entspanntes „weiches" Auge
- mandelförmiges Auge
- neutrale Augenbrauenstellung

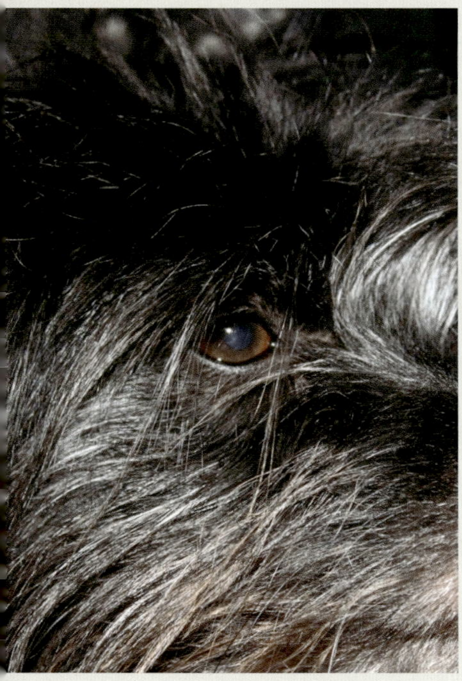

Quivive hält den zudringlichen Rüden Ben (links von ihr) auf Distanz. Nachdem sie ihm zuerst sehr eindrücklich die Zähne zeigen musste, schaut sie weg, um ihr Desinteresse zu zeigen.

Sich anbahnendes hartes Auge
- Auge gerundet
- Augenbraue am inneren Augenwinkel hochgezogen

Weitere Anzeichen für Anspannung:
- Ohren nach hinten gehalten
- Mund fast geschlossen
- Oberlippe bedeckt die Unterlippe nicht
- Kopf abgewendet

Da Wegschauen nicht reicht, wendet sie ihren Kopf ohne direkten Blickkontakt zu Ben hin. Sie steht unbeweglich, blinzelt nicht und ihr Blick ist starr.

Hartes Auge ohne direkten Blickkontakt
- Auge gerundet
- Augenbraue am inneren Augenwinkel hochgezogen
- Augengröße unverändert

Weitere Anzeichen für Anspannung:
- Ohren nach hinten gelegt
- Kopf etwas angehoben

aus den subtilen Veränderungen der Augenform, der Blickrichtung und der Bewegungen des Kopfes erkannt werden.

Der jetzt aufgenommene direkte Blickkontakt unterstreicht ihre Forderung nach Distanz. Sie steht weiterhin unbeweglich, blinzelt nicht und ihr Blick bleibt erstarrt.

Hartes Auge mit direktem Blickkontakt

- Auge gerundet
- Augenbraue am inneren Augenwinkel hochgezogen
- Augengröße unverändert

Weitere Anzeichen für Anspannung:

- Ohren nach hinten gelegt
- Kopf mehr angehoben

Quivive hat den direkten Blickkontakt durch Abwenden des Kopfes wieder unterbrochen, weil Ben sich nicht weiter nähert. Normalerweise würde sie hier Blinzeln zur Deeskalation einsetzen.

Beginnendes weicheres Auge

- Auge etwas weniger gerundet
- Augenbraue am inneren Augenwinkel hochgezogen

Weitere Anzeichen für immer noch leichte Anspannung:

- Ohren nach hinten gehalten
- Kopf leicht abgesenkt

Weil Ben sich abgewendet hat, wird ihr Blick zunehmend weicher. Sie könnte nun auch wieder blinzeln, weil sie die Lidränder weniger festhält. Insgesamt sind ihre Bewegungen minimal.

Fast weiches Auge

- Auge kleiner werdend, wieder mandelförmiger
- Augenbraue noch leicht angehoben

Anzeichen für noch leichte Anspannung:

- Ohren nur wenig nach vorne genommen
- Kopfhaltung unverändert

Subtile Warnung, erkennbar an Blickkontakt und Augenbrauenstellung

Dieses Foto von Malinois-Althündin Nele (links) und Junghündin Yaska (rechts) zeigt die unterschiedlichen emotionalen Stimmungen der beiden.

Neben Nele liegt (im Foto nicht sichtbar) ein Spielzeug, an dem auch Yaska Interesse hat. Neles Augenbrauenstellung unterstreicht die Ernsthaftigkeit, mit der sie sagt: „Bleib weg". Die beiden Längsfalten um den Nasenschwamm sind als Drohen im Ansatz zu sehen. Yaska hat verstanden. Ihre Augenbrauenstellung lässt sich als sorgenvoll beschreiben. Sie hätte wirklich gerne das Spielzeug, möchte aber die ältere Hündin nicht provozieren. Neles Warnung ist zwar subtil, aber auch ein übliches Verhalten, das Hunde gegenüber Menschen anwenden. *(Mehr hierzu „Subtile Warnung" finden Sie auch im Kapitel Der Mund, Seite 118 ff.)*

Nele (links):

- Augenbrauen angehoben und nach innen zusammengezogen
- Augen gerundet
- Augenweiß sichtbar
- direkter Blickkontakt

Weitere Anzeichen für Anspannung:

- Ohren nach vorne ausgerichtet
- Faltenbildung der Kopfdecke
- Mund geschlossen
- Faltenbildung um den Nasenschwamm
- Kopf leicht angehoben

Yaska (rechts):

- Augenbrauen hochgezogen
- Augen gerundet
- Augenweiß sichtbar
- Blick leicht abgewendet

Weitere Anzeichen für Anspannung:

- Ohren zur Seite gedreht
- Kopfdecke glatt
- Mund geschlossen
- Hals aufgerichtet
- Kopf leicht abgesenkt

Warnungen sehen

Kinder können eine subtile „Bleib weg!"-Warnung oder eine Drohung mit „hartem" Auge oft nicht deuten und viele Eltern und Hundehalter leider auch nicht. Vom starren, fixierenden Blick mit angedeutetem Drohen sind die Übergänge zum Zubeißen fließend und hängen von vielen unterschiedlichen Faktoren ab. Das sind unter anderem Erfahrungen des Hundes mit Kindern und Menschen, Wahrung der Individualdistanz (zu viel räumliche Nähe), angeleint oder nicht, Rassezugehörigkeit, individuelle Temperamentslage, Anspruch eines erwachsenen Hundes zu einer disziplinarischen Maßnahme dem jüngeren gegenüber (dabei kann es sich auch um ein Kind handeln), Wertigkeit einer zu verteidigenden Ressource wie Futter, Spielzeug, einer Bezugsperson oder eines anderen Hundes.

Auch Hunde, die von einem Schmerzgeschehen geplagt sind und Schwierigkeiten haben, aufzustehen, um einer Situation auszuweichen oder alte Hunde setzen subtile Warnungen ein. Es ist hilfreich, diesen Hunden eine „Tabuzone" einzurichten, in der sie ungestört sind. Viele Hundehalter sind immer noch der Meinung, ein Hund dürfe einen Menschen nicht anknurren und bestrafen. Doch wenn nach einer subtilen Drohung durch Blickkontakt ein Knurren folgt, ist das immer noch als Kommunikation anzusehen und deutlich wahrnehmbar. Es besteht also auch dann noch die Chance, entsprechend deeskalierend einzugreifen, indem man, wenn möglich, den Hund aus der Situation herausruft oder ihn zum Durchatmen auffordert. Auch für den Menschen ist es hilfreich, erst einmal auszuatmen und dann zu überlegen, wie die Situation anders gestaltet werden kann.
Es kann aber notwendig sein, zuerst einmal schnellstens Distanz zwischen dem Hund und dem Erwachsenem oder dem Kind zu schaffen, wenn Bewegung noch möglich ist und damit kein Angriff provoziert wird.
Folgt auf die subtile Warnung sofort ein Zubeißen, weil Knurren bestraft wurde und in Folge unterbleibt, lässt sich die Situation für alle Beteiligten nicht mehr positiv auflösen. Auf jeden Fall sollten sie mit Methoden der positiven Verstärkung (zum Beispiel Clicker) individuell bearbeitet und trainiert werden, wenn notwendig mit einem erfahren Hundetrainer oder Tellington TTouch® Practitioner.

Von der Bitte bis zur deutlichen Warnung

***Höfliche Bitte um Distanz:** Züngeln, Blinzeln, Pföteln, Gähnen, Kopf abwenden*
***Dringende Bitte um Distanz:** Ohren anlegen, Hinlegen, Weggehen*
***Aufkommender Stress:** geduckte Körperhaltung, geklemmte Rute, Einfrieren*
***Beginnende Warnung:** Unbeweglichkeit, Fixieren mit hartem Auge, geschlossener Mund*
***Deutliche Drohung bis zur Eskalation:** Knurren, Zähne zeigen, Schnappen, Beißen*

Diese Aufzählung kann nur eine Richtlinie sein, die Übergänge sind selbstverständlich fließend.

Iris und Pupille

Die Iris oder „Regenbogenhaut“ ist ein mit Farbpigmenten eingefärbter Muskel, der seine Größe verändern kann. Sie ist meist mittel- bis dunkelbraun eingefärbt. Bei allen Hunden ist der äußere Rand der Iris dunkel.

Die Funktion von Iris und Pupille

Die Iris hat die Fähigkeit, sich bei zu viel Licht zur Mitte hin zusammenzuziehen, die Pupille in der Mitte des Auges erscheint folglich kleiner und lässt weniger Licht durch. Von der farbigen Iris ist dann deutlich mehr zu sehen. Bei weniger guten Lichtverhältnissen zieht sie sich zum Rand hin zusammen, dann erscheint die Pupille größer, es kann mehr Licht auf die Netzhaut treffen. Der Befehl zur Eng- oder Weitstellung der Pupille wird vom Sehzentrum im Gehirn über den Sehnerv an die Iris weitergeleitet. Durch diese Funktion wird die lichtempfindliche Netzhaut (Retina) im Inneren des Auges vor zu intensiver Lichteinwirkung geschützt. Die Funktion entspricht einer „Blende“, ähnlich der Blende einer Kamera.

Selbstverständlich dienen die Augen erst einmal zum Sehen, aber auch emotionale Stimmungen sind an der Größe der Pupille ablesbar.

Größe der Pupille bei unterschiedlichen Lichtverhältnissen

Die Pupille verändert ihre Größe je nach Lichteinfall: bei viel Licht wird sie enger, bei wenig Licht weiter gestellt.

Engstellung durch direkte Sonneneinstrahlung

Weitstellung bei wenig Licht

Weitstellung der Pupille bei Stress

Dieser Hund ist während eines Ausstellungsgeschehens deutlich aufgeregt und sucht Kontakt zu seiner Halterin, indem er sich an ihr hochstellt.

- weitgestellte Pupille
- weniger Anteil der farbigen Iris sichtbar

Weitere Anzeichen für Anspannung:
- Ohren nach hinten gezogen
- Kopfdecke straff
- Zunge verbreitert und lang aus dem Mund hängend
- tiefe Mittelrinne sichtbar

Anspannung
Dawina hatte Stress bei einer Rückenbehandlung. Das gerundete Auge schaut mit geweiteter Pupille auf die vor ihr sitzende Person, der Bereich unterhalb des Auges ist angespannt.

- weitgestellte Pupille
- Auge gerundet
- Augenweiß sichtbar

Weitere Anzeichen für Anspannung:
- Ohren nach hinten gezogen
- Kopfdecke straff
- Oberlippe festgehalten
- Mundwinkel nach unten gezogen

Bei großer Aufregung wird die Pupille unabhängig von den Lichtverhältnissen weitgestellt und erscheint somit größer. In diesen Situationen wird die Weitstellung vom sympathischen Zweig des vegetativen Nervensystems beeinflusst. Im Kontext mit der übrigen Körpersprache lässt sich an der Pupillenweitstellung die Stimmungslage oder der Stresspegel eines Hundes ablesen.

Anschein einer weitgestellten Pupille

Viele Hunde haben um die Pupille herum einen bräunlichen Saum, der eine Pupillenweitstellung vortäuschen kann.
Dieser English Springer Spaniel schaut nach oben. Unter Einbeziehung von Augenform, Augenweiß und Pupille, die durch den bräunlichen Saum weit gestellt wirkt, könnte man annehmen, dass der Hund gestresst ist. Dagegen sprechen die entspannt fallenden, weichen Hautpartien des Gesichts.

Entspannung

- weitgestellt scheinende Pupille
- Augen fast zitronenförmig gerundet
- Augenweiß sichtbar

Weitere Zeichen für Entspannung:

- Ohren locker seitlich hängend
- Ober- und Unterlippe locker hängend
- Zunge locker im Mund liegend
- Mund leicht geöffnet
- kaum Faltenbildung am Mundwinkel

Die spanische Strassenhündin Chita hat einen dunkelbraunen Rand um die Pupille, die auf diesem Foto deutlich eng gestellt ist, wahrscheinlich wegen des einfallenden Sonnenlichtes. Eigentlich ist sie in Hundebegegnungen etwas aufgeregt und man würde eher eine weitgestellte Pupille vermuten.

Anspannung

- ziemlich gerundetes Auge

Weitere Zeichen für leichte Anspannung:

- Ohren nach hinten gelegt
- Kleinmachen

Das Augenweiß und das sogenannte Walauge

Das Augenweiß ist im Hundeauge im Gegensatz zum Menschenauge kaum sichtbar, da die Iris fast den ganzen freiliegenden Teil des Augapfels bedeckt. Bei Hunden mit bestimmten Augenformen ist es zu sehen, wenn der Hund "um die Ecke schielt" oder das Auge sehr weit geöffnet ist.

In der Kommunikation wird das Walauge als „Blickverkürzen“ bezeichnet und angewandt, wenn der direkte Blickkontakt vermieden oder aufgelöst werden soll, der Hund also von dem Problem wegschaut, ohne den Kopf zu bewegen. Es gibt sehr angespannte Situationen, in denen schon eine Bewegung des Kopfes zu Missverständnissen und einem Angriff führen kann.
Wenn ein Hund Sie nicht direkt, sondern von der Seite anschaut und Sie das Weiße des Augapfels sehen, könnte dies im Einklang mit der Körpersprache gesehen ein Zeichen für eine bevorstehende Aggression sein.
Ein Walauge ist auch zu sehen, wenn ein Hund seinen Kopf bewegt und sein Auge diese Bewegung nicht mitmacht, zum Beispiel in Spielsituationen.
Walaugen werden gezeigt, wenn ein Hund seinen Knochen, sein Spielzeug oder eine sonstige Ressource bewacht. Auch bei sehr angespannten und stark gerundeten Augen wird die weiße Lederhaut beim Hund sichtbar.

Beispiele für Walaugen in unterschiedlichen Situationen

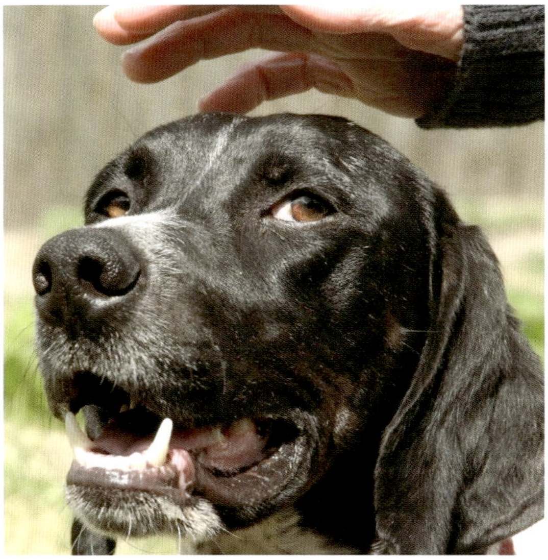

Dieser Hund ist durch die von oben kommende Hand beunruhigt. Viele Hunde empfinden einen Berührungskontakt von oben als unangenehm, ohne dass dies ihren Haltern bewusst ist.

Augenweiß sichtbar – angespannt

- Augen schlitzförmig
- Blickrichtung nach oben

Weitere Anzeichen für Anspannung:

- Ohren nach hinten gehalten
- lange Mundspalte
- angespannte Gesichtshaut

Für Chemsi sind die liebevolle Umarmung und der enge Körperkontakt gerade ein bisschen zu viel. Sie lehnt sich weg und schaut auch in die andere Richtung.

Augenweiß sichtbar – leicht angespannt

- etwas gerundetes Auge
- Augenbraue leicht angehoben

Weitere Anzeichen für leichte Anspannung:

- Ohren etwas nach hinten genommen
- Mund geschlossen
- Schwerpunktverlagerung zur Seite
- rechte Pfote angespannt

Augenweiß sichtbar – aufmerksam – bewachend – warnend

Bewachen von Spielzeug findet oft sehr subtil erst einmal nur über Blickkontakt und ohne Drohknurren statt. Allerdings kann eine Art Stille in der Bewegung wahrgenommen werden. Hier ist Umsicht geboten, vor allen Dingen wenn Kinder anwesend sind, die einen solchen Blick nicht richtig deuten können.

Augenweiß sichtbar – ungehalten bis unsicher

Walaugen entstehen häufig, weil der Hund eigentlich aus Unsicherheit den Kopf abwenden, sein Gegenüber aber im Blick behalten möchte.

Dem erwachsenen Luke (links) sind die Avancen des vier Monate alten Jake sehr suspekt. Neben den Walaugen, die entstehen, weil er den Kopf abwendet und Jake im Blick behalten will, zeigt er eine deutliche Verlagerung des Körperschwerpunktes nach hinten mit flach zurück genommenen Ohren. Der Bereich um den Mund herum ist angespannt.
Auch Jake ist der Zwiespalt der Gefühle anzusehen: sein Auge ist gerundet und das Augenweiß ist zu sehen. Seine Ohren sind zwar nach vorne gerichtet, aber seine Mundspalte ist langgezogen und zeigt tendenziell eher nach unten. Er möchte so gerne Kontakt aufnehmen und kann sich wohl die Ablehnung, die er durch Luke erfährt, nicht erklären. Das ist eine typische Situation der schon beschriebenen Junghundavancen gegenüber einem erwachsenen Hund, den dieses Verhalten nicht nur nervt, sondern der es auch nicht einordnen kann *(mehr über Luke und Jake erfahren Sie in den Kapiteln Ohren, Seite 75 und Züngeln, Seite 353).*

Walaugen in Spielsituationen

Walaugen sind in Spielsituationen sehr oft zu sehen, weil die Augen meist groß aufgerissen werden oder man schielt „um die Ecke", um den Spielpartner im Auge zu behalten.

Auf beiden Fotos sieht man den Hunden ihre Spielabsicht an den locker fliegenden Ohren und den entspannten Mündern an.

Außergewöhnliche Augen und Missverständnisse

Außergewöhnliche Augenformen, pigmentierte Lidkanten, Wechselaugen mit unterschiedlich eingefärbter Iris oder Augenmarkierungen drücken an sich keine Emotionen aus, da sie selbst nicht veränderbar sind. Trotzdem können sie eine gezeigte Emotion besonders hervorheben oder noch deutlicher machen. Sie können aber auch eine Emotion vortäuschen oder stärker als gewollt erscheinen lassen. So kann zum Beispiel schon ein konzentrierter direkter Blickkontakt fixierend wirken oder eine leicht erhobene Augenbraue wird zur ärgerlich angehobenen Augenbraue.

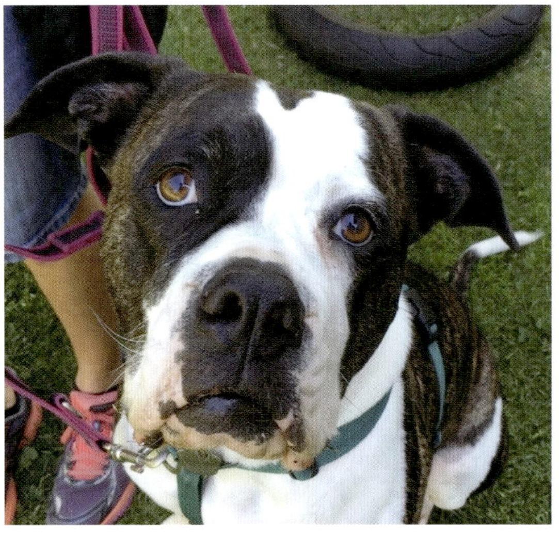

Manche Hunde wie zum Beispiel Joy haben so große Augenöffnungen, dass Anteile des „Augenweiß“ auch im entspannten Zustand sichtbar sind. Das kann einem anderen Hund zum Beispiel Unsicherheit vermitteln, denn die neutrale Augenform ist an der Augenöffnung nicht so gut erkennbar und kann auch zu Angriffen führen.

Stark pigmentierte Lidränder und eine helle Iris können zu einem stechenden Blickkontakt führen, der viele Hunde irritiert. Diesem Husky sieht man an den zur Seite gedrehten Ohrmuscheln an, dass er freundlich-interessiert gestimmt ist. Trotzdem wirkt sein Blick intensiv und sehr fixierend.

Dora (Bayerischer Gebirgsschweißhund) ist in der Begegnung mit anderen Hunden eine eher unsichere Hündin.
Sie selbst verunsichert allerdings andere Hunde durch ihre helle Iris, die durch die dunkle Umrahmung der Augen besonders eindrucksvoll wirkt, obwohl sie eher neugierig – interessiert ist.

Wechselaugen und Gesichtsmarkierungen

Es gibt Rassen und deren Mischlinge oder Farbschläge mit verschiedenfarbiger Iris. Wenn ein Hund keine Erfahrungen mit solchen Hunden hat, kann diese Andersfarbigkeit der Iris zu Irritationen und Missverständnissen führen. Das gleiche gilt für Hunde mit sehr heller Iris. Viele Hunde reagieren auf diese ungewöhnlichen Irisfarben in Verbindung mit den markanten Gesichtszeichnungen mit Unsicherheit und ziehen sich zurück. Andere Hunde fühlen sich provoziert und reagieren offensiv.

Hunde mit verschiedenfarbiger Iris (Wechselauge) und unregelmäßigen Gesichtsmarkierungen (unten)

Hunde mit hellblauer Iris und teilweise markanten Gesichtsmarkierungen

Hunde mit bernsteinfarbener Iris

Augenmarkierungen und Augenflecken

Markierungen um und über den Augen betonen die Stellung der Augenbrauen oder Lidkanten und damit auch den Gesichtsausdruck. Sie können den Gesamtausdruck erheblich verändern und sind in ihrer Wirkung auf einen anderen Hund entsprechend intensiver beziehungsweise klarer in der Aussage.

Bestimmte Stimmungslagen werden deutlicher hervorgehoben oder es kann zu Missverständnissen kommen. So kann ein direkter Blickkontakt, der eigentlich „nur" interessiert-neugierig gedacht ist, für einen Hund, der wenig Erfahrung im Kontakt mit anderen Hunden hat, so erscheinen, als sei er bedrohlich oder provozierend gemeint.

Gabis Wolfsspitzhündin Litla hatte eine richtige „Brille" als markante Zeichnung um die Augen herum. Obwohl sie eine sehr defensiv eingestellte und unsichere Hündin war, machte ihre markante Augenzeichnung Eindruck auf viele Hunde.

Mischlingsrüde Oskar ist ein sehr ruhiger und souveräner Hund, der aber schon durch einen direkten Blickkontakt ohne besondere Anspannung im Gesicht bei den anderen Hunden beschwichtigende Reaktionen hervorruft.

Sehr dunkle Gesichter ohne Markierungen können irritieren, weil sie kaum zu lesen sind.

Unregelmäßige Stromung

Bei gestromter Fellfarbe kann das Auge wie hier bei diesem Sloughi durch die unregelmäßige Zeichnung besonders betont sein und zum Beispiel eine angehobene Augenbraue vortäuschen.

Markante Gesichtszeichnung

Auffällige Gesichtzeichnungen können zu Missverständnissen unter Hunden führen.

Gabi und Quivive sind Mischlingshündin Cora auf einem Campingplatz in Frankreich begegnet. Sie lag angebunden vor dem Wohnmobil ihres Halters und schaute konzentriert und mit leichter Anspannung hinter ihm her, als er sich entfernte. Quivive wich sofort aus und lief in einem großen Bogen um die Hündin herum.

- Augen etwas gerundet
- starrer Blick

Weitere Anzeichen für Anspannung:
- Ohren im Ansatz flach und nach hinten unten gezogen
- Kopfdecke straff
- Kopf abgesenkt
- Körperschwerpunkt nach vorne verlagert

Coras Halter war zurückgekehrt und die Hündin war sichtbar entspannter. Sie nahm jetzt auch direkten Blickkontakt zu Quivive auf. Quivive vermied trotz dem nun „weicheren" Augenausdruck der Hündin und dem Blinzeln jeden direkten Blickkontakt, die markante Gesichtsmaske hatte sie sichtlich beeindruckt.

- Augen weniger gerundet
- direkter Blickkontakt
- Blinzeln im Ansatz

Weitere Anzeichen für Entspannung:
- Ohren im Ansatz nach vorne aufgestellt
- Kopfdecke ohne Spannung
- Kopf angehoben und leicht geneigt

Beeinträchtigungen des Auges, die sich auf die Emotionen auswirken können

Beispielsweise tränende Augen, Bindehautentzündung, Falten

Kleine Schädelformen mit wenig Platz für die Augenhöhle begünstigen das Tränen durch den hervorstehenden Augapfel. Bei diesen Rassen finden sich auch häufig Roll-Lider oder Wimpernhaare, die in Richtung der Hornhaut wachsen und zu Reizungen und tränenden Augen führen. Auch ein verstopfter Tränendrüsenkanal führt zu Augentränen und Fellverfärbungen im Bereich des inneren Augenwinkels. Bei hellhaarigen Hunden ist die bräunliche Verfärbung um das Auge herum sehr gut erkennbar. Diese Verfärbungen können ähnlich wie Fellzeichnungen auf andere Hunde irritierend wirken.

Bei manchen Rassen ist die Bindehaut durch ein hängendes unteres Augenlid ständig freigelegt und damit einem dauernden Reiz ausgesetzt, was zu chronischen Bindehautentzündungen führen kann. Hunde mit Bindehautentzündungen können unter Juckreiz oder Brennen und Tränen der Augen leiden, was ihr Allgemeinbefinden stark beeinträchtigen kann. Es kann zu Berührungs- und Lichtscheue kommen.

Hunde mit solchen Reizungen am Auge können durch einen andauernden Schmerzzustand angespannter sein. Es ist auch möglich, dass ihr Sehvermögen durch den ständigen Tränenfluss beeinträchtigt ist.

Seheinschränkungen können zu einem ungewollten direkt ausgeübten „Blickkontakt“ und damit zu Missverständnissen im Kontakt mit anderen Hunden führen, da sich betroffene Hunde mehr und mehr geruchlich orientieren und mit der Nase „schauen“.

Sichtbare und gerötete Bindehaut bei einer Deutschen Dogge

Manche Rassen wie der Shar Pei (links) oder die Englische Bulldogge (unten) haben extrem viele Falten im Gesicht, was den Gesichts- und Augenausdruck stark beeinflusst und bei anderen Hunden zu Irritationen führen kann. Oft sind sie selbst durch die Faltenbildung in ihrer Sehfähigkeit eingeschränkt und manchmal muss operativ Abhilfe geschaffen werden.

Wussten Sie übrigens, dass Hunde auch schielen können?
Das sieht dann so aus:

Der Mund

Bei der Beobachtung, wie der Mundbereich und die Nasenpartie Ihres Hundes aussehen, ist es hilfreich, die normalen Gesichtszüge – also im entspannten Zustand – zu kennen.
Hunde können zwar nicht in unserem Sinne sprechen, aber wesentlich mehr mit ihrem Mund machen als zu fressen, zu trinken oder Laute zu äußern. Sie benutzen ihre Lippen- oder Lefzenposition schon zur nonverbalen Kommunikation, ohne dass sie einen Laut von sich geben. Die Stellung der Mundwinkel sagt viel über ihre momentane Stimmung aus, ebenso die Region um den Nasenschwamm herum. Die detaillierte Beobachtung dieser Region lässt Rückschlüsse auf die nächsten Aktionen zu, die folgen können.
Die Art und Weise, wie die Zunge im Mund liegt, gibt Auskunft über möglichen physischen und psychischen Stress.
Bei langhaarigen und/oder schwarzen Hunden mit dunklen Augen geben Mund und Zunge oft die einzigen gut erkennbaren Informationen.

Relevante sichtbare Details von Mund, Zunge und Nase

Hier finden Sie eine Beschreibung der für eine Interpretation der Stimmungslage wichtigen Bereiche von Mund und Nase.

1. Länge von Mundspalte und Form des Mundwinkels
2. Nase mit Nasenspiegel
3. Gesichtshaut um den Nasenspiegel
4. Oberlippe (obere Lefze) mit Barthaaren *(Vibrissen, siehe Kapitel Fell, Seite 308)*
5. Unterlippe (untere Lefze)
6. Zunge
7. Gesichtshaut im Wangenbereich

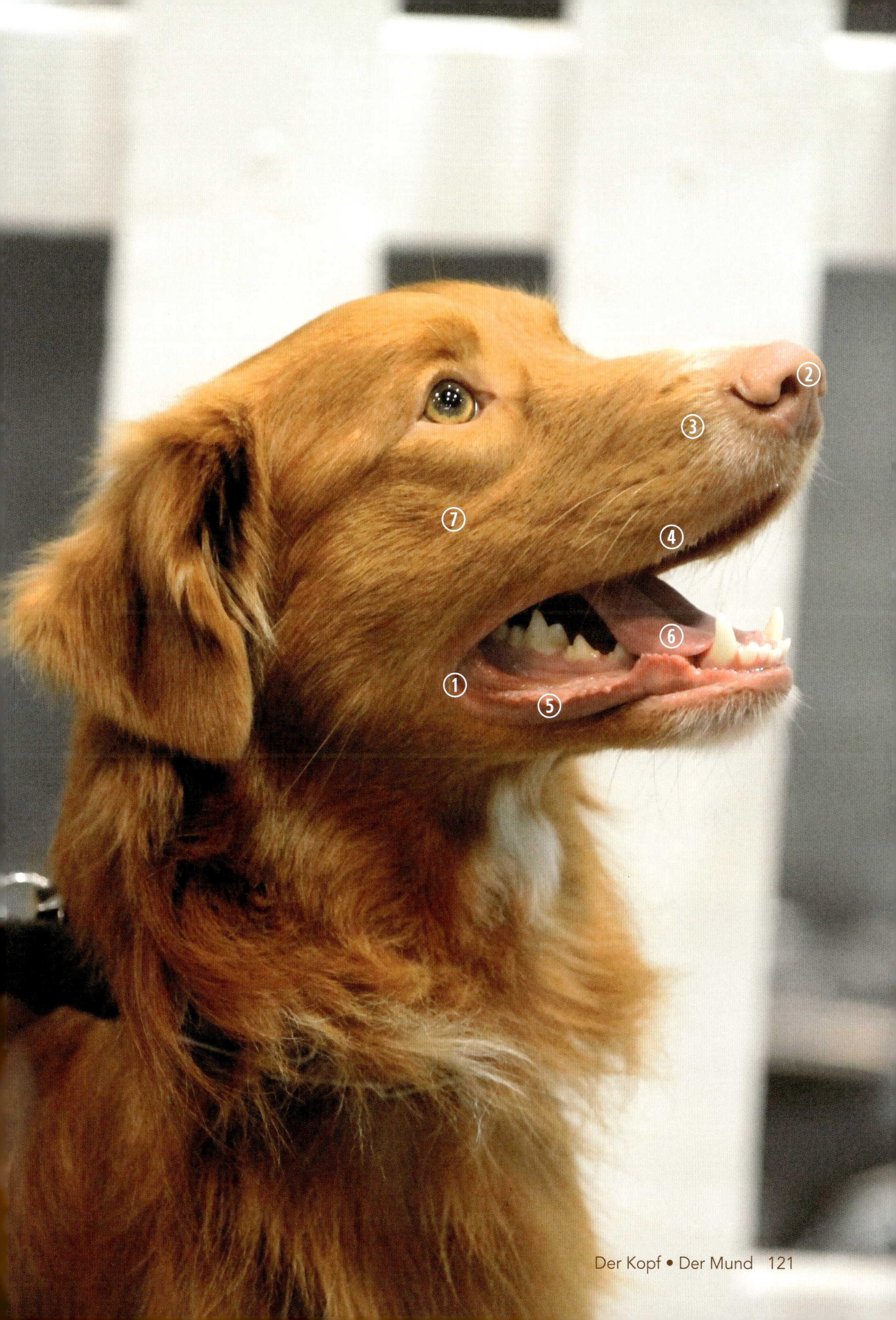
2
3
7
4
6
1
5

Der geschlossene Mund

Je nachdem, wie straff die Gesichtshaut ist oder wie viel Hautreserve vorhanden ist, zeigen sich Unterschiede bei entspannten und angespannten Gesichtern deutlicher.

Sehr entspannt

- Mund geschlossen
- Oberlippe bedeckt Unterlippe
- glatt anliegende Haare um den Nasenspiegel
- Nasenlöcher normal weit

Weitere Anzeichen von Entspannung:

- Augen geschlossen
- Ohren locker herabhängend

Quivive ist eine Langhaar-Hündin mit straffer Gesichtshaut, die wenig hängt.

Quivive mit angespannten Gesichtszügen, im Mundbereich vorwiegend erkennbar an der angespannten Oberlippe. Das Foto wurde nach der Ankunft auf dem Campingplatz bei Gewitterstimmung aufgenommen. Quivive war müde von eineinhalb Tagen Fahrt, konnte aber wegen des drohenden Gewitters auch in Gabis Armen nicht wirklich entspannen und einschlafen.

Angespannt

- Mund geschlossen
- Oberlippe bedeckt die Unterlippe nicht ganz
- etwas aufgerichtete Haare um den Nasenspiegel
- Nasenlöcher etwas geweitet

Weitere Anzeichen von Anspannung:

- Augen gerundet
- Ohren nach hinten weggedreht

Rani ist eine Golden Retriever-Hündin mit viel Hautreserven um den Nasen-Mund-Bereich und kurzer Gesichtsbehaarung.
Auch sie liegt hier sehr entspannt. Die Augen sind leicht geöffnet, die Haut um Mund und Nase liegt locker auf dem Boden auf.

Entspannt
- Mund geschlossen
- Haare um den Nasenspiegel glatt anliegend
- lockere Gesichtshaut

Weitere Anzeichen von Entspannung:
- Augen leicht geöffnet
- Kopf aufliegend

Durch das Anheben des Kopfes verändert sich die Faltenbildung im Gesicht. Die Ohren sind im Ansatz ganz leicht aufgerichtet, als habe etwas ihre Aufmerksamkeit erregt. Insgesamt wirkt sie leicht erstarrt, ihr Blick ist nicht zielgerichtet. *(Was ihre Aufmerksamkeit erregte und wie es weiterging, lesen Sie auf Seite 145.)*

Sehr angespannt
- Mund geschlossen
- kurze Mundspalte
- Barthaare leicht aufgerichtet
- Ansatz von Faltenbildung um den Nasenspiegel
- Unterlippe etwas zu sehen

Weitere Anzeichen von Anspannung:
- Augen weiter geöffnet
- Augenbraue etwas angehoben
- Kopf angehoben

Das Schließen des Mundes bei zunehmender Anspannung

Das Schließen des Mundes bei erhöhter Anspannung lässt sich sehr oft beobachten. Im Kontext mit der Veränderung der Ohrenhaltung, der Faltenbildung im Gesicht oder den Veränderungen der Körperhaltung und der Bewegung der Rute lässt sich sagen, ob der Hund nur erhöht aufmerksam ist, ob er angespannt-vorsichtig, angespannt-friedlich oder angespannt-ärgerlich gestimmt ist.

Weimaraner-Hündin Maxi sieht einen entgegenkommenden Hund und mit zunehmender Annäherung gerät sie unter Anspannung. Ihre beginnende leichte Anspannung ist nur durch das Schließen des Mundes zu sehen, Ohrenstellung und Gesichtsausdruck bleiben nahezu unverändert. Der Kontakt mit dem anderen Hund verlief friedlich.

Dieser Junghund beobachtet konzentriert ein Geschehen. Mit dem Schließen des Mundes verändert sich auch seine Ohrstellung. Er scheint im Zwiespalt zu sein, was er von der Situation halten soll. Das ist neben der veränderten Ohrenhaltung auch an der etwas langgezogenen Mundspalte zu sehen.

Die Ohren sind im Ansatz aufgerichtet und nach vorne ausgerichtet.

Die Ohren sind im Ansatz zur Seite gedreht und nur noch leicht nach vorne ausgerichtet. Der Mund ist stärker geschlossen.

Ohren im Ansatz zur Seite gedreht und seitlich ausgerichtet. Der Mund ist fast ganz geschlossen.

Der geschlossene Mund in verschiedenen emotionalen Situationen

Ein geschlossener Mund hat nicht immer mit zunehmender Anspannung zu tun. Er kann zum Beispiel auch in entspannten Situationen geschlossen sein oder bei erhöhter Konzentration. Oft ist an der Spannung der Gesichtshaut und der Kopfdecke zu sehen, in welcher emotionalen Situation sich der Hund gerade befindet.

Rani ist hier sehr entspannt mit weichen Gesichtszügen und schaut auf einen Hund, der noch recht weit entfernt ist.

Entspannt

- Oberlippe überdeckt Unterlippe
- keine Faltenbildung um die Nase herum

Weitere Anzeichen für Entspannung:

- mandelförmiges Auge
- weiches Auge
- Augenbrauenstellung neutral
- Ohren locker hängend

Rani hat etwas gewittert, das ihre Aufmerksamkeit erregt. Sie ist hoch konzentriert. Die Haut um den geschlossenen Mund ist angespannt.

Angespannt

- leichte Faltenbildung um den Nasenspiegel
- Oberlippe schließt mit Unterlippe ab (überdeckt nicht die Unterlippe)
- Mundwinkel leicht nach unten zeigend

Weitere Anzeichen für Anspannung:

- Auge etwas schlitzförmiger
- Blick zielgerichtet
- Augenbrauen etwas zusammengezogen
- Kopf tiefer gehalten
- Hals abgesenkt

Dawina ist hier sehr angespannt und wirkt fast wie erstarrt. Sie wird hier wegen eines beginnenden Cauda-Equina-Syndroms mit starker Schmerzsymptomatik physiotherapeutisch behandelt. Unterhalb des Auges ist eine Anspannung der Kiefernmuskulatur sichtbar (siehe vergrößerter Ausschnitt).

Sehr angespannt
- Oberlippe schließt mit Unterlippe ab
- Mundwinkel leicht nach unten zeigend
- Haare unterhalb des Nasenspiegels aufgerichtet
- straffe Gesichtshaut

Weitere Anzeichen für Anspannung:
- groß gerundetes Auge
- Augenweiß sichtbar
- Ohren nach hinten gehalten
- Kopfdecke straff

Hadiya droht eindeutig zu Katja hin, die seitlich zu ihr steht und fotografiert. Beim subtilen Drohen ist der Mund oft geschlossen oder nur wenig geöffnet im Gegensatz zum offensichtlichen Drohen mit sichtbaren Zähnen. Hunde, die so ausschauen, meinen es sehr ernst mit ihrer Botschaft: „Komm nicht näher!“ *(Mehr Information über subtiles Drohen finden Sie ab Seite 141 ff.)*

Sehr angespannt
- Mund fast geschlossen
- Mundspalte kurz und nach hinten gezogen
- Mundwinkel leicht nach unten zeigend
- Barthaare aufgerichtet

Weitere Anzeichen für Anspannung:
- Ohren flach nach hinten gezogen
- Auge schlitzförmig
- Augenweiß sichtbar
- Gesichtshaut straff

Der offene Mund

Hunde können richtig lachen oder lächeln und man kann dies auch an der Form der Mundspalte erkennen, die Mundwinkel sind – ähnlich wie bei einem Menschen – nach oben gezogen.

Obwohl der Greyhound seine Ohren flach nach hinten gezogen hat, genießt er den Kontakt mit Gabi, die hinter ihm steht. Seine Augen sind fast schlitzförmig, was ein Ansatz von Blinzeln sein könnte. Viele Hunde zeigen ein solches lachendes Gesicht.

Entspannt
- lange Mundspalte
- Mundwinkel eher nach oben gezogen
- entspannte Unterlippe
- untere Zahnreihe sichtbar
- Oberlippe bedeckt die Zähne
- Zunge locker im Mund liegend

Quivive ist hier in richtig guter Stimmung, ihre Ohren sind nach vorne gerichtet, ihre Augen sind leicht gerundet und ihr Blick ist aufmerksam. Sie sitzt auf dem Schoß von Gabis Tochter Tina.

Entspannt
- lange Mundspalte
- Mundwinkel nach oben gezogen
- entspannte Unterlippe
- untere Zahnreihe sichtbar
- Oberlippe bedeckt die Zähne
- Zunge locker im Mund liegend

Welpe Rani fühlt sich hier inmitten der streichelnden Hände sehr wohl. Ihre Gesichtszüge sind sehr entspannt, ihre Ohren hängen locker herab.

Entspannt
- lange Mundspalte
- Mundwinkel nach oben gezogen
- entspannte Unterlippe
- untere Zahnreihe fast sichtbar
- Oberlippe bedeckt die Zähne
- Zunge locker im Mund liegend

Lachen

Auch wenn Hunde lachende Gesichter zeigen, kann ab einem gewissen Zeitpunkt das Berühren und Streicheln etwas zuviel werden. Dann werden aus lachenden Gesichtern und Mundwinkeln schnell Stressgesichter. Es gilt, diesen Zeitpunkt und die Veränderung der Gesichtsmimik wahrzunehmen und dafür zu sorgen, dass der Hund sich nicht bedrängt fühlt. Gerade für ältere und kranke Hunde oder für Welpen sollten wir als Halter dafür die Verantwortung übernehmen.

Die Form der Mundspalte

Langgezogene Mundspalten ähneln einem schiefen „Grinsen", man sieht sie meistens bei sehr angespannten Hunden. Allerdings bedeutet dieses schiefe „Grinsen" nicht immer negativen Stress, auch in der freudigen Aufregung können Hunde solche Mundspalten zeigen.

Hunde, die sehr konzentriert sind, haben den Mund oft geschlossen. Wenn sie zum Beispiel eine geforderte Aufgabe auf dem Hundeplatz nicht verstehen, kann es, oft in Kombination mit Züngeln, Blinzeln oder anderen Kommunikationssignalen *(siehe Teil 2 ab Seite 340)*, zu langgezogenen Mundspalten kommen – ein Zeichen dafür, die Aufgabenstellung zu überdenken und für den Hund lösbar zu gestalten.

Auch bei großer Hitze beim Hecheln oder bei Müdigkeit nach einem ausgiebigen Spiel sind Mundspalten in dieser Form zu beobachten. Eine besondere Rolle spielt dann auch die Form der Zunge, die uns eine Menge an Informationen geben kann *(siehe ab Seite 150)*.

Langgezogene Mundspalten in unterschiedlichen Situationen

Rasseabhängig und je nach Hautbeschaffenheit oder Hautreserve kann die Form der Mundspalte sehr unterschiedlich aussehen. Hinter den Mundwinkeln kommt es zu mäßiger bis starker Faltenbildung, abhängig von der Situation und vom Grad der Anspannung.

Quivive ist entspannt, hechelt aber ein wenig wegen der Hitze.

Entspannt, etwas langgezogen wegen der Hitze
- Mundspalte langgezogen
- Lippen locker hängend
- keine Aufrichtung der Barthaare

Weitere Anzeichen für Entspannung:
- Ohrspitzen locker hängend
- mandelförmiges Auge
- Zunge locker über den Zähnen liegend
- Zungenspitze ohne Anspannung

Spot ist gerade müde vom Toben und Spielen.

Entspannt, langgezogen wegen Müdigkeit

- Mundspalte langgezogen
- Lippen locker hängend
- Barthaare nach hinten gerichtet

Weitere Anzeichen von Entspannung:

- Ohr locker hängend
- Auge fast geschlossen
- Zunge locker über den Zähnen liegend
- Zungenspitze ohne Anspannung

Dieser Hund ist situationsbedingt etwas angespannt. Seine Mundspalte ist vergleichsweise kürzer und tendenziell nach unten zeigend.
Die untere Zahnreihe ist bis auf die Fangzähne kaum sichtbar. Sein Auge ist wenig geöffnet, die Augenbraue in Neutralstellung, das deutet auf eine geringe Anspannung hin.

Langgezogene Mundspalte bei leichter Anspannung

- Mundspalte mittellang
- untere Lippe hängend
- obere Lippe etwas straff
- Zähne sichtbar
- Faltenbildung im Mundwinkel

Weitere Anzeichen für leichte Anspannung:

- Ohr etwas nach hinten gehalten

Bullterrier-Mischlingshündin Milky ist hier relativ entspannt, das ist an ihrer Ohrenstellung, dem weich blickenden Auge und der entspannten Gesichtshaut zu erkennen. Lediglich die angehobene Augenbraue und die leichte Faltenbildung weisen auf eine leichte Anspannung hin.

Langgezogene Mundspalte mit wenig Anspannung

- Oberlippe locker fallend und ohne Faltenbildung
- Barthaare nicht aufgerichtet
- Mundwinkel ohne Faltenbildung

Weitere Anzeichen für leichte Anspannung:

- Augenbraue etwas angehoben
- Ohren im Ansatz aufgestellt, zur Seite gedreht
- Faltenbildung auf der Kopfdecke

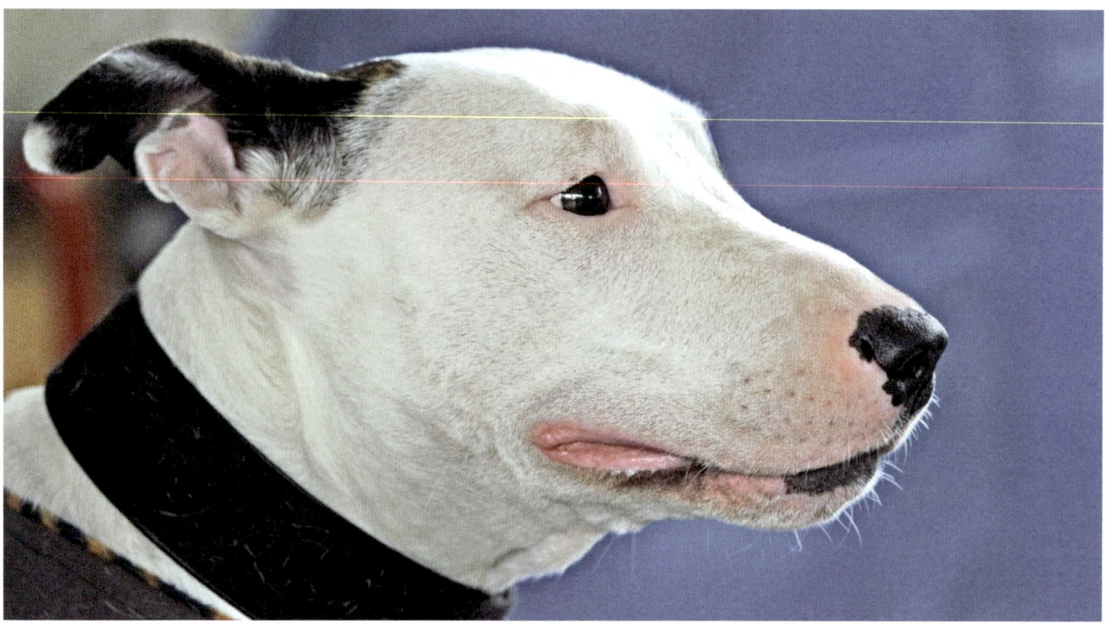

Milky ist zu Beginn einer Trainingssituation sehr aufgeregt. Ihre Ohrhaltung, die aufgerichteten Barthaare und die Augenbrauenstellung sprechen für ihre bestehende Anspannung.

Langgezogene Mundspalte bei vermehrter Anspannung

- Mundspalte langgezogen
- leichte Faltenbildung im Mundwinkel

Weitere Anzeichen von Anspannung:

- Ohren flach nach hinten gehalten
- straffe Kopfdecke
- Augenbraue angehoben

Dieser Hund hechelt etwas wegen der Hitze, was zur Faltenbildung im Mundwinkelbereich und der langgezogenen Mundspalte führt.
Durch die weiche Unterlippe mit viel Haut fällt diese nach unten, sodass die untere Zahnreihe auch bei leichter Anspannung sichtbar bleibt.

Mundspalte langgezogen bei leichter Anspannung

- Mundspalte langgezogen
- Lippen locker hängend
- Zähne sichtbar
- Faltenbildung im Mundwinkel

Weitere Anzeichen für leichte Anspannung:

- Ohr nach hinten gedreht
- Augenbraue etwas angehoben

Beispiel einer beginnenden Anspannung und nachfolgenden Entspannung

Fotos von links nach rechts gesehen: Hier ist sehr deutlich die aufkommende Anspannung anhand der Faltenbildung im Bereich des Mundwinkels zu beobachten …

… bis hin zum Gähnen und darauffolgender Entspannung
Auslöser war das Hinzukommen der anderen Hunde, die der am Boden liegenden hellbraunen Hündin zeitweise sehr nahe kamen (Foto unten). Sie wollte zwar nicht aufstehen, aber die zeitweise geringe Distanz war ihr unangenehm. Das Gähnen zeigt ihren Zwiespalt an.

Erklärend zur Gesamtsituation der Hunde, die als Gruppe in einer Tierherberge leben: Die vorhergehende Spielsequenz zwischen der hellbraunen und der schwarzen Hündin kippte durch das Hinzukommen des schwarzen-braunen Rüden. Aus der Gruppendynamik heraus entwickelte sich für die Hündin eine Situation, der sie sich nur noch durch Flucht entziehen konnte. Die Gesamtaktion dauerte über eine Viertelstunde an, es war heiß und die Hündin war danach sichtlich erschöpft. Darum wohl mochte sie ihren Liegeplatz nicht aufgeben, als die anderen Hunde ihr am Zaun sehr nahe kamen.

Die kurze, c-förmige Mundspalte

Die c-förmige Mundspalte mit hochgezogener Oberlippe und bloßgelegten Fangzähnen drückt meist eine gewisse Ernsthaftigkeit aus. Souveräne Hunde zeigen sie oft, um zu warnen, damit der andere Hund sein Vorhaben nochmals überdenken und eine Konfrontation abgewendet werden kann. Bei weiterer Annäherung würden sie bedenkenlos angreifen.

Die gleiche Form der Mundspalte wird aber auch in großer Bedrängnis oder Angst gezeigt und lässt sich im Spielgeschehen beobachten. Es ist also auch hier wichtig, das Gesamtgeschehen und die Körpersprache in eine Deutung mit einzubeziehen.

Dieser Malamute ist sicherlich nicht glücklich an der strammen Leine. Seine Zunge ist in den Mund zurückgezogen, sie ist nicht sichtbar. Das kann ein deutliches Signal für eine Beißabsicht sein. Wahrscheinlich sind auch seine Haare aufgerichtet, das lässt sich aber wegen der rassebedingten Fellstruktur nicht genau sagen. Er zeigt deutlich die Zähne und man sollte ihm nicht näher kommen – das könnte einen Angriff auslösen.

Sehr große Anspannung

- kurze Mundspalte, weiter geöffnet
- Barthaare nach vorne aufgerichtet
- Oberlippe hochgezogen
- Fangzähne sichtbar
- Zunge im Mund

Weitere Anzeichen für Anspannung:

- Ohren nach vorne gerichtet
- Auge schlitzförmig
- fixierender Blickkontakt
- Schwerpunkt nach vorne verlagert

Rani ist etwas genervt von Arwens „Welpen-Avancen". Aber sie ist souverän dem Welpen gegenüber und würde ihm aufgrund ihres sanften Wesens keinen Schaden zufügen.

Etwas genervt,
aber noch entspannt

Rani, aufrecht liegend:

- c-förmige Mundspalte
- obere Zähne entblößt

Anzeichen für Entspanntheit:

- Ohren locker hängend
- Kopf leicht abgewendet
- kein direkter Blickkontakt

!!!

Nicht jeder Hund lässt sich solche Annäherungsversuche gefallen und reagiert derart souverän!

Sloughi-Hündin Chemsi und Dobermann-Hündin Inca sind uns schon mehrfach begegnet.
Chemsi ist zu einer recht selbstbewussten und auch etwas frechen Hündin herangewachsen. Nach der Kastration beider Hündinnen war das Zusammenleben noch friedvoller. Chemsi ist oft die spielbestimmende der beiden. Sie zeigt deutlich Zähne, hat Falten über der Nase und hat eine c-förmige Mundspalte (linkes Foto). Inca ist gelassen und nimmt die kleinen Frechheiten hin. Ihr Mund ist entspannt geöffnet, auch, als Chemsi ein bisschen zwickt.

Maulringen

Auch beim spielerischen „Maulringen“ lassen sich langgezogene oder c-förmige Mundspalten und weit geöffnete Münder beobachten. Solange die Hunde selbst immer wieder deeskalierende Signale zeigen und diese auch beachten, reicht ein sorgsames Beobachten. Oft wird der direkte Blickkontakt vermieden und die Köpfe sind voneinander abgewendet. Damit wird die Spielabsicht bekräftigt.

Gebissfehlstellungen mit unbeabsichtigter Wirkung

Hunde mit Gebissfehlstellungen können von anderen Hunden falsch gelesen werden, weil ihr Mund aussieht, als würden sie drohen und die Zähne zeigen.

Eine seltene Missbildung

Tanks war Gabi und Quivive im Wald begegnet und er hatte eine so seltene Fehlbildung, dass auch Quivive sich ihm erst einmal nur sehr vorsichtig genähert hatte. Tanks hat eine nicht operierte offene Gaumenspalte und damit sind seine oberen Schneidezähne auch bei geschlossenem Mund sichtbar. Seine Halter haben Gabi netterweise ein Foto geschickt, auf dem der offene Gaumen zu sehen ist. Er war ein sehr netter Hund mit einer liebenswerten Ausstrahlung, der offensichtlich bisher von anderen Hunden nicht wirklich angegriffen worden ist. Meist waren sie einfach vorsichtig in der Annäherung, bis sie sich von seinem netten Wesen überzeugt hatten.

Fosco hatte von Geburt an einen zu langen Oberkiefer, was in den ersten Lebensmonaten zu aufwendigen tierärztlichen Bemühungen führte. Inzwischen lebt er ein normales Leben, in dem diese Fehlbildung keine Rolle mehr spielt.

Wussten Sie, dass Hunde richtig lächeln können?

Das sieht dann so aus:

Manche Hunde können lächeln – hier schenkt Eve ihrer Katja ein Lächeln.

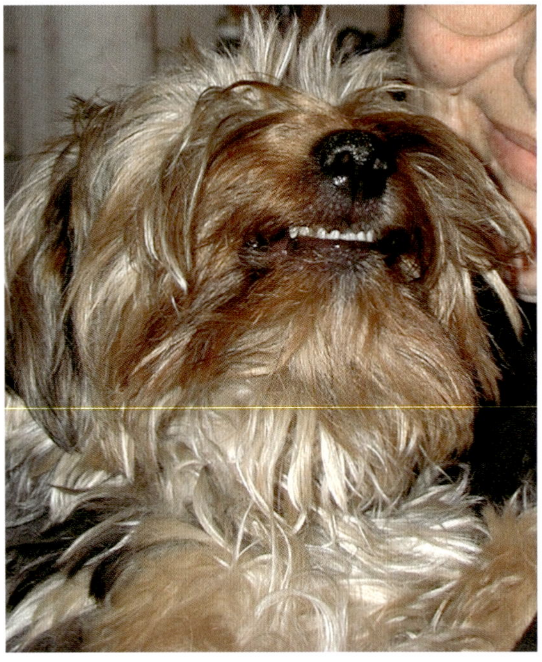

Lächeln wird oft mit einer Drohung verwechselt, vor allen Dingen, wenn man den Hund nicht gut kennt. Um Lächeln von einer Drohung zu unterscheiden, ist die Beobachtung der Körpersprache und der Gesamtsituation ausschlaggebend. Beim Lächeln werden zwar die Zähne gezeigt, aber ohne das Krausziehen der Nase. Außerdem wird die Zunge nicht wie bei einer Beißabsicht nach hinten in den Rachen hineingezogen.

Die meisten Hunde, die lächeln, entblößen die oberen Schneidezähne. Aber es geht auch umgekehrt.

Dieses Verhalten kann durchaus zu den Zugehörigkeitsgesten gezählt werden, wenn Hunde sich sehr über ihnen bekannte Menschen freuen. Bereits Darwin (1872) erwähnte dieses Lächeln.

Kein Vorbiss – sondern ein lächelnder Michel

Warngesichter – von Warnen bis Drohen

Wenn Hunde subtil warnen, sind die Veränderungen auch für aufmerksame Beobachter oft kaum wahrnehmbar, da sie manchmal nur für einen kurzen Augenblick im Gesichtsbereich zu sehen sind. Eine Warnung oder ein „Bleib weg!"-Gesicht kann sehr schnell im Ausdruck wechseln, je nachdem, wie der andere Hund oder ein sich nähernder Mensch reagiert.
Hunde zeigen solche subtilen Warngesichter, wenn sie keine weitere Annäherung möchten. Das betrifft andere Hunde, Tiere oder Menschen, die sich ihnen selbst, einer Bezugsperson, Futter, einem Spielzeug, der eigenen Liegedecke oder ähnlichem nähern.

Gerade in der Anwesenheit kleiner Kinder ist es wichtig, diese Gesichtsmimik gut wahrzunehmen, denn Kinder nähern sich Hunden oft unbewusst und übersehen diese Warngesichter oder verstehen sie nicht als Warnung.
Für den eigenen Hund lässt sich herausfinden, in welchen Bereichen er besonders viel Wert auf Distanz legt und man kann vorausschauend und umsichtig agieren, um das Umfeld möglichst zu entschärfen (zum Beispiel kein Spielzeug oder kein Futter herumliegen lassen, wenn Kind und Hund in einem Raum sind; Tabuzonen für Hunde wie Kinderzimmer und Tabuzonen für Kinder wie den Ruheplatz des Hundes etablieren).
Welche Bedürfnisse der eigene Hund an Ruhe und Distanz hat, ist stark abhängig von seinem eigenen momentanen körperlichen und emotionalen Zustand und kann auch wechseln. Wenn wir ihm als Familie mit Respekt begegnen und seine Bedürfnisse wahrnehmen und respektieren, wird es innerhalb der Familie keine Probleme geben.
Es ist natürlich sehr wichtig, dass man mit dem Hund alternative Verhaltensweisen trainiert, damit er nicht auf diese subtilen Warnungen zurückgreifen muss. Tellington TTouch®, kombiniert zum Beispiel mit Clickertraining, bietet gute Möglichkeiten für mehr Gelassenheit und Entspannung.
Fremde Hunde zu lesen, zu respektieren und ihre Bedürfnisse zu beachten, macht für uns, unsere Kinder und unsere Hunde die Begegnungen und den Umgang mit unbekannten Hunden sicherer.
Subtile Warnungen können mit körperlicher und akustischer Stille verbunden sein, aber leises Grummeln, Knurren oder andere Lautäußerungen sind genauso möglich. Das ist immer noch Kommunikation und bietet immer noch die Möglichkeit, eine Situation zu deeskalieren und nicht als Aggressivität zu sehen.
Ein Hund, der nicht warnen und knurren darf, wird unter Umständen übergangslos zum Angriff mit Schnappen und Beißen wechseln. Darum sollte man Knurren zulassen und gleichzeitig ein alternatives Training aufbauen.
In den folgenden Bildserien zeigen wir Beispiele von Hunden, die subtil und auch offensiv warnen. Wie bei allen anderen aufgeführten Verhaltensweisen ist es auch hier sehr wichtig, immer die Gesamtsituation mit in Betracht zu ziehen.

Warnen

Von subtiler Warnung bis zu deutlicher Drohung

Taschka droht hier der für den Betrachter nicht sichtbaren Junghündin Arwen, die sich von vorne rechts nähert. Die Hunde kennen sich, aber Welpen und Junghunde benötigen oft eine erst einmal deutlichere Warnung, bevor sie entsprechend reagieren und sich zurückziehen.

Taschka ist im Begriff, zu warnen. Ihre Ohren sind schon nach hinten gehalten, der Blick ist zielgerichtet.

Die subtile Warnung mündet dann in deutliches Drohen mit Bloßlegen der Zähne.

Offensives Drohen – direkt von vorne gesehen

Hadiya sagt deutlich: Komm nicht näher! Sie droht hier einem fremden Menschen. Sie meint es ernst und hat in solchen Situationen auch schon angegriffen. Die Schwerpunktverlagerung nach hinten könnte die Vorbereitung für einen Angriff sein. An den aufgestellten Barthaaren (Vibrissen) ist ihre eigene Erregung abzulesen.

Hohe Anspannung

- Oberlippe angehoben
- kurze Mundspalte
- Barthaare aufgerichtet
- Haut im Wangenbereich sehr angespannt

Weitere Anzeichen:

- Ohren flach nach hinten genommen
- Augen schlitzförmig
- direkter Blickkontakt
- Körperschwerpunkt nach hinten genommen

Subtile Warnung Langhaar-Hund

Auch bei langhaarigen Hunden lässt sich mit etwas Übung die Anspannung im Mundbereich und das leichte Hochziehen der Oberlippe wahrnehmen. Hier ist bei genauem Hinsehen auch der Fangzahn zu sehen. Die nach vorne gerichteten Ohren könnten aus der Bewegung heraus entstanden sein, das Auge ist nicht sichtbar, aber ein direkter Blickkontakt ließe sich vermuten.

Angespannt

- Hochziehen der Oberlippe
- Fangzahn sichtbar

Weitere Anzeichen von Anspannung:

- Kopf leicht angehoben

Subtile Warnung Kurzhaar-Hund

Der Rhodesian Ridgeback-Rüde Abaju ist ein sehr souveräner und ausgeglichener Hund. Dieses Fotoshooting machte ihm vielleicht ein wenig Stress, da stetig auch ihm unbekannte Hunde herangeführt wurden. Er warnt hier sehr subtil mit leichtem Hochziehen der Oberlippe.

Sehr angespannt

- Mund leicht geöffnet
- hochgezogene Oberlippe
- Faltenbildung um den Nasenspiegel
- untere Schneidezähne sichtbar
- Mundspalte eher kurz

Weitere Anzeichen von Anspannung:

- Augenbraue nach innen zusammengezogen und angehoben
- Ohren nach hinten seitlich gehalten

Subtile Warnung – von vorne-seitlich gesehen

Dieser Hund wurde im Ausstellungsgeschehen fotografiert. Hier kommt es durch hohe Besucherzahlen und dichtes Gedränge sehr oft zu viel zu nahen Begegnungen zwischen Hunden. Leider werden auch sehr oft Hunde mit in die Ausstellungshallen genommen, die überfordert sind, mit solchen Situationen souverän umzugehen.
Wenn Sie bei einem Ausstellungsbesuch die anwesenden Hunde aufmerksam betrachten, werden Sie bemerken, dass vielen der Stress förmlich ins Gesicht geschrieben steht.

Fast geschlossener Mund mit Faltenbildung um den Nasenschwamm herum und fixierender Blickkontakt – dieser Hund hat eine Botschaft: Komm nicht näher!

Anspannung

- Mund fast geschlossen
- kurze Mundspalte
- leichte Faltenbildung um den Nasenspiegel
- Nasenlöcher etwas geweitet

Weitere Anzeichen für Anspannung:

- Auge gerundet und zielgerichtet
- Augenbrauen etwas angehoben
- Pupille groß
- Ohren nach hinten gehalten
- Kopfdecke straff
- Kopf angehoben
- Hals aufgerichtet

Von Anspannung mit Tendenz zu subtiler Warnung und nachfolgender Entspannung

Rani liegt während einer Trainingsstunde im Gras, als ein Kleinkind in großer Nähe an ihr vorbeikrabbelt. Ihr Gesicht drückt etwas Missfallen aus, vielleicht ist das Kleinkind ursprünglich auf sie zu gekrabbelt. Hier wird der Ansatz subtiler Warnung sichtbar.

Anspannung mit Tendenz zu subtiler Warnung

- Mund leicht geöffnet
- Oberlippe angehoben
- Barthaare abstehend
- untere Zähne etwas sichtbar
- deutliche Faltenbildung um den Nasenspiegel

Weitere Anzeichen für Anspannung:

- sichtbare Augenbraue angehoben
- Auge gerundet
- Augenweiß sichtbar

Deutliche Entspannung

- Mund geschlossen
- Oberlippe bedeckt Unterlippe
- Barthaare kaum noch abstehend
- nur noch ansatzweise Faltenbildung um den Nasenspiegel

Anzeichen für Entspannung:

- sichtbare Augenbraue Neutralstellung
- Auge mandelförmig

Rani schaut dem Kind mit weichem Blick hinterher, als es vorbeigekrabbelt ist.

!!!

Erklärend zu dieser Fotosequenz ist zu sagen, dass Rani das Kind kennt und normalerweise mehr Distanz zu ihm hält. Rani stand die gesamte Zeit über unter Beobachtung von Erwachsenen. Sie war nicht angeleint und würde als souveräne, friedfertige Hündin jederzeit aufstehen und weggehen, wenn es ihr zu viel wird. Die kurze Kräuselung der Oberlippe ist somit ein leichter Ausdruck des Missfallens gewesen. Um hier nicht einzugreifen, ist es wichtig, den beteiligten Hund sehr, sehr gut zu kennen, damit die Sicherheit des Kindes gewährleistet bleibt. Jeder Hund hat auch einmal einen schlechten Tag, vielleicht durch ein stressiges Erlebnis oder sein Verhalten ändert sich auf Grund körperlicher Einschränkungen. Das sind Faktoren, die auf jeden Fall mit beachtet werden sollten, wenn Hunde und Kinder zusammen sind.

Hier geht es um ein Stofftier

Taschka spielt mit einem Stofftier. Rani nähert sich von links (noch nicht im Bild), sie zeigt Interesse an dem Stofftier. Taschka wendet zwar den Kopf ab, behält aber die sich nähernde Rani im Blick. Der geschlossene Mund kombiniert mit dem Darüberstehen über dem Stofftier signalisieren allen, die sich nähern wollen: Bleib weg!

Angespannt

- Mund geschlossen

Weitere Anzeichen von Anspannung:

- Abwenden des Kopfes
- Unbeweglichkeit des Körpers

Auch Spielzeug, Stöckchen oder Buddellöcher können subtiles Warnverhalten auslösen. Es kommt immer darauf an, was dem Hund individuell als wichtig erscheint.

Nun dreht Taschka den Kopf in Ranis Richtung und entspannt sich etwas, was unter anderem an der Öffnung des Mundes zu sehen ist. Vielleicht war Rani in dem Moment stehen geblieben.

Nachdem Rani den Kopf nach links abwendet, wendet Taschka den Kopf ebenfalls von ihr nach links ab.

Daraufhin wendet Rani ihren Kopf wieder. Taschka schließt den Mund etwas mehr, ihre Anspannung steigt.

Rani kommt näher, worauf Taschka ihr den Kopf zuwendet und sie anblickt.

Als Rani vor Taschka angekommen ist, stellt diese sich still über das Stofftier. Der Kopf ist gesenkt und die Nase weist zum Spielzeug hin.
Damit beansprucht sie das Stofftier für sich – ein Verhalten, das Hunde auch Menschen gegenüber zeigen.

Subtile, ernstgemeinte Warnung, die bestehen bleibt

Dieser Jagdhund warnt den vor ihm befindlichen Hund, nicht näher zu kommen. Oft sieht man bei der subtilen Warnung das hier gezeigte Einziehen der Lippenränder. Dieser Hund könnte dabei auch knurren.

Angespannt
- kurze Mundspalte
- Ansatz von Faltenbildung um den Nasenspiegel
- Lippen nach innen eingezogen
- Barthaare abstehend

Weitere Anzeichen von Anspannung:
- Augenbrauen angehoben
- Auge gerundet
- Ohren nach hinten gehalten
- Kopfdecke straff
- Kopf vorgereckt

Der Hund bleibt mit fast erstarrter Gesichtsmimik unbeweglich stehen, während der andere Hund an ihm vorbeigeht.

Der vorbeigehende Hund hat sich entfernt und der Jagdhund folgt ihm mit seinen Augen, während er den Kopf eher abwendet. Dadurch entsteht das Walauge.

Subtile Kommunikation von Retriever Hündin Rani bei leichter Anspannung

Rani (sitzend) wird hier von Welpe Arwen mit viel Körperkontakt „umschmeichelt" (Junghund-Avancen) und zu einer Spieleinheit aufgefordert.
Rani bemüht sich, möglichst ignorierend und teilnahmslos zu wirken. Das ist eine viel benutzte Strategie erwachsener Hunde den jungen Hunden gegenüber, um ihnen auf diese Weise zu bedeuten, dass sie kein Interesse an dieser Art von Kontakt haben.

Minimale Anspannung

- Mund geschlossen
- Gesichtshaut wirkt glatt

Weitere Anzeichen von Anspannung:

- Augenbrauen leicht angehoben und nach innen gezogen
- Ohren nach seitlich-hinten gehalten

Anzeichen von Entspannung:

- weiches Auge
- Blick in die Ferne

Die Zunge

Die Zunge ist ein guter Indikator für die physische (körperliche) und psychische (emotionale) Befindlichkeit des Hundes. So hat zum Beispiel eine entspannt im Mund liegende Zunge eine andere Aussage als eine in den Rachenraum zurückgezogene Zunge oder eine lang heraushängende Zunge mit verbreiterter Zungenspitze.
Hunde haben individuell verschiedene Zungen. Das kann sowohl die Länge wie auch Breite und Farbe betreffen. Es gibt Hunderassen wie den Chow Chow, die von Geburt an blaue Zungen haben.
Bei einem Schock oder Kreislaufkollaps kann eine Hundezunge blassrosa werden bis fast zu weiß hin – ebenso die Schleimhäute. Bei sehr großer Aufregung kann sich die Zunge von dunkelrot bis blauviolett verfärben. Sollte sich die Zunge schon bei geringer Belastung ins Bläuliche verfärben, könnte eine Herzproblematik vorliegen. Hunde mit rosafarbenen Schleimhäuten zeigen bei Aufregung eine Verfärbung ins Dunkelrote – oft ist die Zunge mit betroffen.

Veränderung bei Hitze

Eine der wichtigsten Funktionen der Zunge des Hundes ist die Regulierung der Körpertemperatur. Dazu kann die Zunge stark verlängert und verbreitert werden, um die Oberfläche und damit den Wärmeaustausch zu vergrößern.
Hunde können im Gegensatz zum Menschen kaum schwitzen – nur über die Pfoten durch Schweißdrüsen in den Zehenzwischenräumen – und regulieren ihre Körpertemperatur durch Hecheln über die Zunge.
Da Hunde sehr hitzeempfindlich sind, reichen ein oder zwei Grad Körpertemperatur mehr aus, um große Beschwerden auszulösen. Durch das Hecheln wird der Körper wirkungsvoll abgekühlt, verbraucht aber auch Wasser. Wird das verbrauchte Wasser nicht von außen ersetzt, verdickt das Blut und der Organismus stoppt das Hecheln, um weiteren Flüssigkeitsverlust zu vermeiden. Dadurch steigt aber die Körpertemperatur weiter an. Schon 40 Grad Körpertemperatur kann für einen Hund lebensbedrohend sein – eingesperrt in einem Auto im Sommer ist das, auch bei geöffnetem Fenster, in sehr kurzer Zeit der Fall. Auch geöffnete Fenster reichen nicht aus, es wird für den Hund trotzdem zu heiß im Auto.
Hunde hecheln allerdings auch bei Schmerzen.

Veränderungen während des Hechelns bei höherer Temperatur

Ranis Zunge mit leichter Anspannung und leicht gerollten Rändern der Zungenspitze, ...

... etwas entspannter mit eher hängender Zungenspitze, die noch spatelförmig verbreitert ist ...

... und mit noch weniger Anspannung, glatten Zungenrändern und breiter Spitze.

Kurzschnäuzige Hunderassen hecheln bei Hitze oder Aufregung sehr schnell, weil ihre Luft- und Sauerstoffzufuhr über die Nase schlecht ist. Um die Fläche zu vergrößern, wird die Zunge weit aus dem Mund herausgehalten. Bei weiterem Luftmangel werden die Ränder der Zungenspitze zunehmend eingerollt.

Das Einrollen der Zungenspitze zeigt an, dass der Hund dringend Wasser, Schatten oder eine Pause benötigt.

Anspannung bei Hitze und im Zwiespalt

Romeo lebt als Kettenhund in Tunesien und zeigt wegen der großen Hitze eine stark verlängerte Zunge. Wahrscheinlich kommt außerdem eine gewisse Aufregung durch das Fotografieren und die Nähe fremder Menschen hinzu.

- Zunge lang aus dem Mund herausstehend
- leichte spatelförmige Verbreiterung der Zungenspitze
- Zungenränder etwas angehoben
- Zungenmuskel etwas aufgewölbt

Weitere Anzeichen für Anspannung:
- Mundspalte langgezogen
- leichte Faltenbildung im Mundwinkel
- Walauge links
- Ohren eher nach seitlich-hinten gehalten

Auch größere Hunde zeigen das Einrollen der Zungenspitze, wenn die Körpertemperatur zu sehr ansteigt.

Aussehen einer entspannten Zunge: Ranis Zunge liegt locker auf den Zähnen auf. Die Zungenspitze schaut etwas aus dem Mund.

Veränderung bei Anspannung

Hundezungen verändern sich in Form, Farbe und Länge, wenn körperliche Anstrengung oder emotionale Aufregung mit im Spiel sind.

Aussehen einer durch Stress angespannten Zunge: lang gestreckte Zunge mit typischer spatelförmiger Verbreiterung der Zungenspitze

Keine Stresszunge, sondern eine permanent heraushängende Zunge wegen fehlender Zähne (das kommt bei kleineren Hunderassen häufiger vor).

Mittelrinne

Bei entspannter Zunge bei Hitze

- locker auf den Zähnen liegend
- wenig ausgeprägte Mittellinie

Die leichte Verbreiterung der Zungenspitze kommt von der vorherrschenden Hitze

Bei leicht angespannter Zunge bei Hitze

- etwas über den Zähnen stehend
- Zungenmuskel leicht hochgewölbt
- tiefere Mittellinie
- Schaumbildung

Hier ist die Zunge angespannter. Dadurch wird die Mittelrinne tiefer und die Zungenspitze spatelförmiger.

Anspannung mit Verfärbung bei Aufregung

Nash hat eine hellrote Lippenpigmentierung und auch gleichfarbige Lidränder.
Bei Aufregung verfärben sich sowohl die Lippen als auch die Lidränder dunkelrot. Auch Nase, Mundschleimhaut und Zunge nehmen diese Farbe an.

- Zunge im Mund gehalten
- Zunge dunkel verfärbt
- Zungenmuskel hochgewölbt
- Mittelrinne vertieft

Weitere Anzeichen für Anspannung:

- lange Mundspalte
- Augenbraue etwas hochgezogen
- Auge etwas gerundet
- Augenweiß sichtbar
- Ohren zurückgenommen

Anspannung mit Schaumbildung bei anhaltender Aufregung

Diese Hündin hatte sich über eine halbe Stunde lang extrem aufgeregt und sich dabei körperlich und emotional total verausgabt.
(Mehr zu dieser Situation finden Sie in dem Kapitel Wut, Seite 596.)

- lang aus dem Mund hängende Zunge
- Schaumbildung auf der Zunge

Weitere Anzeichen für Anspannung:
- lange Mundspalte
- Faltenbildung im Mundwinkel
- straffe Gesichtshaut
- Ohren flach nach hinten gehalten
- Kopfdecke straff
- Augen schlitzförmig

Anspannung bei körperlicher Anstrengung und emotionalem Stress

Die kleine Mopshündin bittet den forschen Staffordshire Bullterrier-Rüden Helge, der sie bedrängt, um eine Pause. Hier ist nicht nur die körperliche Anstrengung, sondern auch der emotionale Stress verantwortlich für die Form der Zunge. Wenn Helge diese Signale weitehin missachtet, sollten die Halter die Hunde trennen.

- Zunge lang herausgehalten und hochgewölbt
- Zungenspitze nach vorne hochgehoben

Weitere Anzeichen für Anspannung:
- Mund weit geöffnet
- Mundspalte langgezogen
- Ohren flach nach hinten gezogen

Anspannung bei bestehen bleibender Angst

Diana hat Angst vor Gewitter und ist sehr aufgeregt. Die dunkle Verfärbung ihrer Zunge deutet auf einen Sauerstoffmangel wegen des Hechelns hin.

- Zunge lang aus dem Mund hängend und dunkel verfärbt
- Mittelrinne vertieft

Weitere Anzeichen für Anspannung:
- langgezogene Mundspalte
- Ohren flach nach hinten gezogen
- Kopfdecke und Gesichtshaut straff
- Auge stark gerundet
- Augenweiß sichtbar
- Pupille weitgestellt

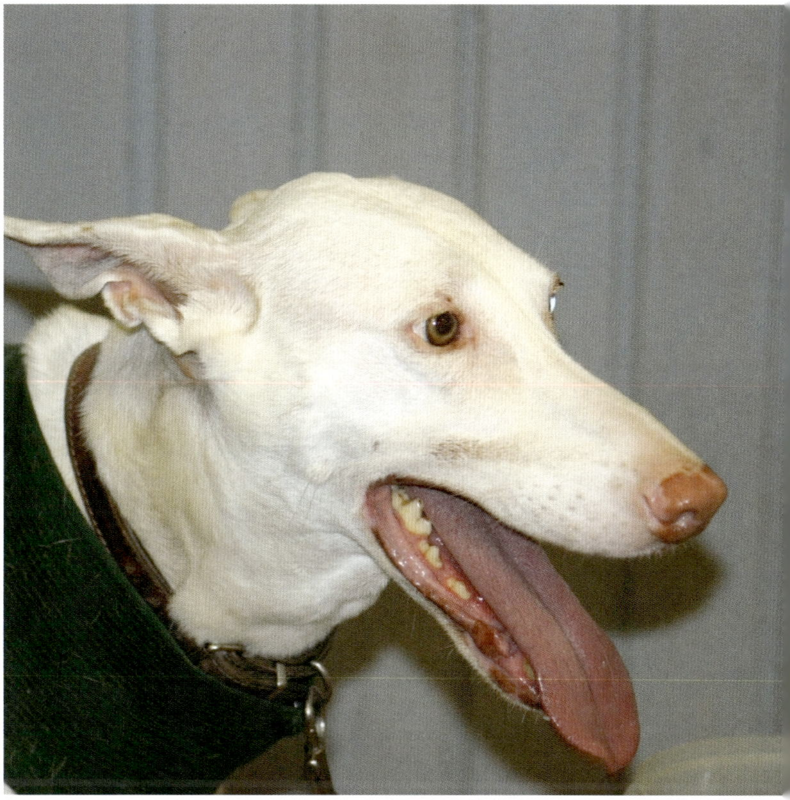

Anspannung bei Schmerzgeschehen

Quivive hat großen körperlichen Stress, ausgelöst durch heftiges Erbrechen. Sie hat stark gehechelt, bedingt durch die Schmerzen.

- Zunge verlängert
- Zungenspitze verbreitert
- Zunge steht über den Zähnen
- hochgewölbter Zungenmuskel
- tiefe Mittelrinne der Zunge
- eingerollte Ränder der Zungenspitze

Weitere Anzeichen für Anspannung:
- Ohren nach hinten gehalten
- sichtbares Auge leicht gerundet

Anspannung in der Trainingssituation

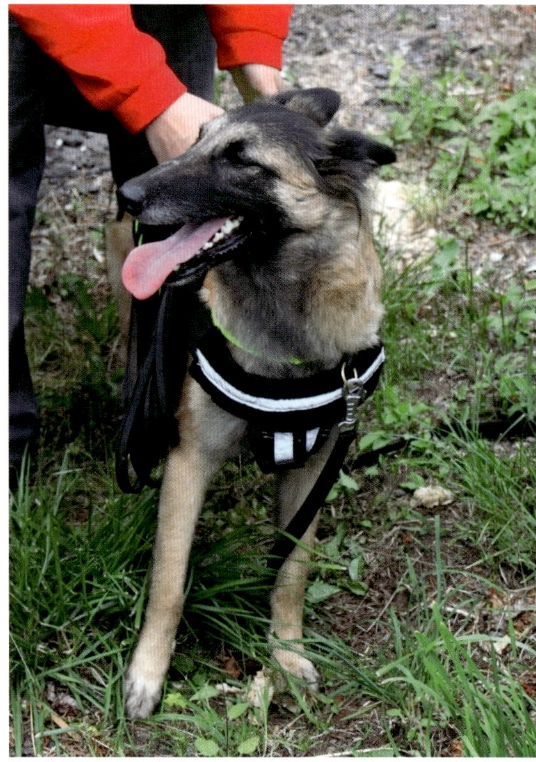

Maja hat im Auto lange auf ihren Mantrailing- Einsatz gewartet. Als ihr endlich ihr Arbeitsgeschirr angezogen wird, ist ihre Aufregung, aber auch ihre Freude auf den bevorstehenden Einsatz groß. Trotz der Freude, die sie zeigt, lässt sich hinterfragen, wie sinnvoll es wäre, diesen Stress während der Wartezeit zu reduzieren, zum Beispiel durch entspannende Tellington TTouches® oder entsprechende Übungen, um Energiereserven nicht unnötig zu verbrauchen.

- lange, aus dem Mund hängende Zunge
- Zungenspitze verbreitert

Weitere Anzeichen für Anspannung:
- langgezogene Mundspalte
- Ohren flach nach hinten genommen
- straffe Kopfdecke

Freude

Auch aus Freude entstehender Stress (Eustress) kann durch Überreizung in negativen Stress (Distress) führen. Durch eine fortwährende Ausschüttung der Stresshormone und die übermäßige Aktivierung des sympathischen Teils des vegetativen Nervensystems kommt es zu Reaktionen, die für einen Organismus ungesund sind. Dazu gehören unter anderem mangelnde Fähigkeit zu entspannen oder Stressbewältigungsstrategien zu entwickeln, gesteigertes reaktives Verhalten oder sich zurückzuziehen. Je länger negativer Stress anhält, desto mehr körperliche Symptome werden sichtbar (siehe auch Kapitel Die Fünf Fs, Seite 540 ff.).
Gestalten Sie Momente der Freude mit Ihrem Hund ruhig, ohne selbst zu sehr in „Ekstase" zu geraten. Das hilft auch dem Hund, ruhiger zu bleiben.
Eine gute Möglichkeit, sich über den Stresslevel des Hundes zu informieren, ist das Angebot eines schmackhaften Leckerchens. Wenn die Aufregung zu groß ist, wird das Leckerchen meist verweigert oder der Hund nimmt es zwar in den Mund, lässt es aber wieder fallen oder er schnappt es so hastig, dass es der dargebotenen Hand wehtut. Dabei ist es nicht relevant, ob der Stressauslöser positiver oder negativer Natur ist.

Anspannung bei Freude

Quivive war immer in sehr freudiger Erregung, wenn Gabis Töchter zu Besuch kamen.
Ohne diese Information ließen diese Fotos keine eindeutige Interpretation zu, ob sie negativen oder positiven Stress empfindet.

- aufgewölbter Zungenmuskel
- Zungenspitze steht über den Zähnen
- Zungenränder leicht aufgerollt

Weitere Anzeichen für Anspannung:
- langgezogene horizontale Mundspalte
- Ohren nach hinten angelegt
- Kopfdecke straff
- Walauge (unten)

Kommunikation mit der Zunge

Züngeln gehört zu den Kommunikationssignalen unserer Hunde und wird in vielfältigen Situationen benutzt. Es dient z. B. der Selbstberuhigung, der Beruhigung des Gegenübers, mit Züngeln kann um eine Pause gebeten werden, es wird eingesetzt, um friedliche Absichten zu zeigen, aus Höflichkeit, bei zu schneller frontaler Annäherung usw. Schon Welpen beherrschen das Züngeln. Das Signal wird unterschiedlich gezeigt. *(Mehr Beispiele zu diesem Thema finden Sie in dem Kapitel Züngeln, Seite 345.)*

Wussten Sie, wie Hunde ihre Zunge zum Trinken benutzen?

Die Zunge ist ein länglicher Muskel, der mit der Zungenwurzel fest mit dem Mundboden verwachsen ist und von dem Zungenbändchen dort gehalten wird. Der größte Anteil der Zunge ist beweglich; besonders die dünne Zungenspitze und die Ränder der Zungenspitze. In diesem Teil der Zunge liegt die Lyssa, eine Art Schlauch, die der Hund gesondert vom Rest der Zunge bewegen kann.

Hunde können ihre Zunge zum Trinken (und auch zur Futteraufnahme) nach hinten wie einen Schöpflöffel formen und entsprechend einsetzen.

Nase und Atmung

Im Gegensatz zu Menschen können Hunde bei der Ein- und der Ausatmung riechen. Hunde können rechts und links differenziert riechen und sie haben die Fähigkeit, räumlich getrennt zu riechen. Kurznasige Hunde leiden häufiger unter Atemnot und können dadurch in ihrer Gesundheit und Leistungsfähigkeit beeinträchtigt sein. Ihre Atmung wird oft von schniefenden und schnaufenden Geräuschen begleitet, was zu Irritationen bei anderen Hunden führen kann.

Für Hunde ist der Geruchssinn wichtiger als zum Beispiel der Sehsinn. Blinde Hunde können sich mit Hilfe ihrer Nase so sicher bewegen, dass vielen Menschen die Erblindung nicht auffällt. Wenn altersbedingt die Sinnesorgane nachlassen, sind meist der Sehsinn und der Gehörsinn zuerst betroffen. Dann beginnen auch Hunde, die zuvor offensichtlich wenig Interesse am Schnüffeln hatten, ihre Nase verstärkt einzusetzen.

Schon 1938 schrieb Dr. Hans Georg Niemand: „Eine Vorstellung der olfaktorischen Leistungen (des Hundes) ist sicherlich nur über einen Umweg möglich, indem wir uns die Nase des Hundes analog unserem Auge denken."

Die Nase ist die wichtigste Informationsquelle für Hunde und darum ist es zum Beispiel auch wichtig, dass Hunde auf ihren Spaziergängen ausgiebig schnüffeln und riechen dürfen oder eine für sie fremde Örtlichkeit aus dem Sicherheitsaspekt heraus erst einmal erschnüffeln können.

Sehr aufgeregte oder unsichere Hunde sind oft daran zu erkennen, dass sie dieses Schnüffeln in fremder Umgebung nicht zeigen.

Hunde konzentrieren sich beim Riechen. Wenn sie entspannt sind, können sie mehr Gerüche wahrnehmen. Stress blockiert und engt die Wahrnehmung ein. Konzentriertes Suchen und Riechen lässt den Hund entspannen und Entspannung hilft wiederum bei konzentriertem Suchen. Darum kann eine Beschäftigung mit der Nase bei sehr unsicheren oder aufgeregten Hunden zum Lösen von Anspannung eingesetzt werden.

Hunde speichern wie Menschen Düfte in ihrem Langzeitgedächtnis ab. Mit Düften sind Emotionen verknüpft, sodass es bei bestimmten Gerüchen auch zu bestimmten Verhaltensweisen des Hundes kommen kann.

An der Nase sehen wir zwar nur wenig Veränderung in emotional geprägten Situationen, aber auf Grund der enormen Nasenleistung unserer Hunde werden das Verhalten und die Gefühlslage durch olfaktorische Reize beeinflusst, die wir selbst geruchlich nicht wahrnehmen können.

Hunde atmen über die flügelähnlichen Klappen in den Nasenlöchern ein, die sich bei der Einatmung öffnen und danach wieder schließen. Die Ausatmung erfolgt über die seitlichen Öffnungen, die Nasenschlitze.

Ausatmen

Beagle Lotte hat sich bei der Objektsuche förmlich am Boden „festgesaugt“. An der Faltenbildung um die Nase ist ihre intensive Geruchsaufnahme zu erkennen.

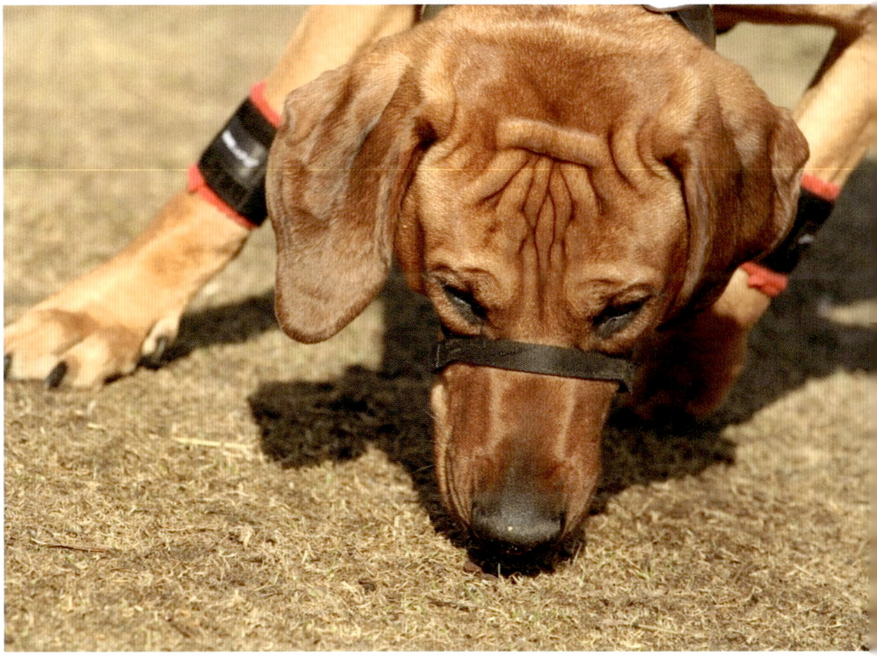

Während sich bei Lotte die Haut um die Nase herum in Falten legt und die Kopfdecke glatt bleibt, hat sich die gesamte Kopfdecke des Rhodesian Ridgeback-Rüden in starke Falten gelegt. Die Hautpartie um die Nase herum bleibt von oben gesehen relativ glatt.

Der schwarz-weiße Hund behält bei abgesenkter Nase die Fotografin im Blick.
Dieser und der Hund darüber sind hier nicht hochkonzentriert mit einer Geruchsaufnahme beschäftigt, sondern setzen das Schnüffeln zur Beschwichtigung ein.

Die Nase aus der Nähe betrachtet

Wenn wir einen jagdlich ambitionierten Hund haben, der als Familienhund bei uns lebt, kann es hilfreich sein, neben der Körpersprache auch die Nase zu beobachten, um eventuell noch rechtzeitig einschreiten zu können, wenn er Witterung aufgenommen hat.

Geschlossene Nasenlöcher

Leicht angespannte Nase mit etwas geweiteten Nasenlöchern und nach vorne ausgerichteten Barthaaren (Vibrissen) in der Begegnung mit einem Krabbelkind.

Weit geöffnete Nasenlöcher – Rani wittert Enten.

Veränderungen im Lauf des Lebens

Der Nasenspiegel kann sich im Laufe des Lebens verändern. Dunkle Nasen können aufhellen, es können sich Pigmentflecken oder auch kleine warzenartige Veränderungen bilden. Stark aufgehellte Nasenspiegel können empfindlich auf Sonnenlicht reagieren und benötigen eventuell eine spezielle Sonnenschutzcreme.

Ranis Nasenspiegel mit ca. einem Dreiviertel Jahr (oben links), mit zwei (oben rechts) und mit zehn (unten) Jahren. Die Farbe des Nasenspiegels kann sich auch saisonal verändern, ein Hund mit dunkler Sommernase zeigt im Winter einen aufgehellten Nasenspiegel.

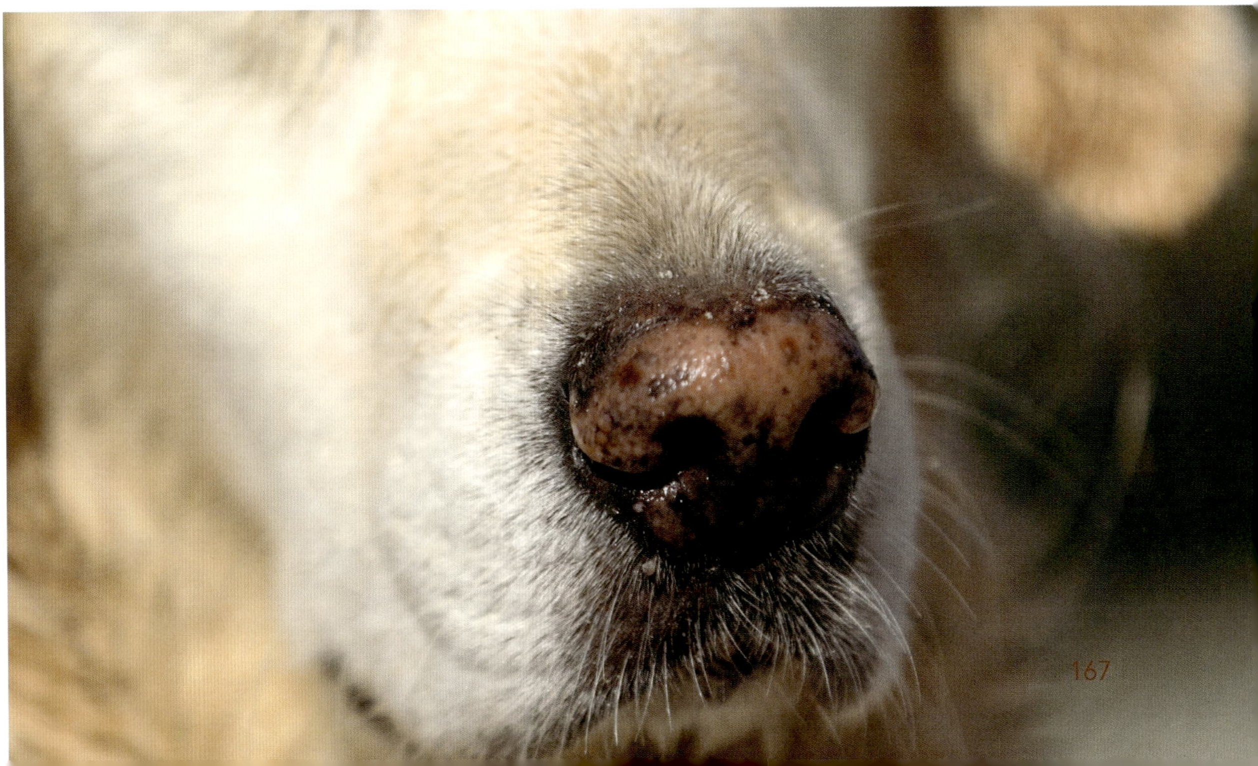

Das Jakobson'sche Organ

Das Jakobson'sche Organ (Vomeronasales Organ, VNO) befindet sich im Rachenraum des Hundes und hat keinen Zugang zum Riechfeld der Nase. Es erhält seine Informationen ausschließlich über den Nasen-Gaumen-Kanal aus der Mundhöhle und dem Nasenluftraum.

Das VNO reagiert vorwiegend auf hormonähnliche Botenstoffe (Duftstoffe oder Pheromone), wie sie zum Beispiel bei der Hitze einer Hündin abgesondert werden. Sie dienen der nonverbalen und innerartlichen Kommunikation.

Die Verarbeitung der Informationen, die das VNO aufnimmt, findet im Unterbewusstsein statt und wirkt sich direkt auf die Gefühlswelt und damit auf die Emotionen des Hundes aus.

Beim Aufnehmen von Informationen durch das VNO werden verschiedene Verhaltensweisen gezeigt wie Zähneklappern, extremer Speichelfluss bis zur Schaumbildung, lautes Schmatzen oder in die Leere lecken.

Sabbern und Schaumbildung bei dem Weimaraner-Rüden in Anwesenheit einer Hündin, die wahrscheinlich heiß war.

Halter von Rüden haben diese Verhaltensweisen sicherlich schon bei ihren Hunden beobachtet. Die Hunde reagieren oft nicht auf Ansprache und sollten daher vorsichtshalber angeleint werden.

2. Der Körper

Beschreibung

Wenn Sie sich den Körper Ihres Hundes anschauen, gibt es verschiedene Körperteile, die uns über seine jeweilige emotionale Verfassung deutliche Informationen geben können. Es ist dabei von entscheidender Bedeutung, wie diese Körperteile bei dem entspannten Hund, also in *natürlicher* oder *neutraler* Haltung aussehen.

Viele der Stimmungsveränderungen werden durch sehr subtile Veränderungen der Körperhaltung oder der Körperteile angezeigt:

Wie trägt Ihr Hund seinen **Kopf** und wie sieht die Halsaufrichtung aus, wenn er in einer neutralen Stimmung ist?
Die Kopfhöhe lässt sich auch an der Höhe der Nase erkennen, während die Aufrichtung des **Halses** im Kontext mit der Rückenlinie gut erkennbar ist.
Wie ist die Form der **Rückenlinie**?
Hier gilt zu beachten, dass es rassebedingt und anatomisch unterschiedlich gekrümmte Rückenlinien gibt, die erst einmal nichts mit einer bestimmten Stimmung zu tun haben. Andererseits

Grobe Einteilung des Körpers:
1. Vorhand
2. Rumpf oder Mittelhand
3. Hinterhand

sollte es uns bewusst sein, dass sich körperliche und emotionale Haltung gegenseitig beeinflussen und auch voneinander abhängig sind.
Die Stellung der **Gliedmaßen** und die Winkelungen der **Gelenke** geben Informationen darüber, wie sich Ihr Hund gerade fühlt. Auch hier geben Rassezugehörigkeit mit den entsprechenden Zuchtstandards und die anatomischen Gegebenheiten oder das Alter bestimmte Stellungen der Gliedmaßen und Winkelungen der Gelenke vor, die zu berücksichtigen sind.
Eine weitere Hilfe ist es, genau zu beobachten, wo sich der **Körperschwerpunkt** Ihres Hundes befindet. Je nach Situationen wird er verlagert – nach vorne, nach hinten oder ist es ein seitliches „sich Hineinlehnen" oder „sich von etwas Weglehnen".
Die **Rute** ist ein gut sichtbarer Stimmungsbarometer, die je nach Gemütszustand und situationsbedingt höher als im Normalzustand oder auch tiefer gehalten wird bis hin zur geklemmten Rute, die unter dem Bauch verschwindet. Auch die Frequenz, mit der sie schwingt, gibt uns viele Informationen.
Emotional können gleiche oder sehr ähnliche Körperhaltungen eine individuell unterschiedliche Bedeutung haben, es ist daher immer wichtig, den Hund in der jeweiligen Situation zu betrachten.

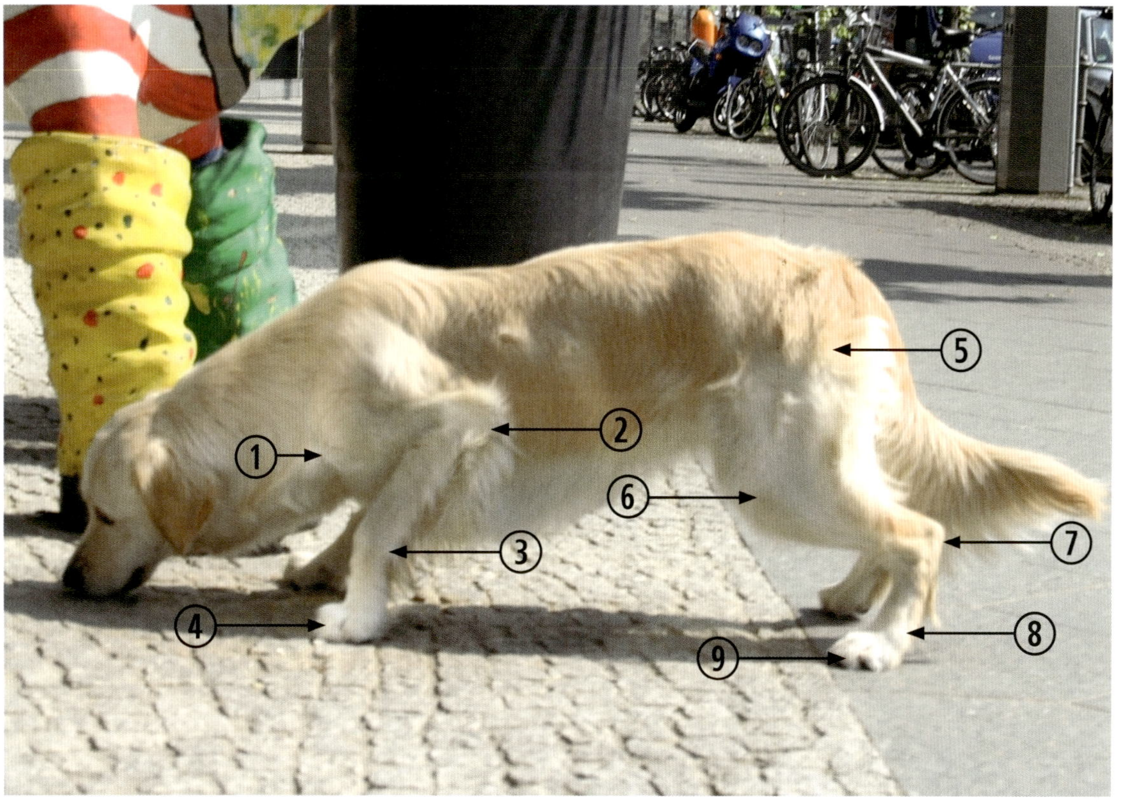

Die Vorhand umfasst an Gelenken:
1. Schultergelenk
2. Ellenbogengelenk
3. Vorderfußwurzelgelenk
4. Zehengelenke der vorderen Extremität

Die Hinterhand umfasst an Gelenken:
5. Hüftgelenk
6. Kniegelenk
7. Sprunggelenk
8. Zehengrundgelenke
9. Zehengelenke der hinteren Extremität

Rückenlinie im Vergleich

Es gibt rassebedingt große Unterschiede, und auch innerhalb einzelner Rassen wird auf unterschiedlich abfallende Rückenlinien gezüchtet wie zum Beispiel beim Deutschen Schäferhund (Arbeits- und Showlinie).

Oben: Schäferhund-Mischlingshündin Dodger mit fast gerader Rückenlinie und unter den Körper gestellten Hinterbeinen. Bei sehr geraden Rückenlinien kann sich der mittlere Bereich im entspannten Zustand etwas absenken.
Unten: Schäferhündin Püppi mit nach hinten abfallender Rückenlinie und weit hinter den Körper gestellten Hinterbeinen.

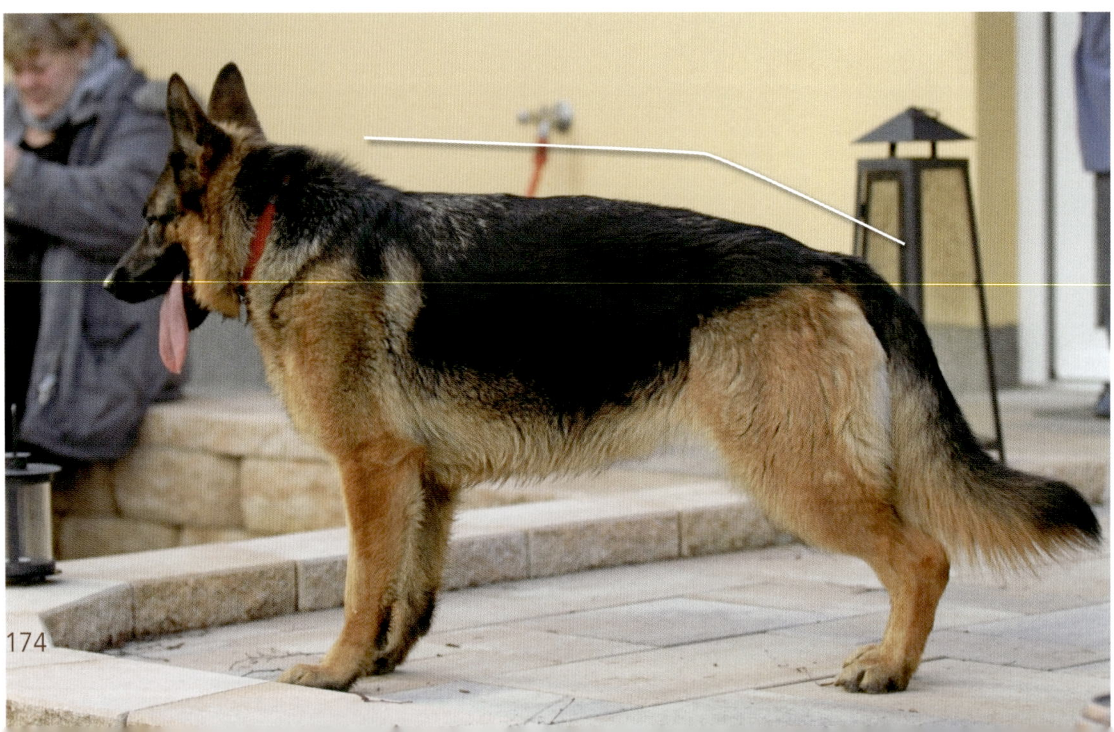

Oben: Greyhound mit rassetypischer, leicht gerundeter Rückenlinie im hinteren Bereich
Unten: Weimaraner mit durchhängender Rückenlinie (Senkrücken), wahrscheinlich altersbedingt

Gelenkwinkelungen im Vergleich

Die Gelenkwinkelungen sind am äußeren Erscheinungsbild eines Hundes beteiligt. Sie sind anatomisch festgelegt und ändern sich durch den Bewegungsablauf, aber auch durch bestimmte emotional eingefärbte Situationen wie zum Beispiel bei Angst oder in der „Imponierhaltung“.

Gebeugte Winkelungen der Gelenke der Hinterhand bei Golden Retriever-Hündin Dhanyi (siehe Linien), leicht angespannt bei Aufmerksamkeit

Steilere Gelenkwinkelungen beim Dalmatiner bei mehr Anspannung und Aufmerksamkeit

Gelenkwinkelungen bei einer Englischen Bulldogge, entspannt

Und an diesem Hund dürfen Sie gerne selbst Pfeile zur Bestimmung der einzelnen Körperteile und Gelenkwinkelungen setzen.

Extreme Beugestellung der Sprunggelenke bei einem Deutschen Schäferhund mit stark abfallender Rückenlinie.

Innerhalb mancher Rassen wie zum Beispiel beim Deutschen Schäferhund kann es zu stark abweichenden Winkelungen durch unterschiedliche Zuchtziele (Arbeitslinie und Showlinie) kommen.
Hunde mit extremen Gelenkwinkelungen wie auf dem Foto oben sind oft weniger stabil auf den Beinen und fühlen sich dadurch emotional unsicher. Sie leiden häufig verfrüht an Arthrosen dieser Gelenke und an Schmerzen.

Drigon, Deutscher Schäferhund, mit gebeugten Sprunggelenken bei nach hinten abfallender Rückenlinie.

Verschiedene Körperhaltungen
an einem Beispiel

Um Ihnen die Möglichkeit besserer Vergleiche anzubieten, haben wir zu einzelnen Unterthemen dieses Kapitels Fotobeispiele eines einzelnen Hundes mit einbezogen.
Wir haben uns für Gabis Hündin Quivive entschieden, denn von ihr gibt es besonders viele Einzelaufnahmen, die ihre unterschiedlichen Emotionen ausdrücken.
Von Haltern langhaariger Hunde hören wir immer wieder, dass es einfach ist, einen kurzhaarigen Hund zu lesen, aber dass die langen Haare viel Information vorenthalten. So haben wir überlegt: Wer in der Lage ist, einen langhaarigen, schwarzen Hund gut zu lesen, ist auch imstande, einen kurzhaarigen hellen Hund zu lesen.
Quivive ist schwarz und langhaarig und darum nicht immer ganz einfach zu lesen. Die Stellung der Ohren und die Form der Augen sind wegen der üppigen Kopfbehaarung nicht immer gut zu sehen, aber ihre Rutenstellung, die Kopfhöhe, ihre Mundspalte, ihre Körperschwerpunktverlagerung und die Form ihrer Rückenlinie geben schon sehr viel Information.
Sie hat im entspannten Zustand eine fast gerade Rückenlinie, (zur Rute hin leicht abfallend), die sich bei leichter Anspannung im hinteren Bereich etwas rundet. Die Rute ist relativ hoch angesetzt und die Spitze fällt leicht geringelt meist zur Seite.
Wenn sie sehr entspannt ist, trägt sie die Rute tief abgesenkt mit einem leichten Haken an der Spitze.
Ihr Hals ist leicht aufgerichtet, den Kopf trägt sie leicht abgesenkt.
Ihre Gelenke sind leicht gebeugt, wenn sie entspannt steht, das entspricht der natürlichen oder normalen Gelenk-Position. Ihr Körperschwerpunkt ist über ihren Pfoten verteilt.
Quivive hat ein Steh-Kipp-Ohr. In der normalen oder natürlichen Position ist der Ohransatz zu etwa der Hälfte aufgerichtet, die Ohrspitze hängt sehr locker vornüber.
Da wir den Körper unter Einbeziehung des äußeren Erscheinungsbildes beschreiben wollen, gehört die jeweilige Ohr- und Rutenstellung mit dazu.

Im Stand

Wenn Körper-, Kopf- und Rutenhaltung in neutraler, entspannter Position bekannt sind, lassen sich schon subtile Veränderungen der Haltung bei leichter Anspannung gut erkennen.

Ohne Anspannung auf dem Spaziergang

- Rute auf Höhe der Rückenlinie gehalten
- Rutenspitze seitlich fallend, in Bewegung
- Rückenlinie fast gerade
- Hals und Kopf aufgerichtet
- Ohren in natürlicher Position

Leichte Anspannung in neutraler Haltung

- Rute über Rückenlinie getragen
- Rutenspitze zur Seite fallend
- Rückenlinie im hinteren Bereich leicht gerundet
- Hals aufgerichtet, Kopfhaltung etwas erhöht
- Mund geöffnet
- Gelenke leicht durchgedrückt
- Körperschwerpunkt neutral über den Pfoten
- Ohren leicht aufgerichtet und nach vorne gehalten

Vermehrte Anspannung im Spiel

- Rute etwas mehr über Rückenlinie gehalten
- Rutenspitze etwas aufgerichtet, in Bewegung
- Rückenlinie insgesamt leicht gerundet
- Hals und Kopf aufgerichtet
- Gelenke hinten stärker gewinkelt

Anspannung in Spiellaune
- Rute über die Rückenlinie getragen, in Bewegung
- Rückenlinie im hinteren Bereich gerundet
- Hals aufgerichtet, Kopf leicht angehoben
- Körperschwerpunkt eher nach hinten verlagert
- Ohren seitlich gehalten

Erhöhte Anspannung in Spiellaune
- Rute über Rückenlinie angehoben und in Bewegung
- Rückenlinie fast gerade
- Hals und Kopf hochgehalten
- leichte Beugung der Gelenke
- Mund geöffnet
- Schwerpunkt nach hinten verlagert

Sehr hohe Anspannung im Jagdmodus
- Rute abgesenkt auf Höhe der Rückenlinie und ohne Bewegung
- Rückenlinie fast gerade
- Hals hoch aufgerichtet, Kopf angehoben
- rechte Vorderpfote angehoben
- Ohren aufgerichtet und nach vorne in Blickrichtung ausgerichtet

Bauchgefühl

Gerade bei jagdlich orientierten Hunden ist das schnelle Lesen der Körpersprache und die Entwicklung eines Bauchgefühls sehr hilfreich, um geringste Veränderungen sofort zu erkennen und aufkommenden Jagdtrieb unterbrechen zu können. Bei manchen Hunden sind solche Situationen nur mit Schleppleine zu kontrollieren.

In der Bewegung

Beim sich bewegenden Hund wird es für unser Auge noch schwieriger, die Details zu erfassen. Fotos helfen, den eigenen Blick zu schulen.

Ohne Anspannung im Schritt

- Rute in Höhe der Rückenlinie, locker in Bewegung
- Rückenlinie gerade
- Hals in Höhe der Rückenlinie
- Körperschwerpunkt neutral
- Gelenke locker gebeugt

Mit leichter Anspannung im Schritt

- Rute über Rückenlinie getragen
- Rutenspitze locker fallend
- Rückenlinie leicht gerundet
- Hals wenig über Rückenlinie gehalten
- raumgreifender Schritt mit locker gebeugten Gelenken

Erhöhte Anspannung (bei großer Unsicherheit)

- Rute abgesenkt, im Ansatz geklemmt
- Rückenlinie nach vorne abfallend
- Hals und Kopf abgesenkt
- Ohren flach nach hinten gehalten
- Körperschwerpunkt nach vorne verlagert
- Gelenke stark gebeugt
- geduckte Körperhaltung

Leichte Anspannung in Trab

- Rute hoch über Rückenlinie gehalten
- Rutenspitze fällt locker zur Seite
- Rückenlinie gerade, nach vorne abfallend
- Kopf wenig über Rückenlinie getragen
- dynamische Fortbewegung mit locker gebeugten Gelenken

Erhöhte Anspannung im Trab (beim „Anpirschen")

- Rute im Ansatz knapp über Rückenhöhe gehalten mit wenig Bewegung
- Rückenlinie fast gerade
- Hals abgesenkt
- Körperschwerpunkt nach vorne verlagert
- dynamische, zielgerichtete Vorwärtsbewegung

Wenig Anspannung im Galopp

- Rute aufgerichtet
- Rückenlinie leicht gerundet
- Hals und Kopf erhoben
- mäßig gebeugte Gelenke

Quivive galoppiert schnell, trägt aber einen Stock. Sie balanciert sich über Kopf und Rute aus.

Anspannung im schnellen Galopp

- Hals über Rückenlinie
- Rückenlinie leicht gerundet
- gebeugte Gelenke

Hohe Anspannung im Renngalopp

- Kopf fast in Rückenhöhe gehalten
- Rückenlinie stark gerundet
- Rute lang gestreckt gehalten
- stark gewinkelte Gelenke

Anspannung bei Unsicherheit

Unsicherheit zu erkennen und entsprechend zu handeln, ist eine sehr große Hilfe für den Hund.

Erhöhte Anspannung mit Tendenz zur Unsicherheit

- Rute im Ansatz hoch aufgerichtet
- Rückenlinie fast gerade
- Hals hoch aufgerichtet, Kopf leicht angehoben
- Mund geschlossen
- Gelenke vorne durchgedrückt
- Körperschwerpunktverlagerung tendenziell nach hinten
- Ohren aufgerichtet, seitlich gehalten
- breitbeiniger Stand

Stark erhöhte Anspannung bei großer Unsicherheit

- Rute im Ansatz festgehalten, etwas abgesenkt
- Rückenlinie stark gerundet (aufgezogen)
- Hals hoch aufgerichtet, Kopf abgesenkt
- Mund geschlossen
- Gelenke vorne durchgedrückt
- Körperschwerpunktverlagerung nach hinten
- Ohren nach hinten gehalten

Stark erhöhte Anspannung bei großer Angst

- Rute zwischen die Beine geklemmt
- Rückenlinie im hinteren Bereich sehr stark gerundet
- Hals und Kopf etwas aufgerichtet
- Gelenke vorne durchgedrückt
- Körperschwerpunkt nach hinten und vom anderen Hund weg verlagert
- Ohren ganz nach hinten zurückgenommen

Verschiedene Körperhaltungen

an weiteren Hunden

Hunde haben rasse- und anatomiebedingt sowie individuell unterschiedliche Körperhaltungen. So kann auch der Gesamteindruck in seiner Aussage variieren. Fotografieren Sie Ihren Hund in allen Lebenslagen – im Zeitalter der digitalen Fotografie mit Tablet und Smartphone leicht und mit guten Ergebnissen machbar. So lernen Sie die Körperhaltungen Ihres Hundes und die fremder Hunde kennen und besser deuten.

Veränderungen in der Körperhaltung oder der Gesichtsmimik laufen so schnell ab, dass sie für viele Menschen oft nicht wahrnehmbar sind. Am Monitor können Sie sich zuhause in Ruhe alle Aufnahmen ansehen – und tauchen ab in eine ganz neue Welt ...

Im Stand

Viele Hütehund – Rassen zeigen, wie hier Arwen (linkes Foto), vermehrte Winkelungen der Hinterbeine und haben den etwas gerundeten hinteren Rücken und oft tief angelegte Sprunggelenke. Bei ihnen kann durch diese spezielle Anatomie der Eindruck von Anspannung entstehen, auch wenn sie sehr entspannt sind.

Schafpudelhündin Arwen, entspannt

- Rute nach unten gehalten, Rutenspitze fast gerade gehalten
- Rückenlinie nach hinten leicht ansteigend
- Hals aufgerichtet
- leichte Neigung des Kopfes
- Ohren locker hängend
- Sprungelenke leicht gebeugt

Cattle Dog Neo, entspannt

- Rute locker nach unten hängend
- Rückenlinie leicht durchhängend
- Hals aufgerichtet
- Kopf mäßig angehoben
- Ohren etwas seitlich gehalten
- mandelförmige Augen
- Gesichtshaut ohne Falten
- Gelenke wenig gebeugt

Vermehrte Anspannung bei „Kontrolle“
Dieser Rhodesian Ridgeback-Rüde wirkt fast erstarrt zwischen den beiden Weimaraner-Hündinnen.

- Rückenlinie im hinteren Bereich gerundet
- Rute im Ansatz in Rückenhöhe und ohne Bewegung
- Gelenke durchgedrückt und steif
- Kopf nur leicht angehoben ohne Bewegung
- Ohren eher nach hinten gehalten

!!!

Solche Situationen sind oft zu beobachten. Hier wäre es hilfreich, die „kontrollierenden“ Hunde freundlich zurückzurufen, wenn ersichtlich wird, dass der Stress für den „kontrollierten“ Hund zu groß wird.
Dieser sollte in einer solchen Situation nicht zurückgerufen werden, denn er darf sich nicht bewegen, bevor die beiden Hündinnen ihn nicht „freigeben“.

Tamika hat etwas gesehen, was ihre Aufmerksamkeit erregt. Sie ist neugierig, ihre Körperschwerpunktverlagerung nach hinten drückt auch Vorsicht aus.

Anspannung bei Aufmerksamkeit, gepaart mit Vorsicht

- Hals aufgerichtet, Kopf leicht angehoben
- Rückenlinie gerade
- Rute im Ansatz sehr hoch gehalten und ohne Bewegung
- Vorderbeine in den Gelenken fast durchgedrückt
- Körperschwerpunkt nach hinten verlagert

Erhöhte Anspannung bei zunehmender Unsicherheit

- Rücken im hinteren Bereich gerundet
- Rute abgesenkt und festgehalten
- geringer Kniegelenkswinkel
- Gelenke der Vorderbeine durchgedrückt
- Körperschwerpunkt etwas nach hinten verlagert
- Fell von Nacken bis Rute aufgerichtet
- Ohren nach hinten gehalten
- Mund geschlossen
- Augenbrauen angehoben

!!!

Auch ein einengendes Brustgeschirr, das den Hund stark in seinen Bewegungen einschränkt, kann zu einem Unwohlsein führen und eine bestehende Unsicherheit verstärken. Ein Geschirr, dessen Brustgurt quer in Höhe des Schultergelenkes verläuft, kann außerdem zu gesundheitlichen Beeinträchtigungen führen.
Zieht ein Hund noch an der Leine, dann ist einem gut sitzenden Brustgeschirr immer der Vorrang vor einem Halsband zu geben. Das Brustgeschirr muss die Gelenkbeweglichkeit zulassen und locker am Hund anliegen.

Der stark gerundete Rücken und die geklemmte Rute zeigen die momentane starke Verunsicherung der weißen Hündin.
Sie wurde gerade von dem Rüden, der von links kommt, gemaßregelt.

Hohe Anspannung bei Angst
- hinterer Rücken stark gerundet
- Körperschwerpunkt nach hinten verlagert
- Rute geklemmt
- Augen gerundet
- Ohren eher nach hinten gerichtet

Die kleine hellbraune Hündin zeigt große Unsicherheit. Sie zieht sich dabei aber nicht zurück, sondern verbellt den Magyar Vizsla (rechts).

Hohe Anspannung bei Unsicherheit
- starke Rundung des hinteren Rückenbereichs
- Rute in Rückenhöhe gehalten und in Bewegung
- Schwerpunkt nach hinten verlagert
- tiefe Körperhaltung
- Gelenke hinten stark gebeugt
- Kopf ist angehoben
- Blickrichtung zum anderen Hund
- Ohren flach nach hinten angelegt

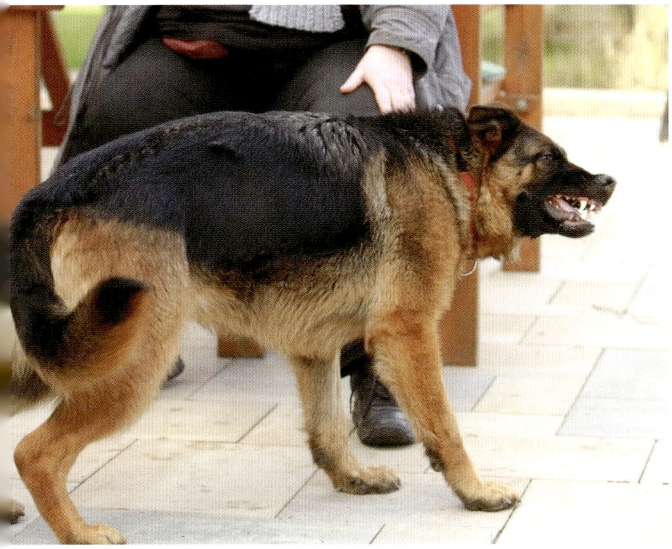

Püppi trifft auf zwei für sie fremde Hunde und stellt sich dicht zu ihrer Bezugsperson.

Hohe Anspannung bei Unsicherheit mündet in Drohverhalten
- gerundete Rückenlinie
- Rute im Ansatz geklemmt getragen und in Bewegung
- Kopf in Rückenhöhe getragen
- Ohren nach hinten gehalten
- Faltenbildung im Nasenbereich
- Zähne bloßgelegt

Anspannung bei Begrüßung

Viele Hunde begrüßen ihre geliebten Menschen, aber auch ihnen sehr vertraute Hunde in einer Körperhaltung, die den Anschein erweckt, als ob sie fürchten, geschlagen zu werden. Oft werden gleichzeitig Signale wie Züngeln, Pföteln oder Kopfabwenden gezeigt. Früher bezeichnete man dieses Verhalten als submissiv und mutmaßte, dass Hunde so ihren niedrigeren Rang untereinander und gegenüber anderen Sozialpartnern bekunden.

John Bradshaw ist in seinem Buch „Hundeverstand" zu einer anderen Deutung gekommen. Er spricht von „Zugehörigkeitsgesten", die die Zugehörigkeit zu einer geliebten Bezugsperson, einem Artgenossen oder einer Gruppe dokumentieren. Sozusagen eine „Liebesbezeugung".

Quivive ist hier außer sich vor Freude, als Gabis Tochter Tina zu Besuch kommt.

Sie vermittelt durch Körperhaltung, die tiefe Rute und die gezeigten Kommunikationssignale eher den Eindruck eines „unglücklichen" Hundes.

Vermehrte Anspannung in der freudigen Begrüßung eines Menschen

- Rute abgesenkt und in Bewegung
- Rückenlinie stark gerundet
- Nacken und Kopf abgesenkt
- Körperschwerpunkt eher nach hinten verlagert

Die kleine braune Hündin Sally liebt Hunde und insbesondere Olli, einen wirklich sehr charmanten Irish Wolfshound. Sie begrüßt ihn immer ganz enthusiastisch. Körpersprachlich scheinen gerade das „Kleinmachen“, die flach nach hinten getragenen Ohren und der gerundete Rücken ein Bild der Angst zu sein, aber hier gehört es zu den „Zugehörigkeitsgesten“ *(siehe auch Kapitel Freude, Seite 612)*.

Vermehrte Anspannung in der freudigen Begrüßung eines Hundes

- Rute tief gehalten, aber frei schwingend
- stark gerundete Rückenlinie
- Kopf nach oben dem anderen Hund zugewendet
- Ohren nach hinten gehalten, das linke Ohr ist locker umgeklappt

In der Bewegung finden Veränderungen der Körperhaltung oder einzelner Details schneller statt und sind deswegen weniger gut wahrnehmbar. Trotzdem lässt sich mit ein bisschen Beobachtungsgabe und Übung sagen, ob die Hunde sich – wie im unteren Foto – in einer Spielsituation befinden oder ob es gerade wirklich Ernst ist und ein eventuelles Eingreifen erfordert. Im Gesamteindruck lässt sich sagen, ob ein Hund locker – entspannt läuft, ob er sich zögerlich bewegt oder ob die Fortbewegung eine Dynamik ausstrahlt, die zielgerichtet ist.

Schafpudelhündin Arwen (im Hintergrund) im Spiel mit Tamika. Obwohl die beiden zusammen lebenden Hündinnen sehr unterschiedlich groß sind, ist das Spiel harmonisch und ausgewogen. Das ist bei großen Unterschieden von Körpergröße oder Körpergewicht zu beachten.

Die unterschiedlichen Gangarten

Die meisten Hunde laufen von Natur aus Schritt, Trab und Galopp mit einigen Ausnahmen, die von Geburt an Pass laufen wie zum Beispiel der Kangal (türkischer Herdenschutzhund).
Beim Trab und beim Pass handelt es sich im Gegensatz zum Schritt, der eine Viertakt-Gangart ist, um einen Zweitakt, aber mit dem Unterschied, dass beim Trab die sich diagonal gegenüberliegenden Beine gleichzeitig auf- bzw. abfußen, während es beim Pass die einer gleichseitigen Körperhälfte sind , also z.B. hinten rechts – vorne rechts gleichzeitig. Das erzeugt ein etwas schaukelndes Gangbild, ähnlich wie bei Kamelen, Giraffen oder Elefanten, die Pass laufen. Auch bestimmte Pferderassen zeigen Pass als Gangart und sind meist sehr bequem zu reiten.
Viele Hunde laufen an der kurzen Leine Pass, wenn die Gehgeschwindigkeit für Schritt zu schnell und für Trab zu langsam ist und weil sie sich so besser an die langsamere Gehgeschwindigkeit des Menschen anpassen können. An einer längeren Leine wechseln diese Hunde meist in den Schritt oder Trab.
Bei alten oder kranken Hunden und bei Schmerzen kann Pass als Schongang gezeigt werden. Auch müde Hunde laufen oft Pass, weil diese Gangart energieschonend ist.
Hunde, die sehr große Anspannungen im Rückenbereich haben wie zum Beispiel Leistungshunde, können Passgang zeigen, weil sie bei Gehorsamkeitsübungen ständig den Blickkontakt zum Menschen halten müssen. Hierbei kann es zu Spätschäden an der Halswirbelsäule oder zu starken und schmerzhaften Muskelverspannungen der Nacken- und der langen Rückenmuskulatur kommen.
Aber auch emotional angespannte Hunde, die ihre Rückenmuskulatur sehr fest halten, können Passgang zeigen.
In Schrittgeschwindigkeit lässt sich der Pass bei kurzläufigen Hunden mit schneller Schrittfolge oft nicht gut erkennen. In Trabgeschwindigkeit wird er deutlicher, in Galoppgeschwindigkeit zeigen diese Hunde oft eine Art „Hoppel- oder Schweinsgalopp“, das heißt, sie fußen mit beiden Hinterbeinen gleichzeitig auf.
Wenn Ihr Hund, der normalerweise trabt und schwungvoll galoppiert, plötzlich Pass läuft oder eine Art „Hoppelgalopp“ zeigt, beobachten Sie dies bitte und stellen Sie ihn eventuell bei einem Tierarzt vor, um eine Erkrankung oder ein Schmerzgeschehen auszuschließen.
Natürlich wirken sich solche äußerlichen Veränderungen, wenn sie schmerz- oder krankheitsbedingt sind, auf die emotionale Verfassung eines Hundes aus und können auf Dauer zu Verhaltensproblemen führen.

Gangarten

Der Schritt

Der Schritt ist eine Viertakt-Gangart, bei der die Gliedmaßen einer Körperseite nacheinander abfußen, d.h. hinten links – vorne links – hinten rechts – vorne rechts.

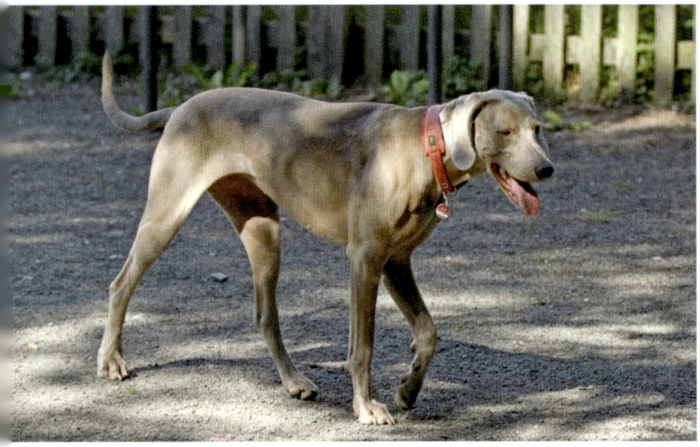

Entspannter Schritt bei Weimaraner-Hündin Deluxe

- Rücken fast gerade
- Rute unter Rückenhöhe gehalten, locker mitschwingend
- Kopf wenig über Rückenhöhe gehalten
- Ohren locker zur Seite hängend
- Auge fast geschlossen

Leichte Anspannung im zügigen Schritt bei Cattle-Dog Neo

- Rücken gerade
- Kopf wenig über Rückenhöhe gehalten
- Rute wenig unter Rückenhöhe gehalten
- raumgreifender Schritt

Leichte Anspannung im Schritt (zielgerichtet)

- Rückenlinie gerade
- Rute über Rückenhöhe getragen
- Kopf tief abgesenkt
- deutliches Vorfußen der Beine
- Ohren leicht nach vorne gerichtet

Der Trab

Der Trab ist ein Zweitakt, bei dem die sich diagonal gegenüberliegenden Gliedmaßen gleichzeitig auf- und abfußen.

Entspannt im Trab

- leicht durchhängende Rückenlinie
- Rute schwingt locker in der Bewegung mit
- Kopf über Rückenhöhe getragen
- Ohren etwas nach hinten gelegt
- Gelenke leicht gebeugt

Leichte Anspannung bei Unsicherheit

- Rücken leicht gerundet im hinteren Bereich
- Rute etwas abgesenkt
- Ohren leicht nach hinten genommen
- Mund geöffnet
- Hals aufgerichtet

Leichte Anspannung bei erhöhter Aufmerksamkeit

- Rückenlinie leicht gerundet
- Rute hoch aufgerichtet
- Fell über Rücken leicht aufgestellt
- direkter Blickkontakt
- Kopf leicht angehoben
- Ohren stehen unterschiedlich ausgerichtet

Der Passgang

Im Pass fußen die Gliedmaßen einer gleichseitigen Körperhälfte gleichzeitig auf. Man hört und sieht wie beim Trab ebenfalls einen Zweitakt.

Entspannter Passgang bei diesem Labradoodle (das parallele Vorfußen von rechtem Vorder- und Hinterbein ist gut zu sehen)

- Rückenlinie fast gerade
- Kopf und Rute über Rückenhöhe gehalten
- Ohren locker hängend
- Blick nicht zielgerichtet

Passnaher Schritt mit Senkrücken bei einem Weimaraner-Rüden, wahrscheinlich aus Altersgründen

- Rücken durchhängend
- Rute deutlich über Rückenlinie gehalten
- Kopf und Hals tief abgesenkt

Passgang bei einem Sheltie, wahrscheinlich aus Altersgründen (das parallele Vorfußen von linkem Vorder- und Hinterbein ist gut zu sehen)

- Rücken gerade
- Rute tief getragen
- Kopf und Hals über Rückenlinie gehalten
- Ohren locker aufgerichtet

Der Galopp

Der Galopp ist eine gesprungene Dreitakt-Gangart, die bei sehr hohem Tempo auch zum Viertakt werden kann

Solche Jagd- und Fangspiele, besonders wenn die Größenverhältnisse der beteiligten Hunde sehr unterschiedlich sind, müssen immer aufmerksam beobachtet werden.

Arwen sieht andere Hunde im Wasser spielen und möchte mitspielen.

Entspannter Galopp bei Arwen

- Rückenlinie gerade
- Rute in Rückenhöhe
- Hals etwas aufgerichtet
- Kopf leicht abgesenkt gehalten

Jean und Neo spielen „Fangen", weshalb Neo seine Rute eng bei sich hält.

Erhöhtes Tempo bei Neo

- Rückenlinie gerundet
- Rute geklemmt gehalten
- Hals aufgerichtet
- Kopf nach hinten verlagert
- Ohren nach hinten gehalten
- langgezogene Mundspalte

Ältere Hunde

Bei älteren Hunden ist es möglich, dass sie irgendwann das Galoppieren einstellen oder wegen einer zunehmenden Unbeweglichkeit der Wirbelsäule, steifer Gelenke, Schmerzen oder Atemnot einen reduzierten Galopp zeigen.

Erhöhte Anspannung beim Anpirschen
Achtung: zeigt ein Hund diese Körperhaltung anderen Hunden oder Menschen gegenüber, ist dies ein sehr unhöfliches Verhalten und kann zu Missverständnissen führen.

- Rückenlinie gerade
- Nackenlinie zum Kopf hin abfallend
- Kopf tiefer getragen
- Rute höher als Rückenlinie
- Ohren nach vorne ausgerichtet
- dynamische Vorwärtsbewegung der Gliedmaßen
- Körperschwerpunkt eher nach vorne verlagert
- geduckte Körperhaltung

Man kann sich gut vorstellen, dass sich fast jeder Hund bedroht fühlen könnte, wenn sich ein Hund in dieser Körperhaltung nähert und das könnte zu entsprechenden Verteidigungsmaßnahmen führen.
Das wiederum kann auf Seiten des „lauernden" Hundes zu tiefgreifenden Missverständnissen führen und dazu, dass er sich in der Begegnung mit anderen Hunden angegriffen fühlt. Je nach Wesenslage entwickeln gebissene Hunde Ängste oder handeln in Zukunft nach dem Motto: „Angriff ist die beste Verteidigung". Wir haben eine solche Situation bisher nicht fotografiert, weil hier unter Umständen schnelles Eingreifen Priorität hat.

Im Vergleich zum Anpirschen

Züchterisch bedingte Körperhaltung, ähnlich dem Anpirschen. Dieser Hund könnte aufgrund seiner Körperhaltung so wirken, als würde er sich „anpirschen“. Er bewegt sich aber ganz normal und relativ entspannt vorwärts. Die geduckte Körperhaltung entsteht durch die anatomischen Bedingungen.

- Rückenlinie nach hinten stark abfallend
- Kopf etwas tiefer getragen
- Rute unterhalb der Rückenlinie getragen
- geduckte Körperhaltung
- hier im Passgang
- stark gebeugte Gelenke der Hinterhand

Es gibt Hunderassen, die durch eine starke Selektion auf bestimmte Merkmale gezüchtet sind. Beim Deutschen Schäferhund gibt es zum Beispiel Linien, die als Folge solcher Zuchtziele eine stark abfallende Kruppe (Bereich der Hinterhand und Hüfte) haben. Das ist bei diesem Hund an dem Verlauf der Rückenlinie deutlich zu sehen. Mittlerweile weiß man, dass diese stark abfallende Kruppe schwere Hüftgelenksdysplasien bewirken kann.

Körperhaltung bei Müdigkeit

Müdigkeit ist an der nachlassenden Muskelanspannung (Muskeltonus) erkennbar. Bei sehr müden Hunden zeigt sich oft eine durchhängende Rücken- oder Nackenlinie. Hals und Kopf werden oft abgesenkt getragen, meist sind die Ohren nicht mehr nach vorne ausgerichtet wie bei Interesse und auch der wenig zielgerichtete Blick lässt die Müdigkeit erkennen.

Quivive am Ende eines langen Spaziergangs auf dem Feld. Sie ist müde getobt, trotzdem ist eine leichte Anspannung vorhanden. Würde ihr jetzt ein Hase über den Weg springen, wäre alle Energie sofort wieder mobilisiert, um hinterherzuspringen.

Noch leichte Muskelanspannung bei Müdigkeit

- Rückenlinie leicht gerundet
- Rute im Ansatz abgesenkt
- Nackenlinie durchhängend
- Kopf über Rückenlinie getragen
- Körperschwerpunkt eher nach vorne verlagert
- Ohren hängen seitlich locker herab ohne große Aufrichtung

Dieser Rüde ist am Ende eines Mantrailing-Trainings zu sehen. Die Müdigkeit ist vorwiegend an der Kopftiefhaltung und an der Faltenbildung im Gesicht um den Mundwinkel zu sehen. Die Ohren sind nicht mehr aufmerksam nach vorne gerichtet, sondern sind seitlich gedreht gehalten.

Kaum Muskelanspannung bei großer Müdigkeit

- Kopf tief gehalten
- Ohren seitlich gedreht
- lange Mundspalte
- Faltenbildung im Gesicht
- lange Zunge
- geduckte Körperhaltung
- stark gebeugte Ellbogen-, Knie- und Sprunggelenke

Lotti (links) ist müde vom Toben. Ihre gesamte Körperhaltung zeigt die nachlassende Muskelspannung an.

Kaum noch Muskelspannung

- Hals auf Rückenhöhe
- lange Zunge
- Zungenspitze verbreitert
- Mundspalte langgezogen
- Faltenbildung im Mundwinkel
- Augen gerundet
- Ohren nach hinten gehalten
- Rückenlinie im mittleren Bereich abgesenkt

Arwen hat gerade wild mit Tamika gespielt, die als erwachsene Hündin eine gute Kondition hat, während sie sich noch im Welpenalter befindet und viel schneller ermüdet.

Große Müdigkeit im Welpenalter

- Ohren hängend, seitlich gehalten
- lange Zunge, aus dem Mund hängend
- verminderte Muskelanspannung

Junge Hunde

Gerade junge Hunde lassen sich gerne überfordern und finden keine Grenzen im schönen Spiel, was auch immer wieder in „Welpenspielgruppen“ oder auf Spaziergängen mit Hunden verschiedener Altersgruppen zu beobachten ist. Bei genauer Beobachtung und Erkennen von Ermüdungszeichen ist es für uns als Mensch angebracht, eine Spielpause für die Hunde einzulegen oder die Spaziergänge dem Leistungsvermögen individuell anzupassen. Das betrifft nicht nur sehr junge Hunde, sondern auch ältere Hunde, Hunde mit körperlichen Problemen, Schmerzen oder Konditionsschwächen.

Imponierhaltungen

Über die Bedeutung des Wortes „Imponieren" haben wir uns viele Gedanken gemacht. Was bedeutet es, „imponieren zu wollen" oder dass mir „etwas imponiert"? Können wir die Bedeutung im menschlichen Bereich umsetzen auf Hunde? Und gibt es bezüglich der Bedeutung geschlechtsspezifische Unterschiede? Wir fanden das Thema sehr interessant, zumal es eine andere Denkweise eröffnen kann und damit auch die Chance gibt, dieses Verhalten unter anderen Gesichtspunkten zu sehen, zu deuten und zu bewerten.

Bei Rüdenbegegnungen sind diese Körperhaltungen öfter zu sehen und lassen sich eher mit „Imponiergehabe" beschreiben. Die Hunde stelzen

mit durchgedrückten Gelenken, hoch erhobenen Köpfen und Ruten steif und meist langsam umeinander herum. Hier dient es in der Regel dazu, zu beeindrucken und ohne körperliche Konfrontation im Vorfeld abzuklären, wer hier gerade über mehr Autorität verfügt. Da es hier eher auf Authentizität, Ausstrahlung und mentale Größe ankommt, zeigen auch sehr kleine Hunde dieses Verhalten gegenüber größeren und körperlich überlegenen Hunden.

Nicht immer verhindert das „Imponiergehabe" eine körperliche Auseinandersetzung. Aber auch hier wird bei Rüden eher ein „Kommentkampf" beobachtet, der dazu dient, die Autoritätsfrage ohne ernsthafte Verletzungen zu klären.

Neo (links) trifft diesen fremden Rüden auf einem Spaziergang. Beide stehen sich in sehr ähnlicher Körperhaltung gegenüber und berühren sich fast mit ihren Nasen.

Imponierhaltung zur kurzen Begrüßung
(Hier gezeigt bei beiden Hunden):
- Rückenlinie ziemlich gerade
- Rute im Ansatz stark aufgerichtet
- Hals stark aufgerichtet
- direkter, frontaler Blickkontakt
- Vorderbeine durchgedrückt

„Imponierhaltungen“ zeichnen sich neben der entsprechenden Körperhaltung auch oft durch Unbeweglichkeit aus.

In der Erstbegegnung von Quivive (rechts) mit der kleinen schwarz-weißen Hündin Lucy ist an der Stellung von Quivives Hinterfüßen deutlich zu sehen, dass sich deren Position nicht ändert, auch als Lucy um sie herumgeht, um an ihrem Hinterteil zu schnüffeln.

Die „Imponierhaltung“ des weißen Rüden (mit Halsband) ist ambivalent. Sein aufgerichtetes Fell zeigt, dass er sichtlich beeindruckt ist von der geballten „Mädelspower“, die ihn umgibt.

Imponierhaltung im zwischengeschlechtlichen Kontakt

- Rückenlinie gerade
- Rute im Ansatz hoch aufgerichtet und über den Rücken geringelt
- Hals aufgerichtet
- Kopf etwas zurückgenommen
- Ohren im Ansatz aufgerichtet und zur Seite gedreht
- Vorderbeine durchgedrückt
- Fell über Rücken aufgestellt

Rüden & Hündinnen

Viele Rüden zeigen eine ähnliche Körperhaltung auch in Begegnungen mit Hündinnen. Hier dient es in Kombination mit der „Flirtstellung“ der Ohren (siehe Kapitel Ohren, Seite 76) eher dem „Gefallenwollen“ nach dem Motto „Schau, bin ich nicht ein toller Kerl!“

Mischlingsrüde Fionn trifft zum ersten Mal auf die Landseer-Hündin Fredi und versucht, sie durch seine Körperhaltung auf Distanz zu halten. Seine flach nach hinten genommenen Ohren zeugen von seiner leichten Unsicherheit in dieser Situation.

Ambivalente Imponierhaltung bei leichter Unsicherheit

- Rute hoch aufgerichtet, ohne Bewegung
- Hals aufgerichtet
- direkter Blickkontakt
- Schwerpunkt nach vorne verlagert
- Fell im Schulterbereich aufgerichtet

Hier wäre man versucht, von einer typischen „Imponierhaltung" bei Micky gegenüber dem Golden Retriever-Rüden Daniel zu sprechen. Aber seine nach seitlich-hinten genommenen Ohren passen nicht ganz zu dem Bild. Er möchte mit seiner Körperhaltung Selbstbewusstsein vortäuschen, überdeckt damit nur seine große Unsicherheit.

Ambivalente Imponierhaltung bei großer Unsicherheit

- Rückenlinie fast gerade
- Rute hoch aufgerichtet und ohne Bewegung
- Hals aufgerichtet und Kopf angehoben
- direkter Blickkontakt
- Vorderbeine steif und durchgedrückt
- Schwerpunkt nach vorne verlagert

Scheinbares Imponieren

In der Begegnung zwischen der Weimaraner Hündin Maxi und Quivive wirken beide Hunde auf den ersten Blick so, als wollen sie „imponieren". Maxi übt zwar direkten Blickkontakt aus, aber ihre Augen sind mandelförmig und entspannt. Quivive scheint den Blick leicht abgewendet zu haben. Beide Hündinnen drücken mit diesen sehr subtilen Signalen über Augenform und Abwenden des Kopfes aus, dass sie freundlich gestimmt sind.

- Hals bei beiden deutlich aufgerichtet
- Gelenke durchgedrückt
- Maxis Rute in Rückenhöhe gehalten
- Quivives Rute über Rückenhöhe gehalten
- beide Ruten in Bewegung
- Maxis Ohren im Ansatz aufgerichtet und seitlich gehalten
- Quivives Ohren nach hinten gehalten

Die durch den Leinenzug beeinflusste Körperhaltung kann bei anderen Hunden den Eindruck erwecken, der Hund wolle imponieren.

- Rückenlinie fast gerade, nach hinten leicht abfallend
- Rute aufgerichtet
- Gelenke durchgedrückt
- Hinterbeine nach hinten ausgestellt
- Körperschwerpunkt nach vorne verlagert
- Kopf hoch gehalten
- Hals deutlich aufgerichtet

Körperhaltungen in der Spielaufforderung

Spielen ist für Hunde sehr wichtig, vor allen Dingen in jüngeren Jahren, um soziales Miteinander zu lernen. Sehr viele Hunde spielen aber auch gerne bis ins hohe Alter, das kann individuell sehr verschieden sein.
Hunde, die als Welpen oder Junghunde nicht gelernt haben, zu spielen, können auch in ihrem späteren Leben Probleme damit haben, sich auf ein Spiel einzulassen oder dies sogar als bedrohlich empfinden.
Die typische Vorderkörpertiefstellung und die gespreizten Vorderbeine zeigen trotz direkten Blickkontakts die friedliche Spielabsicht an. Allerdings zeigen viele Hunde sehr unterschiedliche Körperhaltungen und Bewegungen, um zum Spielen aufzufordern. Während des Spiels kann es bei den beteiligten Hunden zu übertrieben wirkenden Bewegungen kommen, die immer wieder die Spielabsicht verdeutlichen sollen.
Schnüffeln, Pföteln und andere Signale können als Bitte um Pause eingesetzt werden. Einer Spielaufforderung muss nicht zwangsläufig ein Spiel folgen. Oft wird es nur als eine freudig-friedliche Kontaktaufnahme genutzt.
Die Rutenhaltung kann in Höhe und Bewegung variieren und auch die „Spielposition“ kann – individuell abhängig vom Hund – unterschiedlich sein.

Subtile Spielaufforderungen

Viele Hunde haben individuelle Vorlieben für eine Art des Spielens und spielen oft nur als Welpen oder Junghunde mit jedem anderen Hund. Quivive zum Beispiel liebte Rennspiele und hat nur mit sehr wenigen Hunden körperbetonte Raufspiele initiiert. Wenn ein Hund auf ihre Aufforderung zu einem Rennspiel nicht reagiert hat, hat sie die Spielabsicht insgesamt abgebrochen. Hunde, die mit der Spielabsicht zu raufen, auf sie zukamen, wurden meist sofort ignoriert, indem sie sich abwendete und wegging. Als erwachsene Hündin hat sie nur mit ihren Spielkameraden aus der Welpenzeit wirklich gespielt, bei fast allen ihr fremden Hunden war sie eher zurückhaltend.

Individuelle, subtile Spielaufforderung

Dies ist eine der typischen Spielaufforderungshaltungen von Quivive, die sie Gabi und anderen Hunden gegenüber benutzt, wenn sie ihr liebstes Spiel („Fang mich doch, du kriegst mich nicht“) initiieren will.
Die Vorderbeine sind weit gespreizt, aber die Vorderkörpertiefstellung ist nur angedeutet. So kann sie schneller durchstarten und wegrennen.

- nur geringe Vorderkörpertiefstellung
- Gelenke der Hinterbeine leicht gebeugt
- Vorderbeine weit gespreizt
- Ohren sind locker und unterschiedlich getragen
- direkter Blickkontakt
- Kopf leicht zur Seite geneigt
- Mund geöffnet (sie „lacht“)

Individuelle, subtile Spielaufforderungen anderen Hunden gegenüber

Unsicheren oder unbekannten Hunden gegenüber benutzt sie gerne subtile Spielaufforderungen, oft verbunden mit dem Abwenden des Kopfes und seitlichem Wegspringen. Sie übt dabei meist keinen direkten Blickkontakt aus. In Gabis Stunden und Kursen war sie eine perfekte Lehrerin. Unsicheren und ängstlichen Hunden gegenüber war sie freundlich und nie aufdringlich in ihrer Spielaufforderung. Die meisten hatten schnell Vertrauen zu ihr gefasst und ließen sich auf ihre Spielaufforderungen zu einem kleinen Rennspiel ein.

(Weitere Beispiele für Spielaufforderungen finden Sie in Teil 2, Kommunikationssignale, Kapitel Vorderkörpertiefstellung, Seite 485 ff.)

Spiellauern

Zu einem Spiel gehört oft das „Auflauern“ dazu, das sehr vielen Hunden richtig Spaß macht. Die lauernden Hunde bauen eine hohe Körperspannung auf, um aus der Liegeposition heraus schnell nach vorne zu kommen.

Arwen lauert ihrer Spielpartnerin auf – wahrscheinlich ist es Tamika. Ihr Mund ist leicht geöffnet und sie scheint zu züngeln.

- Hals in Rückenhöhe
- Kopf vorgereckt
- Ohren nach vorne ausgerichtet
- zielgerichteter Blick
- Schwerpunkt nach vorne verlagert

Arwen nimmt in geduckter Haltung Geschwindigkeit auf.

- Hals unter Rückenhöhe abgesenkt
- Kopf vorgereckt
- Ohren und Blick nach vorne ausgerichtet
- Schwerpunkt nach vorne verlagert
- Gelenke stark gebeugt
- Mund mehr geöffnet

Auf diesem Bild sind Hals und Kopf fast in Rückenhöhe getragen und die Rute ist angehoben. Sie nähert sich wohl ihrem Ziel.

Kein Spiellauern

Es gibt Hunde, die einem anderen Hund wirklich „auflauern“ und aus dieser Position heraus auch einen ernstgemeinten Angriff starten. Das ist nicht immer an der Körpersprache sofort ersichtlich, da die Körperhaltung sich vom Spiellauern nicht wesentlich unterscheidet.

Border Collie Fosco in Aktion in typischer Arbeitshaltung in geduckter Körperhaltung und nach vorne verlagertem Schwerpunkt. Hier verraten die Ohren und die leicht erhöhte Hinterhand, dass der Hund keine Angst hat.

Große Anspannung

- Schwerpunkt nach vorne verlagert
- tief abgesenkter Kopf
- leicht geduckte Körperhaltung
- Rute am Körper gehalten

Arwen in Lauerposition gegenüber einem fremden Hund, der fast erstarrt stehengeblieben ist.

- Schwerpunkt in Bewegungsrichtung

Weitere Anzeichen für Anspannung:

- Kopf abgesenkt
- Rute unter Rückenhöhe getragen
- zielgerichtete Vorwärtsbewegung

Angriff vermeiden

Allgemein ist es für beide beteiligten Hunde hilfreich, den lauernden Hund aus dieser Körperhaltung wieder herauszubringen, und das möglichst positiv. Zum Beispiel ist Clicker-Training, um sich abwenden zu können und den Rückruf zu verfestigen, hilfreich. Wenn mir bekannt ist, dass mein Hund dieses Verhalten zeigt, beobachte ich sehr genau, dass er möglichst nicht erst in diese Körperhaltung hineinkommt, die durch den hohen Spannungsaufbau der Auslöser für einen Angriff sein könnte.

Bildbeispiele für Körperhaltungen in unterschiedlichen Stimmungslagen

Von angespannt zu entspannt

Lotti ist eine Hündin mit großen Unsicherheiten *(siehe auch Kapitel Angst, Seite 562 ff.)*, das ist an ihrer Körpersprache sehr deutlich zu sehen.

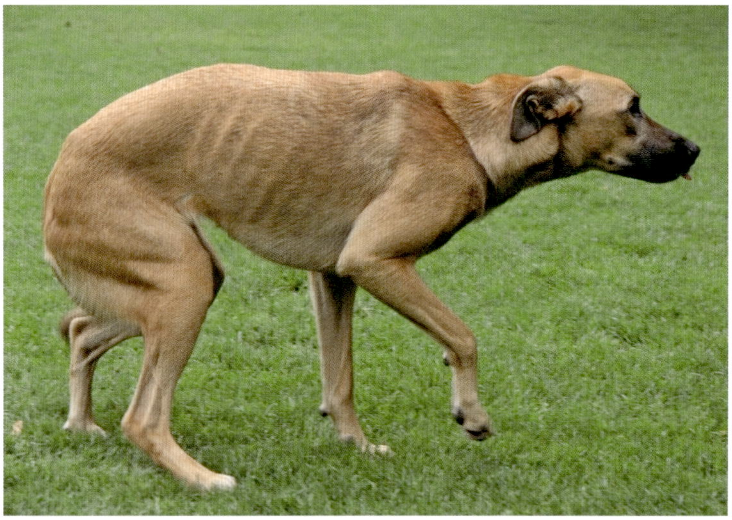

Als Beschwichtigungssignal sind Züngeln und Pföteln zu sehen.

Sehr hohe Anspannung

- Rückenlinie im hinteren Bereich stark gerundet
- Rute zwischen die Beine geklemmt
- Kopf in Rückenhöhe getragen
- Ohren flach nach hinten angelegt
- Körperschwerpunkt nach hinten verlagert

Weniger Anspannung

- Rückenlinie im hinteren Bereich leicht gerundet
- Rute nach unten und dicht am Körper gehalten
- Kopf und Nacken aufgerichtet über Rückenhöhe getragen
- Ohren flach nach hinten gehalten
- Mund geschlossen

Die leichte Anspannung ist an ihrer etwas festgehaltenen Rute zu erkennen. Ihre Ohren hält sie oft nach hinten gerichtet, auch wenn sie entspannt ist.

Müde gespielt

- Rückenlinie fast gerade
- Rute am Körper, mit Haken nach oben
- Kopf und Hals aufgerichtet
- Ohren nach hinten gehalten mit ganz leichter Aufrichtung
- Mund geöffnet

Ein Stimmungswandel – zu sehen an der Körperhaltung

Der weiße Herdenschutzhund-Mischling, eine Hündin, wird plötzlich sehr vehement von der kleinen braunen Hündin attackiert. Sie ist sehr beeindruckt, das zeigt ihre Körpersprache.

- hinterer Rücken stark gerundet
- Körperschwerpunkt nach hinten verlagert
- Ohren flach nach hinten gehalten
- sichtbares Auge geschlossen

Nachdem die kleine Hündin nachsetzt, verändert sich trotz der geklemmten Rute und dem stark gerundeten Rücken die Gesichtsmimik des Herdenschutzhund-Mischlings. Sie wird ungehalten, das ist an der Ohrenhaltung und Gesichtsmimik erkennbar.

- hinterer Rücken stark gerundet
- Körperschwerpunkt weit nach hinten verlagert
- Rute geklemmt
- geduckte Körperhaltung
- Ohren im Ansatz aufgestellt und seitlich gehalten
- sichtbares Auge geöffnet
- Faltenbildung um den Nasenschwamm
- Barthaare aufgerichtet

Nun reicht es ihr! Ihr Vorderkörper richtet sich auf, sie droht nun deutlich mit den Zähnen. Dabei bleibt ihr Körperschwerpunkt immer nach hinten verlagert.

- mittlere Rückenlinie gerade
- Schwerpunkt bleibt nach hinten verlagert
- Rute angehoben
- Ohren im Ansatz aufgestellt, nach vorne gerichtet
- c-förmige, kurze Mundspalte
- Zähne sichtbar
- Augen schmal

Oben: Sie züngelt, wahrscheinlich zur Selbstberuhigung, als die kleine Hündin sich zurückzieht.
Unten: Eine nette Hündin mit einer ganz lieben Ausstrahlung, die in ihrem Stimmungswechsel kontrolliert blieb und nicht offensiv wurde.

„Stalken" oder „Mobben" im Ansatz

Der schwarze Rüde hat eine junge Dogge im Blick. Seine Körperhaltung zeigt eine leichte Lauerstellung. Er setzt der Dogge im „Stechschritt" nach.

In der offensiven, zügigen Annäherung ist die Rückenlinie sehr gerade.

- Rute hoch aufgerichtet mit wenig Bewegung
- Kopf leicht abgesenkt
- Ohren leicht nach vorne genommen
- Blick zielgerichtet
- dynamische Vorwärtsbewegung
- Gliedmaßen angespannt

Hier verlangsamt der Hund etwas und beugt die Knie- und Sprunggelenke vermehrt. Er macht sich sprungbereit.

- Rute sehr hoch aufgerichtet
- Hals aufgerichtet
- Ohren nach vorne ausgerichtet
- Blick zielgerichtet
- Körperschwerpunkt nach vorne verlagert
- dynamische Beugung der Gelenke

Zum Vergleich derselbe Hund in entspannter Körperhaltung
Hier haben die Hundehalter aufgepasst und den Rüden sofort abgerufen und ihn mit einem Leckerchen belohnt, als er kam. Die Veränderung seiner Körperspannung und -haltung ist deutlich zu sehen und dies verändert auch seine emotionale Situation.

!!!

Eine solche Körperhaltung, verbunden mit dem direkten Blickkontakt, kann auch als „Stalken“ oder als „Mobbing“ bezeichnet werden. Man versteht darunter das beharrliche Nachsetzen und Belästigen eines anderen Hundes. Das Verhalten eines Hundes, der diese Körperhaltung einem anderen Hund oder einem Menschen gegenüber einnimmt, sollte möglichst freundlich, aber sofort unterbunden werden, denn wenn ein Hund derart angespannt ist, kann es sehr schnell zu einem Übergriff kommen.
Auf jeden Fall fühlt sich sein Gegenüber nicht wohl, und allein das sollte bereits ausreichen, um die Aktion zu unterbinden.

Die Schwerpunktverlagerung

Hunde kommunizieren auch mit der Verlagerung des Körperschwerpunktes. Im Wesentlichen geht es dabei darum, Distanzen zu wahren, zu vergrößern oder zu verringern. Das ist sowohl nach vorne, nach hinten und zur Seite möglich. Sie verlagern damit ihr Körpergewicht entweder mehr auf die Vorhand oder auf die Hinterhand oder zu einer Seite.
Sich in die Individualdistanz eines anderen Hundes hineinzulehnen, stellt für die meisten Hunde einen Akt der Unhöflichkeit dar. Menschen unterschreiten häufig unbewusst die Individualdistanz von Hunden.
Die Beobachtung, in welche Richtung der Körperschwerpunkt des Hundes wandert, kann uns sehr viel darüber sagen, ob er sich in einer Situation gerade wohlfühlt oder nicht. Manchmal ist die Verlagerung sehr deutlich zu sehen, manchmal findet sie sehr subtil statt. Das ist individuell vom Hund abhängig oder von der Situation, in der er sich befindet. Eine Verlagerung des Schwerpunktes kann uns auch eine Information über die wahrscheinlich weitere Bewegungsrichtung des Hundes geben.
Heutige Hunde haben durch die Rassevielfalt sehr unterschiedliche Körperverhältnisse. Eine Englische Bulldogge zum Beispiel hat den Schwerpunkt wahrscheinlich eher auf der deutlich kräftiger gebauten Vorhand liegen, während er bei einem Hütehund mit gleichmäßiger verteilten körperlichen Verhältnissen eher zwischen Vor- und Hinterhand liegt.

Molosserartige Hunde z. B. sind weniger beweglich und können ihren Schwerpunkt weniger gut verlagern als andere, wendigere und leichtere Hunderassen. Dadurch kommt es bei solchen Hunden zu offensichtlicheren Körperbewegungen und sie wirken grobmotorischer. Dieser Umstand kann zu Missverständnissen führen, beispielsweise bei Hunden, die sich subtiler bewegen können *(siehe auch Kapitel Kopfhöhe und Hals, Seite 54/55).*

Wenn wir es zuerst einmal nur für unseren eigenen Hund sehen wollen, wo sich sein Schwerpunkt gerade hin verlagert, brauchen wir die Information, wo sein eigentlicher (neutraler) Schwerpunkt ist, das bedeutet, ob er in Balance oder im Gleichgewicht steht.

Von oben nach unten:
Schafpudel sehr wendig
Bullterrier weniger wendig
Bulldogge noch weniger wendig

Quivive und Feivel (rechts) sind durch genaue Kontrolle ihres Schwerpunktes in Balance.

Das Gleichgewichts- oder Vestibularorgan, das für die Balance zuständig ist, befindet sich im Innenohr und realisiert Drehbewegungen des Kopfes und die Abweichung des Kopfes von der Senkrechten. Es gibt Hunde, deren Gleichgewichtsorgan nicht optimal funktioniert und denen in bestimmten Situationen schwindlig werden kann, zum Beispiel beim Autofahren oder bei der Bewältigung höherer Geräte im Hundesport.
Der Gleichgewichtssinn gehört genauso wie die Raumwahrnehmung (Propriozeption, zuständig für die Wahrnehmung von Körperbewegung und Körperlage im Raum) zu den inneren (sensorischen) Sinnen.

Hunde mit schlechter Raumwahrnehmung verfügen oft über keine gute Balance und können sich körpersprachlich nicht so gut ausdrücken. Sie haben zum Beispiel Schwierigkeiten, erwünschte Abstände zu anderen Hunden oder Menschen einzuhalten oder sie wirken insgesamt grobmotorischer als andere Hunde. Bei vielen Rassen, aber auch individuell, kann sich dies in bestimmten Wachstumsphasen des Junghundes zeigen.

Links oben: Ischka hält ihren Schwerpunkt über dem Kipp-Punkt der Wippe. Ihr Körper ist in Balance, sonst würde die Wippe kippen. Ischka trägt ein Tellington-Körperband, das die Raumwahrnehmung und das Körperbewusstsein positiv unterstützt.

Links unten: Golden Retriever-Hündin Rani fühlt sich auf Wippen nicht wirklich wohl. Ihre Ohren sind nach hinten gerichtet, um ihre Mundwinkel haben sich Falten gebildet und unter den Augen wirkt die Haut angespannt. Die Rute ist gerade nach unten und dicht am Körper gehalten. Ihre Pfoten sind etwas gespreizt. Sie steht nicht in ihrer Balance.

Hunde haben die Fähigkeit, auch in schwierigem Gelände und bei schneller Fortbewegung ihr Gleichgewicht zu halten, um entsprechend schnell auf eine Veränderung oder ein plötzliches Hindernis reagieren zu können.

Oben: Cattle Dog Neo (links) ist Meister im schnellen Ausweichen. Wenn die Zeit dazu nicht reicht, überspringt er einfach das „Hindernis“.

Die Schwerpunktverlagerung nach hinten

Schwerpunktverlagerungen nach hinten werden gezeigt, um eine eingenommene Distanz zu wahren oder zu vergrößern.
Je nach Situation kann dies sehr subtil erfolgen oder recht deutlich. Auch Menschen zeigen solche Verlagerungen des Körpers, wenn ihnen ein Kontakt zum Beispiel zu nahe ist.

Dieser Hund lebt in einer Tierherberge. Er ist vorsichtig im Umgang mit fremden Menschen und hat gerade in seiner Vorwärtsbewegung innegehalten.

Bei leichter Unsicherheit im Stand

- Subtile Schwerpunktverlagerung nach hinten

Weitere Anzeichen von Anspannung:

- gerundeter hinterer Rücken
- Rute abgesenkt und festgehalten
- Ohren seitlich anliegend
- Mund geschlossen
- Vorderbeine durchgedrückt

Golden Retriever-Hündin Rani ist bei anderen Hunden zu Besuch. Der Raum ist sehr beengt und dadurch kommen sich die Hunde sehr nahe und haben wenige Möglichkeiten, sich auszuweichen. Sie ist angespannt und unsicher, wie sie als junge Hündin und als Gast mit dieser Situation am besten umgeht und keinen der anderen Hunde provoziert.

Bei leichter Unsicherheit im Sitzen

- Körperschwerpunkt nach hinten verlagert

Weitere Anzeichen von Anspannung:

- Hals aufgerichtet und Kopf etwas gesenkt
- Ohren flach angelegt
- Mund geschlossen
- Barthaare etwas aufgerichtet
- kein direkter Blickkontakt

Schwerpunktverlagerungen voneinander weg, lachende Spielgesichter, übertriebene Körperbewegungen und lustig getragene Ruten vermitteln die Spielabsicht.

Der Labrador verlagert seinen Schwerpunkt nach hinten, als sich der kleinere helle Hund nähert. Sein Kopf ist etwas geduckt getragen, seine Ohren liegen flach an. Seine Rute wird nur etwas über Rückenhöhe getragen und ist in Bewegung. Er hat Blickkontakt zu dem anderen Hund. Der kleinere helle Hund zeigt ein groß gerundetes Auge und nach hinten gezogenen Ohren. Seine Rute ist etwas unter Rückenhöhe gehalten, sein Schwerpunkt könnte seitlich von dem Labrador weg verlagert sein. Beide Hunde drücken eine gewisse Anspannung aus.

Welpe Eddy fühlt sich sehr unsicher, als der dunkle Welpe ihn am Hinterteil beschnüffelt.

Bei Angst

- Schwerpunktverlagerung nach hinten

Weitere Anzeichen großer Anspannung:

- deutlich gerundeter Rücken
- deutlich gewinkelte Hinterbeine
- Ellenbogen stark gewinkelt
- Rute unter dem Bauch
- Mund geschlossen
- Walauge

Die Schwerpunktverlagerung nach vorne

Die Schwerpunktverlagerung nach vorne wird meist bei Neugierde oder offensivem Verhalten gezeigt. Schwingt in der Neugierde auch Vorsicht mit, findet die Schwerpunktverlagerung subtil statt, oft mit nach hinten ausgestellten Hinterbeinen, sodass Rückzug möglich bleibt.

Ella ist neu in Katjas Hundefamilie und hat noch nicht alle Tiere kennengelernt. Sie ist neugierig auf Katjas Katze Molly und gleichzeitig vorsichtig. Sie schaut Molly direkt an.

Vorsichtige Neugierde

- Schwerpunkt nach vorne verlagert

Anzeichen von Anspannung:

- langer Hals mit vorgerecktem Kopf
- Ohren etwas seitlich gehalten
- Rute hoch aufgerichtet
- Hinterbeine nach hinten ausgestellt

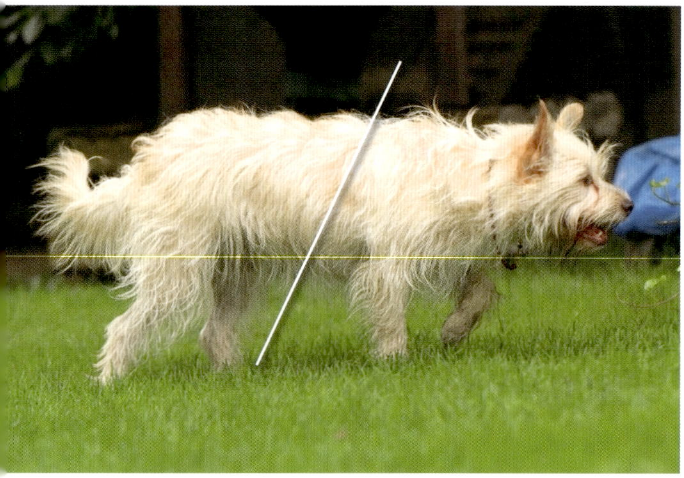

In Lauerposition

- Schwerpunkt nach vorne verlagert

Weitere Anzeichen von Anspannung:

- Kopf nach vorne gereckt und in Rückenhöhe gehalten
- Rute abgesenkt
- geduckte Körperhaltung

Beim Spiellauern in Erwartung

- Schwerpunkt deutlich nach vorne verlagert

Weitere Anzeichen von Anspannung:

- Kopf etwas angehoben
- Rute tief gehalten und ohne Bewegung
- vermehrte Winkelungen von Ellenbogen und Hinterhand
- beginnende Vorderkörpertiefstellung

Wechselnde Schwerpunktverlagerung

Beispiel einer subtilen Schwerpunktverlagerung

In dieser Fotoserie verändert Inca ihren Schwerpunkt ausschließlich im Stehen, um erst einmal mehr Nähe zu Chemsi aufzubauen – sie ist vorsichtig neugierig. Der fortbestehende direkte Blickkontakt, den Chemsi ausübt, bringt Inca nun dazu, die Distanz wieder zu vergrößern, indem sie langsam beginnt, sich zurückzulehnen. An den eingezeichneten Linien ist zu erkennen, dass dies sehr subtil geschieht.

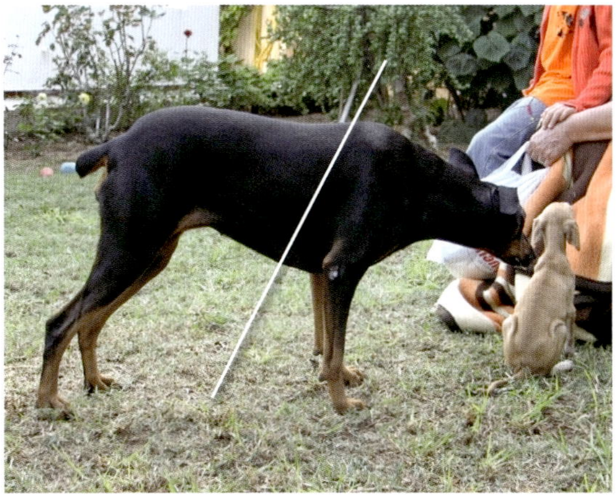

Dobermann-Hündin Inca hat ihren Schwerpunkt nach vorne verlagert, um an Chemsi besser heranzukommen. Ein Großteil ihres Körpergewichtes lastet nun auf der Vorhand. Die kleine Chemsi ist Inca erst einmal sehr suspekt, sie kann den Sloughi-Welpen nicht in ihr normales Hundebild einordnen.

Auf Grund des Blickkontaktes, den Chemsi jetzt aufbaut, beginnt Inca langsam, ihren Körperschwerpunkt nach hinten zu verlagern. Ihr Körpergewicht lastet nun nicht mehr ganz so stark auf der Vorhand. Chemsi übt weiterhin Blickkontakt aus.

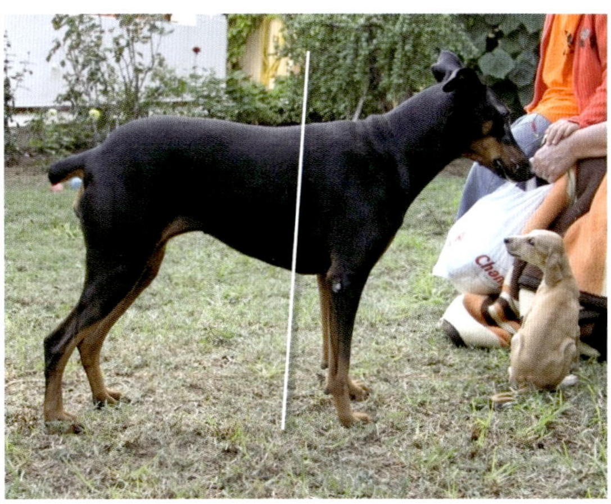

Während Chemsi weiterhin Inca anschaut, hat diese ihren Körperschwerpunkt noch etwas mehr nach hinten verlagert und den Kopf etwas angehoben. Die Hinterhand beginnt, mehr Körpergewicht aufzunehmen. So kann sie die Distanz zu Chemsi vergrößern, während sie stehen bleibt. Ihr Rutenstummel ist abgesenkt. Sie ist wirklich sehr aufgeregt, was an der Speichelbildung rechts im Bild zu sehen ist.

Beispiele deutlicher Schwerpunktverlagerungen

In der Begegnung zwischen Hunden ist anhand der Körperschwerpunktverlagerungen zu sehen, welcher Hund Kontakt möchte und welcher Hund lieber auf Distanz bleiben möchte.

Obwohl der links stehende Rüde mit langem Hals und kaum nach vorne gelehnt eine Kontaktaufnahme zu Rani sucht, ist ihr das schon eindeutig zu viel. Sie versucht, die Nähe, die durch das Vorlehnen des Rüden entstanden ist, durch das Zurücklehnen ihres Körpers wieder aufzulösen. Beide Hunde sind etwas aufgeregt, das ist an den aufgerichteten Rückenhaaren zu sehen. Die Gesichtszüge des Rüden sind entspannt, er blinzelt. Rani zeigt deutliche Anspannung, ihre Barthaare sind etwas aufgerichtet, die Augen sind gerundet und ihre Ohren sind flach nach hinten gezogen.

Während sich die kleine Tamika mit vorgestrecktem Kopf nach vorne lehnt, um Kontakt aufzunehmen, verlagert der braune Rüde seinen Schwerpunkt nach hinten. Beide Hunde haben ihre Ohren in Flirtstellung gehalten, sie haben Interesse aneinander.

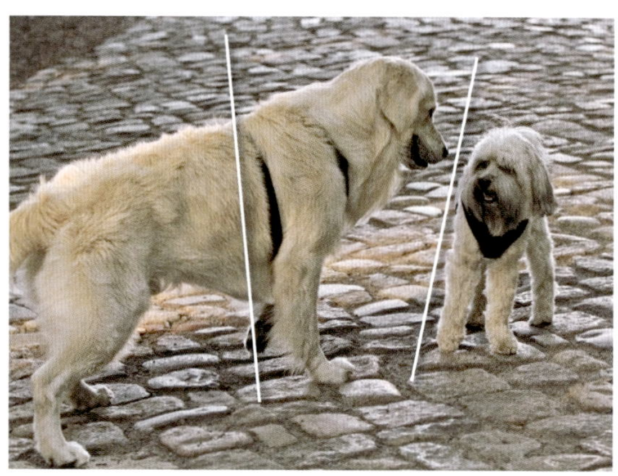

Der Golden Retriever (links) hat in der Vorwärtsbewegung seinen Schwerpunkt etwas nach hinten verlagert, um dem kleinen weißen Hund zu bedeuten, dass er friedliches Interesse hat. Dieser weicht über die Körperhaltung nach seitlich-hinten aus.

 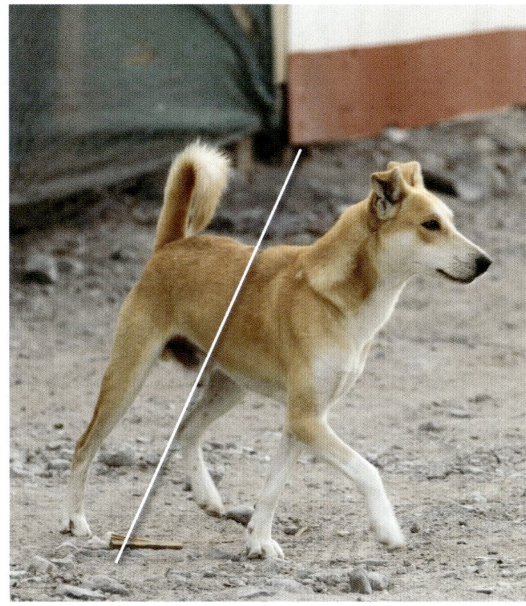

Hier ist bei genauer Betrachtung schon im Foto links zu erahnen, dass der braune Rüde sich gleich bewegen wird und in welche Richtung seine Bewegung gehen wird. Sein Körperschwerpunkt hat sich noch im Stand schon subtil nach vorne verlagert.

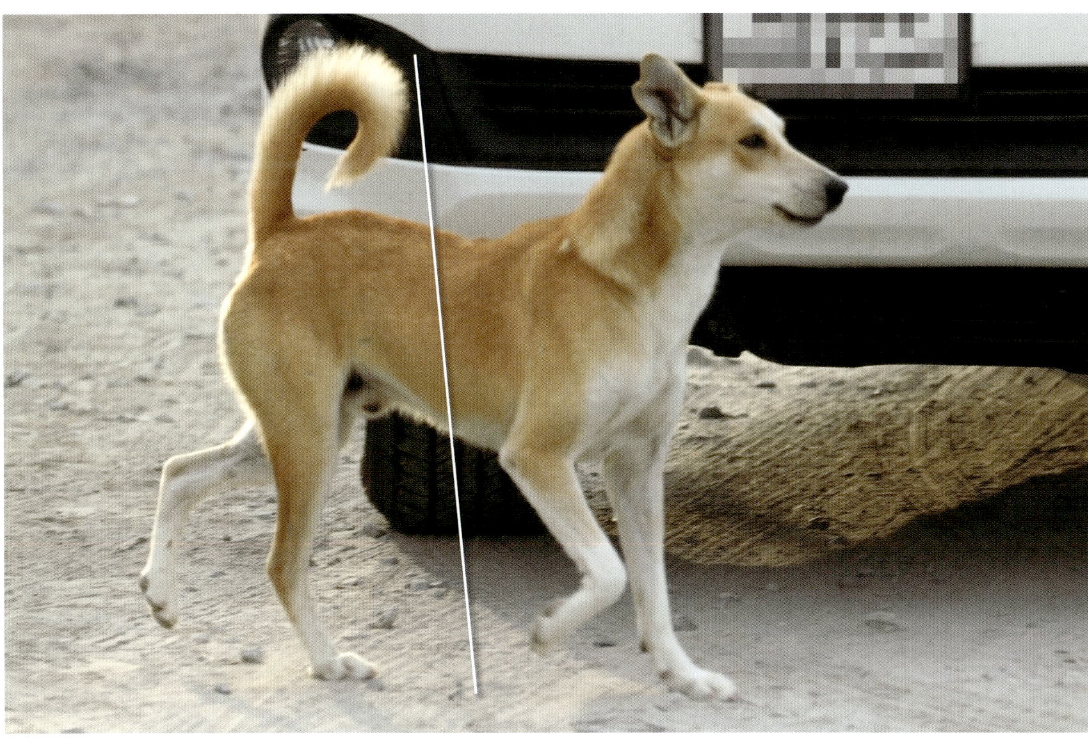

Nach diesen beiden Fotos, die zeitlich nur Bruchteile einer Sekunde auseinander liegen, hat er eine Schwerpunktverlagerung nach hinten eingeleitet und sein Tempo reduziert. Grund dafür war ein anderer Hund, der sich vor ihm befindet.

Die Schwerpunktverlagerung zur Seite

Es gibt Hunde, die sich auch seitlich sehr offensiv in die Individualdistanz eines anderen Hundes hineinlehnen. Dieses Hineinlehnen wird oft mit Weglehnen beantwortet, um die entstandene Nähe wieder aufzulösen und eine gewünschte Individualdistanz zu wahren.

Oben: Auch in Begegnungen oder in zufällig entstandener Nähe zeigen Hunde dieses seitliche Weglehnen.
Unten: Harmonische Schwerpunktverlagerung von beiden Hunden.

Deutliche Schwerpunktverlagerung zur Seite

Häufig sind Schwerpunktverlagerungen zur Seite fast nur zu erahnen, doch manchmal können sie auch sehr deutlich gezeigt werden.

Während der Rüde hier schon deutliches seitliches Weglehnen mit einem stark gerundeten Rücken zeigt, wirken die Gesichtszüge der Hündin nicht sehr angespannt, sondern eher neugierig-interessiert, als sie aus ihrem Buddelloch steigt.

Er bleibt unbeweglich in dieser eingenommenen Körperhaltung stehen und wendet zusätzlich den Kopf ab, als sie sich ihm weiter nähert und direkten Blickkontakt aufnimmt. Seine Ohren werden zunehmend nach hinten gehalten und seine Rute ist in Bewegung.

Die eingenommene Körperhaltung des Rüden löst sich weitgehend auf, als die Weimaraner-Hündin sich von ihm abwendet. Er schaut aber nicht hinter ihr her, sondern wendet den Kopf noch etwas mehr ab. Der Rüde wollte in dieser Szene neutral bleiben und die Hündin auf keinen Fall provozieren oder einen Angriff auslösen, indem er sich bewegt hätte. Vielleicht ist er unbeabsichtigt „ihrem" Buddelloch zu nahe gekommen oder sie hatte tatsächlich Interesse an einem Kontakt, den er aber nicht wünschte.

Deutliche seitliche Verlagerung im Stehen von Hündin Rani, um der bellenden Ella zu bedeuten, dass sie keine Konfrontation möchte. Rani möchte auch nicht durch eine Bewegung provozieren und bleibt bewegungslos stehen, bis Ella geht.

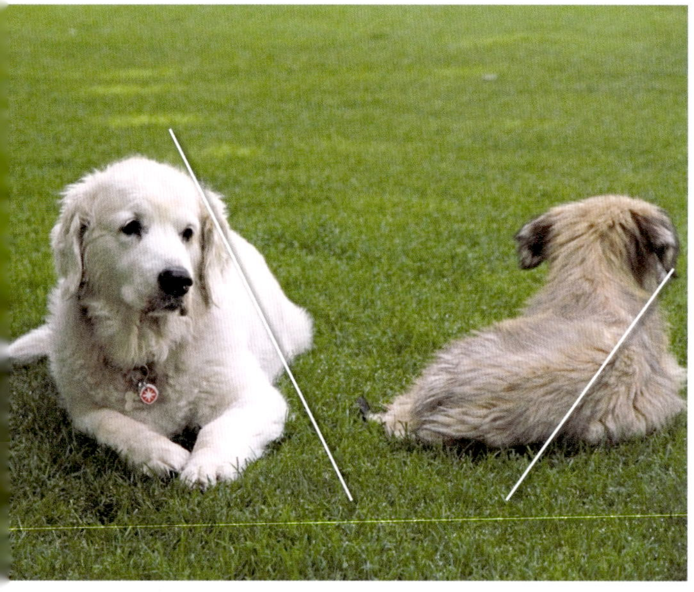

Deutliche seitliche Verlagerung des erwachsenen York (links) im Liegen, um sich Distanz zu Welpe Arwen zu verschaffen

Auch Arwen ist höflich und liegt von York weggelehnt, um ihm zu signalisieren, dass sie seinen Wunsch nach Abstand respektiert. Sie wendet zusätzlich den Kopf ab.

Deutliche seitliche Verlagerung von Quivive (links) im Sitzen, um die Distanz zu Taylor, dem großen Pyrenäen-Berghund, aufrecht zu erhalten und zu vergrößern. Taylors Beckenkippung ist zwar Quivive zugeneigt, aber mit dem übrigen Körper lehnt er sich von Quivive weg, um ihr zu bedeuten, dass er ihren Wunsch nach Distanz respektiert. Er hält den Kopf in einer Position, die keinen direkten Blickkontakt aufkommen lässt. Zusätzlich blinzelt er. Das ist ein sehr höfliches Verhalten.

Welpe Arwen schwankt zwischen Neugier und Vorsicht, als sie auf Katjas Hundeplatz dem Hängebauchschwein Hotte begegnet.

- seitliche Schwerpunktverlagerung

Weitere Anzeichen für Anspannung:
- Hals tief abgesenkt
- Rücken gerundet
- Rute abgesenkt

Als Hotte sich abwendet, ändert sich Arwens seitliche Schwerpunktverlagerung in eine neutralere Position.

Auch Menschen wenden das „Weglehnen" zur Distanzvergrößerung an. Hier wird es spontan gezeigt, als Tamika Blickkontakt aufnimmt und den Kopf zu dem Krabbelkind hinwendet.

!!!

Grundsätzlich sollen Situationen mit Kind und Hund von Erwachsenen mit begleitet werden. Tamika ist eine sehr sichere Hündin, die aufsteht und weggeht, wenn ihr zu viel Nähe aufgebaut wird. Es ist immer wichtig, darauf zu achten, dass Rückzugsmöglichkeiten bestehen. Wenn ein Hund nicht ausweichen kann, bleibt ihm unter Umständen nur der Weg nach vorne, um sich zu entziehen oder die Situation zu klären. Einschränkungen können durch beengte Räumlichkeiten oder durch die Leine entstehen.

Oft finden in der Interaktion von Hunden Schwerpunktverlagerungen in alle Richtungen statt.

In dieser Fotosequenz nehmen die beiden Hunde wechselnde Körperpositionen ein.
Der hellbraune Rüde versucht, in „Macho-Manier“ bei dem schwarz-lohfarbenen Rüden aufzureiten und ihn mit Querstellung und Kopfauflegen zu beeindrucken. Der dunkle Rüde ist deutlich ungehalten, behält aber die Ruhe trotz der unverschämten Vorgehensweise des braunen Hundes. Der hellbraune Rüde versucht immer wieder, mit Körpereinsatz an den dunkleren Rüden heranzukommen.

Der dunklere Rüde versucht immer wieder, dem hellbraunen Rüden durch eine selbstbewusste, aufgerichtete Körperhaltung Einhalt zu gebieten. Er ist der bei weitem souveränere Hund, der versucht, die Situation ohne eskalierende Maßnahmen zu bereinigen.

Souveränität

Was bedeutet Souveränität? Ein souveräner Hund steht über dem Geschehen, er provoziert nicht, sondern ist bemüht, eine Eskalation abzuwenden. Dazu benutzt er körpersprachlich deeskalierende Signale und lässt sich auch weitgehend nicht provozieren. Ja, er wehrt sich, wenn es notwendig ist. Aber er versucht primär, über selbstbewusste Körperhaltungen Lösungen zu finden, um in Frieden auseinander gehen zu können. Ein souveräner Hund kann auf den ersten Blick wirken, als habe er Angst oder wolle sich einer Konfrontation nicht stellen, aber genau dieses Verhalten zeichnet ihn als „souverän" aus. Wenn er für sich entscheidet, dass er die Situation nicht friedlich klären kann, wendet er sich ab und geht. Wir sollten als Halter solche Hunde in ihrem Verhalten unterstützen und respektieren, dass sie wirklich in der Lage sind, kluge Entscheidungen zu treffen.

Andere äußere Einflüsse auf die Schwerpunktverlagerung

Wir hatten bisher vorwiegend Beispiele aus der Interaktion von Hunden gezeigt. Andere Faktoren, die die Gewichts- oder Körperschwerpunktverlagerung und damit die Balance und die Emotionen eines Hundes stark beeinflussen können, sind die Nähe eines Menschen und dessen eigene Körperschwerpunktverlagerung. Da körperliche, geistige und emotionale Balance sehr eng miteinander verknüpft sind, nehmen auch diese Bereiche Einfluss aufeinander.

Ein sehr schönes Beispiel sind diese beiden Fotos von Hadiya, die Probleme mit der Nähe von Menschen hat und auch schon verletzend gebissen hat. Normalerweise lässt sie einen Menschen nicht so nahe an sich herankommen, ohne anzugreifen. Dieser Mann durfte sich ihr nähern. Er hatte wohl keine Bedenken, angegriffen zu werden und bleibt besonders gut über seinem eigenen Schwerpunkt.

Der Mann hat sich vor Hadiya hingekniet und sein Körperschwerpunkt ruht über seinem Knie, auf dem er sich abstützt. Der Oberkörper ist nur wenig vorgeneigt. Er schaut und spricht sie an.
Hadiya hat ihren Schwerpunkt nach hinten verlagert. Diese Gewichtsverlagerung könnte auch in einen Angriff münden. Sie pfötelt, nimmt direkten Blickkontakt auf und ihre Rute ist sehr dicht am Körper gehalten. Ihre Ohren sind flach am Kopf gehalten.

Auf diesem Foto hat sie sich weiter zurückgezogen, den Blickkontakt unterbrochen und nicht angegriffen. Der Mann bleibt in seiner Körperposition unverändert, lediglich den Kopf hat er etwas gedreht. Er hat sich entschieden, seine Hände bei sich zu lassen.

Hadiya hat sich dann abgewendet und entfernte sich. Erst danach ist der Mann langsam aufgestanden und ging auch weg. Hadiya hat kurz darauf unvermittelt einen völlig unbeteiligten Mann angegriffen, der gerade vorbeiging. Warum sie das tat, war unklar; es könnte eine Art Ventil für die hohe Anspannung gewesen sein, die sich in der Begegnung zuvor angestaut hatte.

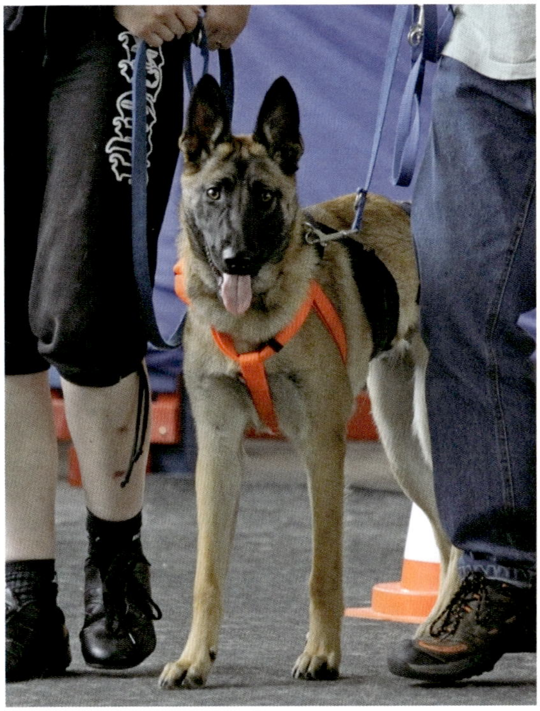

Loki neigt zu impulsivem Verhalten. Er hat sich angewöhnt, angelehnt an das Bein seines Halters zu stehen (Foto links). Damit steht er nicht in seiner eigenen Balance. Die Brieftaubenführung (Führen zwischen zwei Personen) aus dem Tellington-Führtraining und das Führen im Tellington-Lernparcours haben ihm geholfen, seinen Körperschwerpunkt selbst kontrollieren zu können. Mit der Fähigkeit, besser in körperlicher Balance zu sein, verbesserte sich Lokis emotionale Balance und damit auch sein impulsives Verhalten.

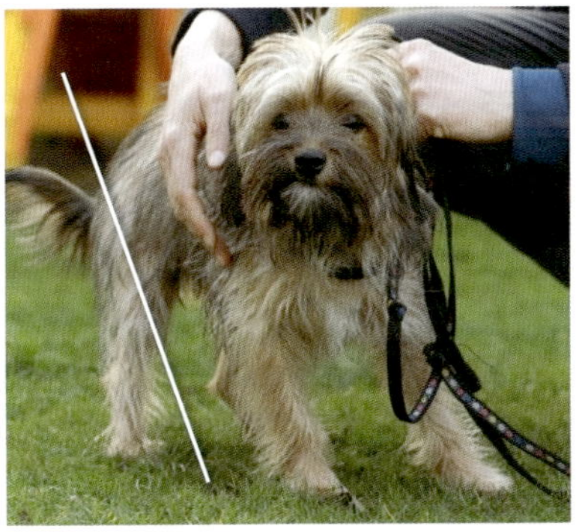

Der kleine Welpe wirkt sehr besorgt. Das Knie des Halters ragt (sicherlich unbeabsichtigt) weit in seine Individualdistanz hinein. Auf beiden Fotos ist zu sehen, wie weit der Hund sich weg lehnt. Auf dem rechten Foto zeigt er ein Walauge.

Bei der Berührung von oben auf den Kopf zeigt er Züngeln (linkes Foto). Insgesamt hat er durch die Ausweichaktion Abstand zu dem Knie des Halters hergestellt. Das lässt ihn mit seinem Körperschwerpunkt wieder etwas mehr in die Neutralstellung kommen.

Leinenzug, Gleichgewicht und Anspannung

Leinenzug und die damit verbundene Anspannung im ganzen Körper führen häufig zur sogenannten Leinenaggression.
Den Hunden wird durch den Zug auf dem Halsband die Atmung erschwert und das Gehirn bekommt weniger Sauerstoff. Das sind schlechte Voraussetzungen, um gelassen in schwierigen Situationen zu reagieren.

Ein Hund, der in strammem Leinenzug steht – eine Körperhaltung, die man sehr häufig beobachten kann und die sich im Organismus abspeichert wie auf einer Festplatte.

Anspannung

- Schwerpunkt nach vorne verlagert

Weitere Anzeichen von Anspannung:

- Hinterbeine ausgestellt
- Vorderbeine durchgedrückt
- Rute aufgerichtet
- Hals aufgerichtet
- Kopf nach vorne gereckt

!!!

Schon Welpen werden oft unbedacht mit Leinenzug geführt und aus dem Gleichgewicht gebracht. Solche erlernten Bewegungsmuster speichern sich oft besonders gut im Nervensystem ab und sind später nur mit Mühe zu korrigieren. Das bedeutet: Hunde, die als Welpen gelernt haben, an lockerer Leine zu gehen, werden dies auch als erwachsene Hunde tun.
Die Methode „Hunde führen in Balance", sowie das Tellington Führtraining helfen dabei, bereits sehr jungen Hunden zu zeigen, wie sie an lockerer Leine mitlaufen lernen.

Es fällt Welpen besonders schwer, Abstand zu halten, vor allen Dingen, wenn sich schon zu viel Nähe aufgebaut hat.

Bei Welpen ist es im Alltag sehr wichtig, achtsam und dosiert mittels der Leine einzuwirken und dem Welpen genügend Information und Zeit für eine Richtungsänderung zu geben. Welpen sollten in einem gut sitzenden Geschirr geführt werden.

Leinenführigkeit

Welpen streben natürlich gerne zu anderen Hunden hin, um Kontakt aufzunehmen. Genügend Distanz in der Begegnung hilft dem jungen Hund, neutral zu bleiben – und damit auch Höflichkeit gegenüber anderen Hunden zu lernen. Diese einzuhaltende Distanz kann von Begegnung zu Begegnung und von Hund zu Hund unterschiedlich sein. Natürlich dürfen Welpen nach vorheriger Absprache mit anderen Hunden spielen. Das Bedürfnis nach Distanz haben erwachsene Hunde deutlich häufiger als Welpen und das sollte immer respektiert werden.

Auch eine zu kurze Leine, die den Hund unentwegt darin hemmt, in seiner eigenen Geschwindigkeit zu laufen, kann zum Leinenziehen führen. Hunde, die das Laufen an der Leine nicht kennengelernt haben (zum Beispiel Straßenhunde) und gewohnt sind, ihre individuellen Sicherheitsabstände selbst zu bestimmen, können zum Leinenziehen neigen. Durch die erhöhte Anspannung der Muskulatur und die damit erhöhte emotionale Anspannung kann es an der Leine zu Aggressionen kommen, die diese Hunde unangeleint nicht zeigen. Oft sind neben der erhöhten Grundanspannung der zu geringe Abstand voneinander und die Einschränkungen in der Körpersprache die Auslöser für Leinenaggression. Dauerhaftes starkes Leinenziehen kann zu Schädigungen der Wirbelsäule und der Gelenke führen. Bei einer Führung im Halsband können Kehlkopf und Schilddrüse geschädigt werden und die Atmung (Luftröhre) kann beeinträchtigt sein.

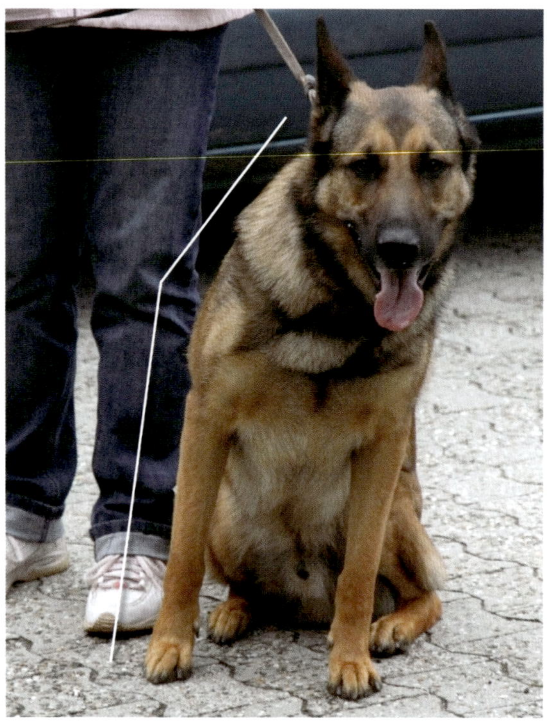

Auch dieses Bild ist häufig zu sehen: Hunde, die sich durch seitliches Weglehnen von dem ausgeübten Leinenzug bemühen, im Gleichgewicht zu bleiben.

Hier stehen sich zwei Kangals (türkische Herdenschutzhunde) in großer Nähe gegenüber. Der rechts stehende Rüde möchte wohl dem links stehenden Hund gegenüber viel Selbstbewusstsein ausstrahlen. Der links stehende Hund scheint sich der Ausstrahlung des anderen bewusst zu sein, sein Körperschwerpunkt ist nach hinten verlagert. Das ist keine leichte Situation, denn beide Hunde sind angeleint und damit nicht in ihrer Balance. Sie sind dadurch in ihrer Körpersprache eingeschränkt und haben auch nicht die Möglichkeit, diese Situation selbst aufzulösen. Sie stehen sich in sehr großer Nähe „Auge in Auge" gegenüber und halten auch diesen frontalen Blickkontakt.
Hier ist es ratsam, beide Hunde zu bitten, sich voneinander abzuwenden, damit mehr Distanz möglich ist und der Blickkontakt aufgelöst wird. Bei angeleinten Hunden ist es sehr wichtig, die Distanzen zu wahren, die dem Sicherheitsbedürfnis der Hunde entsprechen. Dieses Distanzbedürfnis ist bei sehr vielen angeleinten Hunden größer als im Freilauf und meistens auch größer, als wir denken.

... auch ein häufig anzutreffendes Bild: Die Hundehalter sind im Gespräch und vergessen ihre Hunde, die sie an den Leinen halten.
Das ist für die beiden Hunde keine einfache Situation. Insgesamt hat sich zwischen den beiden Hunden zu viel Nähe aufgebaut. Auch wenn der rechts stehende Schäferhund deutlich mehr Interesse an einem Kontakt hat, ist er schon durch den Dauerzug an der Leine angespannt.
Der links stehende Schäferhund würde gerne ausweichen, wird aber durch die Leine daran gehindert. Er fühlt sich sichtlich unwohl, das ist an seinen eher nach hinten gehaltenen Ohren und der langgezogenen Mundspalte zu sehen. Auf dem rechten Foto verlagert er seinen Schwerpunkt stark nach hinten. Die Rückenlinie ist gerundet und die Rute ist geklemmt gehalten. Solch eine Situation kann schnell eskalieren ...

... genau wie hier bei Leinensalat, weil die Hunde sich nicht mehr ausweichen und zurückziehen können. Schnellstes Entwirren ist nötig!

Die Bulldogge links hängt ohne Bodenkontakt in der Leine. Hierbei kann es durch den starken Leinenzug und Druck auf die Luftröhre zu einem Sauerstoffmangel kommen. Das führt dazu, dass der Hund nicht mehr gut „denken“ und „überlegt handeln“ kann.

Der Border Collie links im Bild ist mit seinem Körperschwerpunkt in einem Bereich, in dem er keine eigene Kontrolle mehr über seinen Körper hat. Wenn man jetzt plötzlich die Leine lockern würde, könnte er möglicherweise umkippen.

Der Oppositionsreflex

Letztendlich gehören immer zwei zum Leinenziehen dazu. Der Oppositionsreflex, den alle Säugetiere besitzen, sorgt dafür, dass ein Körper nicht aus dem Gleichgewicht gerät.
Also ist der Oppositionsreflex auch bei uns vorhanden und wir reagieren entsprechend, wenn ein Hund an der Leine zieht. Wir lehnen uns dagegen und antworten mit Gegenzug, denn „Zug erzeugt Gegenzug". Eine entspannte Leinenführung, die möglichst keinen Dauerzug an der Leine entstehen lässt, ist hilfreich, um den Oppositionsreflex gar nicht erst auszulösen. In der Tellington-Methode haben wir einige Möglichkeiten, den Hund so zu führen, dass dieser Reflex entweder gar nicht erst *aus*gelöst wird oder dass wir ihn wieder *auf*lösen können, wenn er aktiviert wurde.

Der Zug auf der Leine bringt den Hund dazu, seinen Körperschwerpunkt in dem Maß zu verlagern, wie der Zug auf ihn einwirkt.

Völlig außer Balance geraten ist dieser Herdenschutzhund-Mix ... und sein Halter auch.

Körperschwerpunktverlagerung nach hinten …

… Ansetzen zum Sprung …

… und die Aktion nach vorne

Kontrolle

Wussten Sie, dass eine Schulung zur Kontrolle des körperlichen Gleichgewichts auch eine Verbesserung des emotionalen Gleichgewichts mit sich bringt?
Es gibt viele Möglichkeiten, dem Hund mehr Bewusstheit für seinen Körper zu vermitteln und ihn damit zu befähigen, mehr Kontrolle über seinen Körperschwerpunkt und dadurch mehr emotionale Sicherheit zu gewinnen. Das Wippentraining ist eine schöne Möglichkeit, die Kontrolle über den Körperschwerpunkt zu schulen. Dazu kann die Wippe auch recht niedrig gehalten sein.

Quivive hatte durch ein Negativerlebnis mit der Wippe zur Welpenzeit Unsicherheiten auf schwankenden Untergründen entwickelt. Auch über eine Wippe ging sie nicht mehr, vor allen Dingen das Überschreiten des Kipp-Punktes, wenn das Brett unter ihr wegkippte, brachte sie in große körperliche und emotionale Unsicherheit. Hier lernt sie, wieder über die Wippe zu laufen und mit Hilfe einer bewussten Schwerpunktverlagerung die Wippe selbst zu kippen.

Quivive ist sehr angespannt und versucht durch ihre stark gespreizten Hinterpfoten die Auftrittsfläche zu vergrößern, um mehr Sicherheit zu gewinnen. Nach dosierten Übungseinheiten läuft sie zügig bis fast zum Kipp-Punkt. Dort stoppt sie und verlagert ihren Schwerpunkt zuerst nach hinten. So kann das Brett nicht unkontrolliert unter ihr wegkippen.

Aus dieser Position heraus verlagert sie ihren Schwerpunkt nun nach vorne, indem sie die Hinterhand aufrichtet. Da sie eine sehr leichte Hündin ist, muss sie ihr ganzes Körpergewicht einsetzen und liegt dabei fast auf der Wippe. Das Brett beginnt zu kippen, während sie fast aufliegt. In den Übungseinheiten trägt sie zur Unterstützung ihres Körpergefühls ein Tellington-Körperband.

Quivive hat durch das Bewältigen eines Gerätes, das ihr große Unsicherheiten bereitet hatte, körperliche und emotionale Sicherheit gewonnen. Sie traute sich mehr zu, sie ging selbstbewusster in ihr unbekannte Situationen hinein und die vertrauensvolle Verbindung zu Gabi festigte sich weiter.

Liegepositionen

An der Art und Weise, wie ein Hund liegt, lässt sich sehr gut ablesen, wie wohl oder sicher er sich fühlt. Wirklich entspannt liegen bedeutet ein hohes Maß von Sicherheitsgefühl und Wohlfühlen im eigenen Körper.

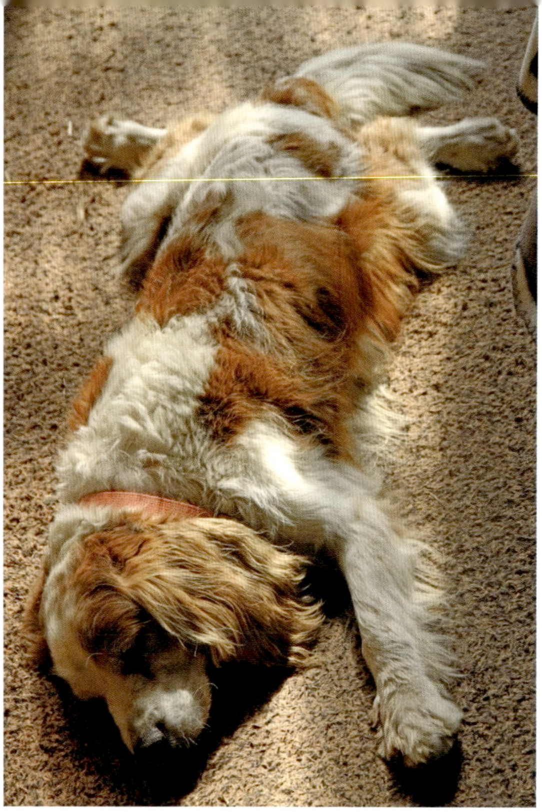

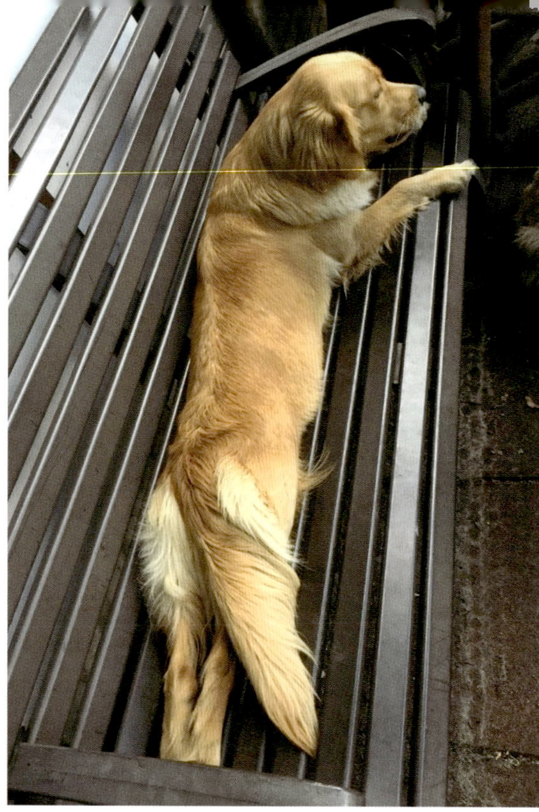

Manche Hunde liegen wie Edward (links) sehr gerne und völlig entspannt mit abgespreizten Hinterbeinen (Froschhaltung). Dhanyi liegt gerne mit weit nach hinten ausgestreckten Beinen wie hier auf der Parkbank.

Quivive kann sich in einem Tellington TTouch® Kurs inmitten der anwesenden Kurshunde tief entspannen, hier während der Demonstration des Schildkröten-TTouch, der von Gabi an den Pfoten ausgeführt wird.

Entspannt

- Vorderbeine, Hals und Kopf locker aufliegend
- keine Körperspannung
- Augen geschlossen
- Ohren nach hinten weggekippt

Viele Hunde liegen sehr gerne zugedeckt. Manche empfinden das als angenehm, für andere ist es eine Art Schutz und wieder andere könnten zur Gruppe der kälteempfindlichen Hunde gehören.

Michel kommt aus dem Tierschutz und hatte wahrscheinlich Staupe. Er zeigte verschiedene Wahrnehmungsstörungen und war sehr unruhig. Im hinteren Bereich ließ er sich kaum anfassen. Zugedeckt mit einer erschwerten Decke konnte er entspannter liegen. Michels Halterin Marion hat mit Reis gefüllte Kammern in die Decke eingenäht, die beruhigende Wirkung des Gewichts war ihr aus der Behandlung mit Menschen bekannt.

Kontaktliegen mit Menschen

Viele Hunde genießen in jedem Alter und in jeder Situation den engen Kontakt mit ihren oder auch fremden Menschen.

Ella genießt die Zweisamkeit mit Katja in jeder Position.

Atrejo ist für ein Schläfchen auf dem Schoß zu groß.

Beim ersten Campingurlaub genießt Quivive die Sicherheit auf einem vertrauten Schoß.

Nicht jeder Hund möchte engen Kontakt mit Menschen, wenn er ruht. Auch wenn es manchem Hundehalter schwerfällt, weil er selbst das Bedürfnis nach Nähe hat, sollte man seinen Hund nicht bedrängen und dessen Bedürfnis nach Abstand respektieren.

Kontaktliegen mit einem anderen Hund

Für Welpen im Wurflager ist es selbstverständlich, in engem körperlichem Kontakt zu liegen. Diese Art von Kontaktliegen lässt sich bei erwachsenen Hunden meist nur beobachten, wenn sie miteinander leben.

Maxima (links) und Carlotta leben zusammen. Das Kontaktliegen mit Maxima gibt der unsicheren Carlotta viel emotionalen Halt.

Tamika und Rani leben in Katjas großer Hundefamilie und liegen sehr vertraut, auch auf begrenztem Raum wie hier auf dem Sofa.

Ischka genießt das Zusammenliegen mit Kater „Heller“.

Hunde drehen sich dann auf den Rücken, wenn sie sich sehr sicher in ihrer Umgebung fühlen. Diese Körperhaltung beim Schlafen würde eine schnelle Flucht oder eine schnelle Verteidigung unmöglich machen. Kranke oder alte Hunde, die sich nicht mehr gut auf den Rücken drehen können, nehmen diese Liegehaltung nicht mehr ein, selbst, wenn sie sich sicher fühlen.

Ein harmonisches Gruppenfoto mit viel Körperkontakt und mit entspannten Hundegesichtern
Nur Hunde, die sehr vertraut miteinander sind und keine Differenzen untereinander haben, lassen sich für ein Foto in so großer Nähe zueinander ablegen.
Katjas Hunde sind durch tägliche Tellington TTouches® eher gelassen und verstehen sich auch untereinander sehr gut.

Ein Körperkontakt der etwas ungewöhnlichen Art: Inca (Dobermann-Hündin) reagiert recht gelassen darauf, dass Chemsi (Sloughi-Hündin) auf ihr sitzt. Sie bleibt einfach liegen. Chemsi und Inca begegnen Ihnen mehrfach in diesem Buch. Chemsi kam als Welpe zu Incas Familie hinzu. Inca war stark verunsichert bei der ersten Begegnung, während Chemsi sehr souverän agierte und sich zu einer selbstbewussten und auch etwas frechen Hündin entwickelte.

Zum Vergleich: Diese Lebensgemeinschaft war gerade etwas aus den Fugen geraten, da die beiden unkastrierten Australian Shepherd-Rüden (Wurfbrüder) am Tag zuvor heftig aneinandergeraten waren. Die beiden (Mitte) lehnen sich deutlich voneinander weg. Die beiden älteren Hündinnen, die außen positioniert wurden, signalisieren mit dem Weglehnen und Blinzeln (rechts), dass sie in den Zwist der beiden Rüden nicht hineingezogen werden wollen. Die Halterin hat sich zu der Kastration beider Rüden entschlossen, was wieder mehr Harmonie zurück gebracht hat.

Liegepositionen bei mehr Anspannung

Bei vermehrter Körperanspannung verändert sich die Körperhaltung, die Hunde bauen mehr Muskelanspannung auf. Die Gründe dafür sind unterschiedlicher Natur. Manche Hunde haben (auch rassebedingt) Schwierigkeiten, ihre hohe Grundanspannung der Muskulatur (Muskeltonus) loszulassen. Das ist meist daran zu sehen, dass sie ihre Extremitäten nicht wirklich auf dem Boden ablegen können oder auch die Nackenmuskulatur nicht ganz entspannen können. Diese hohe körperliche Grundanspannung erhöht auch die emotionale Anspannung dieser Hunde.

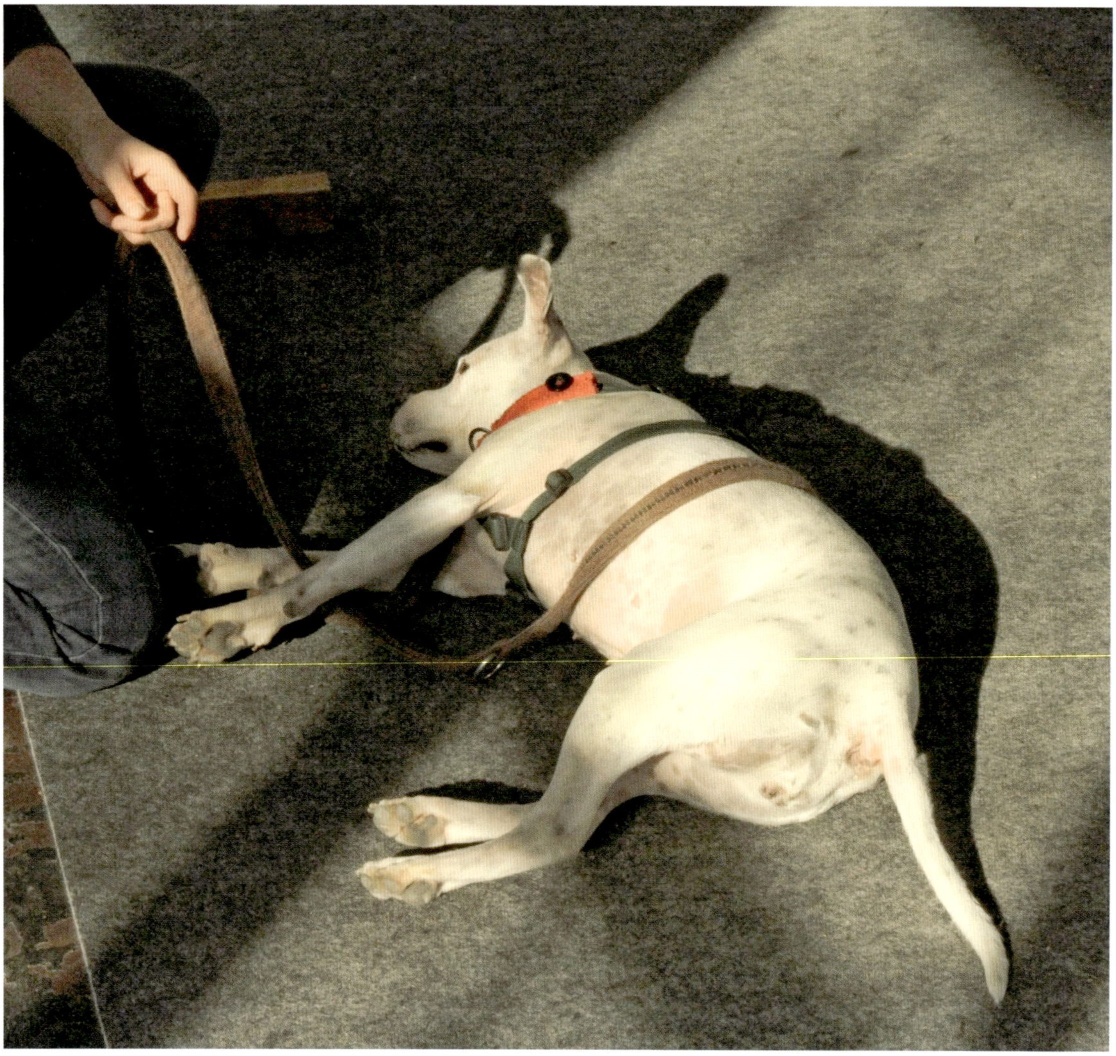

Teilweise entspannt: Bonnie ist hier nach einer Tellington TTouch® Behandlung schon recht entspannt, die linke Hinterhand liegt schon sehr nahe am Boden. Ihr linker Ellenbogen wird noch etwas nach außen gedreht festgehalten, dadurch kommt ihr linkes Vorderbein nicht entspannt zum Liegen.

Dieser vietnamesische Straßenhund bleibt angesichts der Fotografin zwar liegen, aber sein Gesicht drückt seine leichte Anspannung aus.

Leicht angespannt-aufmerksam
- Kopf aufliegend

Weitere Anzeichen für leichte Anspannung:
- Ohren im Ansatz angehoben
- Augen geöffnet
- Augenbrauen leicht angehoben
- Walauge
- Blick zielgerichtet

Chocolat liegt hier neben ihrer Halterin in halb aufgerichteter Position und beobachtet intensiv ihre Umgebung. Sie hat den Vorderkörper aufgerichtet und wirkt bereit, sofort aufzuspringen.

Angespannt-wachsam
- Becken gekippt
- auf den Ellenbogen liegend
- Vorderkörper halb aufgerichtet
- Hals hoch aufgerichtet
- Ohren im Ansatz aufgerichtet
- Blickrichtung nach vorne
- Mund geschlossen

Kontrollbedürfnis

Manche Hunde haben ein starkes Kontrollbedürfnis und können sehr vehement eingreifen, wenn ein anderer Hund oder manchmal ein Mensch sich ihnen oder ihrer Bezugsperson nähert oder ihnen zu dicht kommt. In einer solch angespannten Körperstellung, wie Chocolat sie eingenommen hat, ist es immer hilfreich, den Hund zu entspannen, seine Blickrichtung durch Ansprache oder Berührung zu ändern und ihm damit die Möglichkeit zu geben, aus dieser Körperposition und dem Kontrollieren wieder herauszufinden.

Liegepositionen bei körperlicher Einschränkung und Schmerzen

Wenn ein Hund seine gewohnte Haltung in der Liegeposition verändert, könnte dies ein Hinweis auf ein Schmerzgeschehen oder eine Erkrankung sein.

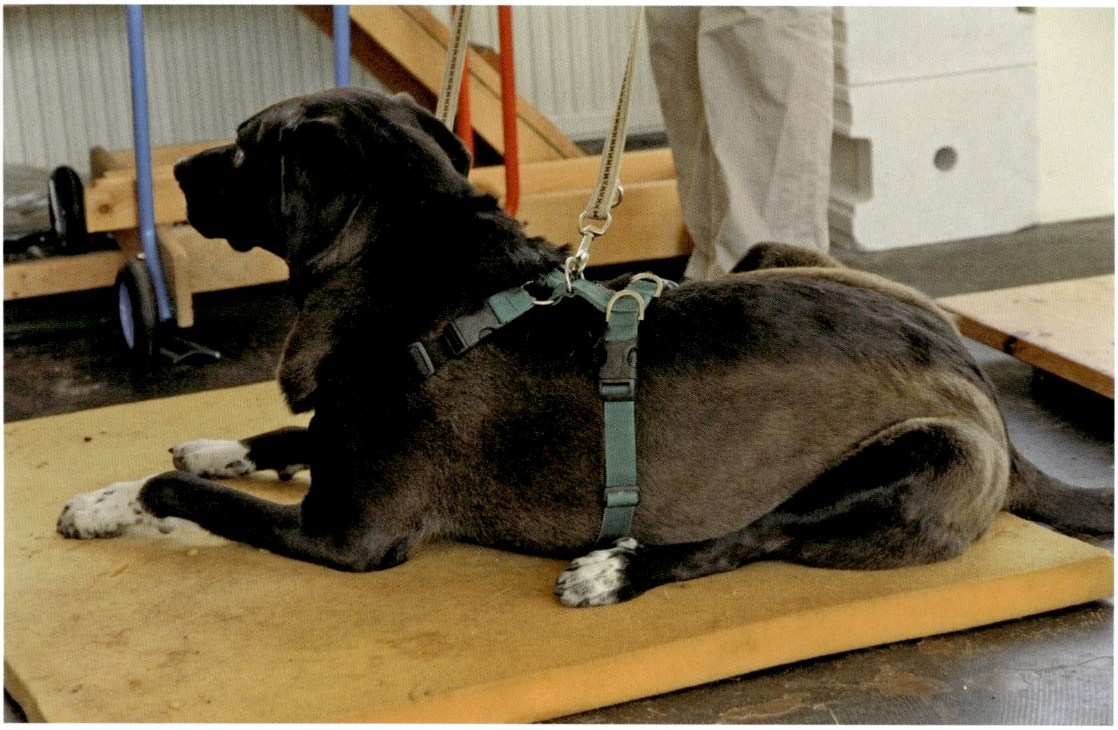

Bonnie hat es sich hier für eine Pause auf einer Schaumstoffunterlage, die eigentlich zum Balancetraining dient, bequem gemacht. Er erlitt als Welpe eine Fraktur des Oberschenkels, die operiert wurde. Er lebt heute mit einer Beinverkürzung und kann das linke Hinterbein nicht mehr unter dem Körper ablegen.

Hunde, die auf Grund anatomischer Besonderheiten (Fehlstellungen) oder altersbedingt Probleme beim Liegen haben, sind sehr dankbar für eine weiche Auflage, die sich dem Körper anpasst und hilft, Druckstellen zu vermeiden. Mittlerweile gibt es gute orthopädische Matratzen im Fachhandel.

Liegeposition nach einer Oberschenkelschaft-Fraktur links mit Beinverkürzung

- linkes Hinterbein nach außen gedreht
- Ellenbogen punktuell belastet
- Vorderbeine nicht ganz aufliegend

Eine Pankreatitis kann starke Schmerzen verursachen, die bis in den Rücken hinein ausstrahlen. Bei Quivive fehlten die typischen Symptome wie Erbrechen und Durchfall und auch ihre pankreasspezifischen Laborwerte blieben lange im Referenzbereich. Deswegen wurde sie wegen der stark druckempfindlichen Wirbelsäule zuerst einmal in diesem Bereich behandelt. Zum Zeitpunkt der Aufnahme litt sie unter starken Schmerzen.

Angespannte Liegeposition mit angezogenen Hinterbeinen bei Schmerzen wegen einer Bauchspeicheldrüsenentzündung (Pankreatitis)

- Rücken und Nacken stark gerundet
- Kopf nicht abliegend
- Hinterbeine an den Körper herangezogen
- rechter Ellenbogen abgespreizt
- Vorderbein nicht aufliegend
- Vorderpfote aufgestellt

Tiber hat im Alter eine Spondylose (degenerative Erkrankung der Wirbelsäule beim Hund, hier Bildung von Knochenspangen an den Wirbelkörpern) entwickelt.
Links: Er begann, in akuten Schmerzschüben nur noch diese Liegeposition einzunehmen (Sphinx-Stellung), um dem Schmerz auszuweichen.
Rechts: Als es ihm etwas besser ging, konnte er sich wieder seitlich ablegen, allerdings fehlte ihm die Kraft, sich über die Schulter ganz auf die Seite zu legen.

Manche Hunde haben recht eigentümliche Liege- und Sitzpositionen, wie hier Podenco-Mix Sandy. Laut ihrer Halterin sitzt und liegt sie sehr oft so. Das Brustgeschirr ist zu groß und bis auf die Schultergelenke herabgerutscht.

Sollte Ihnen eine solche Liegeposition Ihres Hundes, mit recht viel Spannung im Körper, seltsam vorkommen, könnte er sich vielleicht nicht wohlfühlen. Vielen windhundartigen Hunden ist es zum Beispiel manchmal etwas zu kühl, auch wenn wir die Temperaturen als warm empfinden. Dann kann es vielleicht helfen, den Hund zuzudecken oder ihm eine wärmere Liegedecke anzubieten. Manche Hunde mögen auch keine harten Untergründe. Wichtig ist nur, es im Blick zu haben, um abklären zu können, ob sich der Hund tatsächlich wohlfühlt.

!!!

Brustgeschirre für Hunde sind wie Sättel für Pferde, sie müssen auf den individuellen Hund passen, am besten sogar auf ihn zugeschnitten sein. Die Passform und die Möglichkeiten des Geschirrs ist entscheidend, um den Hund an der Leine zu lenken und zu leiten, ohne die eigene und die Gesundheit des Hundes zu riskieren.

Das Gehirn und die Hormone beim Hundeverhalten

von Dipl. Biologin und Tellington TTouch® Instruktorin Karin-Petra Freiling

Die Homöostase oder auch Balance der physiologischen Körperfunktionen spielt im gesamten Hundekörper eine große und wichtige Rolle. Der Stress, dem auch Hunde im heutigen Leben in einer Familie ausgesetzt sind, kann zur Erschöpfung und in der Folge zur Erkrankung führen.
Bei Stress übernimmt im Gehirn das limbische System die Führung. Das Großhirn (und damit die Fähigkeit, zu denken und Situationen angemessen einzuschätzen) ist sozusagen „abgeschaltet“. Die Leber erbringt Hochleistung, um den Körper mit allem zu versorgen, was für eine Flucht oder einen Angriff notwendig ist.
Cortisol und Adrenalin werden ausgeschüttet. Adrenalin wird sofort in den Blutkreislauf abgegeben. Es braucht circa sechs Stunden, bis das Cortisol seinen höchsten Stand erreicht hat und es kann bis zu sechs Tagen dauern, bis es wieder abgebaut ist. In dieser Zeit „brodelt“ es im Hund und es ist wichtig, ihn nach einem stressigen Erlebnis zum Beispiel mit der Tellington TTouch® Methode effektiv zu entspannen.
Auch eine hochwertige Fütterung mit den Substanzen, die bei einer anstrengenden Stresssituation verbraucht wurden, ist sinnvoll. Glucose in Form von Früchten und hochwertigen Kohlenhydraten sind Balsam für die Leber und den Körper.
Stress können Sie sofort am Körper Ihres Hundes ablesen, dies haben die beiden Autorinnen auf vielfältige Weise in diesem Buch dargestellt. All die feinen Anzeichen, die hier einzigartig in allen ihren Abstufungen dargestellt sind, können Sie als Startpunkt sehen, um Ihrem Hund zu helfen, wieder zur Entspannung und Balance zu kommen.
Die Tellington-Methode ist in allen ihren Facetten sehr gut geeignet, den Körper ihres Hundes wieder in Balance zu bringen. Die sanften Berührungen (Tellington TTouches®) sorgen beispielsweise für die Ausschüttung von Oxytocin.
Dieser Botenstoff ist als Vertrauenshormon bekannt für seine wichtige Rolle während und nach der Geburt, um die Bindung zwischen Mutter und Kind zu stärken.

Nachlassende emotionale Anspannung durch Tellington TTouch®

Sich in bestimmten Situationen oder fremder Umgebung entspannt hinzulegen, fällt vielen Hunden schwer. Oft haben sie die Beine unter dem Körper und liegen nicht gekippt auf einer Körperseite. Oder sie liegen mit dem Oberkörper aufgerichtet und können Schultern und Nacken nicht entspannen, um den Kopf abzulegen.
Wir haben die Erfahrung gemacht, dass die Anwendung der Tellington TTouch® Methode diese Hunde sehr darin unterstützen kann, in solchen Situationen entspannter und gelassener zu sein.

Nala ist mit ihrer Halterin in dem ersten Ausbildungskurs HUNDGESTÜTZT (Berlin), in dem auch die Tellington TTouch® Methode gelehrt wird. Zu Beginn des Kurses ist sie noch sehr angespannt im Zusammensein mit den anderen Hunden. Sie wird hier von ihrer Halterin schon im Bereich der Vorderbeine gettoucht. Nala gehört zu den Hunden, deren hohe Grundanspannung der Muskulatur beispielsweise ein vollständiges Ablegen der Extremitäten verhindern kann.

Hohe Anspannung

- Kopf angehoben und nach vorne orientiert
- Kopfdecke in Falten gelegt
- Ohren im Ansatz aufgerichtet und seitlich gehalten
- Blick zielgerichtet
- Augenbrauen angehoben und zusammengezogen
- Mund geschlossen
- Vorderbeine liegen nicht vollständig auf

Leichte Entspannung

- Kopf leicht abgesenkt
- Kopfdecke in Falten gelegt
- Ohren im Ansatz aufgerichtet und seitlich gehalten
- Blick abgewendet und nach unten gerichtet
- Mund geschlossen
- Vorderbeine liegen nicht vollständig auf
- Körperschwerpunkt nach vorne verlagert

Bei Nala haben sich unter dem Einfluss des Ohren-TTouch zwei Dinge deutlich verändert: sie kann den Kopf absenken und ihr Blick ist nicht mehr zielgerichtet, sie kann nach unten schauen.

Nala kann unter den weiteren TTouches, die am Kopf und im Schulter-Nackenbereich ausgeführt werden, zunehmend entspannen.

Weitere Entspannung

- Kopf auf dem Boden aufliegend
- Nacken noch leicht hoch gehalten
- Kopfdecke glatter
- Nur noch leichte Faltenbildung
- Ohren mehr hängend
- Blick unverändert
- Mund geschlossen
- linkes Vorderbein liegt nicht vollständig auf

Nala kann weiter entspannen und sogar die Augen schließen.
Nalas Halterin führt hier den Ohren-TTouch aus. Man kann sehr schön sehen, wie sich mit Hilfe der TTouches die Nackenmuskulatur soweit entspannt, dass sie den Kopf zwischen den Vorderbeinen ablegen kann.

Große Entspannung

- Kopf aufliegend
- Nacken abgesenkt
- Kopfdecke deutlich glatter
- Ohransatz nicht mehr aufgerichtet
- Augen geschlossen
- Stellung der Vorderbeine unverändert

Nala gehört zu den Hunden, die auf Grund der Hautbeschaffenheit bei geringer Anspannung sehr schnell eine starke Faltenbildung des Gesichtes und der Kopfdecke zeigen. Das kann schnell zu Fehlinterpretationen führen und ist zu beachten.

Nala wird in einem Kindergarten eingesetzt. Als ihre Halterin die Ausbildung begann, fiel Nala durch ihre Temperamentsausbrüche auf. Beim Abschluss ihrer Ausbildung hatte sich die Hündin zu einem sehr gelassenen und souveränen Hund gewandelt, die auch schwierigen Situationen ruhig gegenübertrat.

Quivive wird von Linda Tellington-Jones persönlich gettoucht

Ohne dass an einer Extremität tatsächlich eine Erkrankung besteht, kann eine ständige Muskelverspannung zu körperlicher Einschränkung und zu Fehlbelastung mit Schmerzen führen. Dadurch verändert sich bei den betroffenen Hunden nicht nur die körperliche, sondern auch die emotionale Situation. Die Tellington TTouch® Methode lässt sich hier sehr gut begleitend zur tierärztlichen und naturheilkundlichen Behandlung und zur Physiotherapie einsetzen.

Quivive liegt nach der TTouch-Session tief entspannt und mit fast geschlossenen Augen auf dem Tisch.

Das ging voraus:
Quivive hat oft Schwierigkeiten, ihre linke Hinterhand zu entspannen. Sie kann das hochgehaltene Hinterbein bis zu einer gewissen Höhe absenken, dann „reißt" sie es wieder nach oben. Besonders, wenn sie in Situationen ist, in denen sie sich unsicher fühlt, fällt es ihr schwer, die Muskelspannung ganz loszulassen.

Zu Beginn der TTouch-Session hält sie ihr Hinterbein noch sehr angespannt hoch (Foto unten).

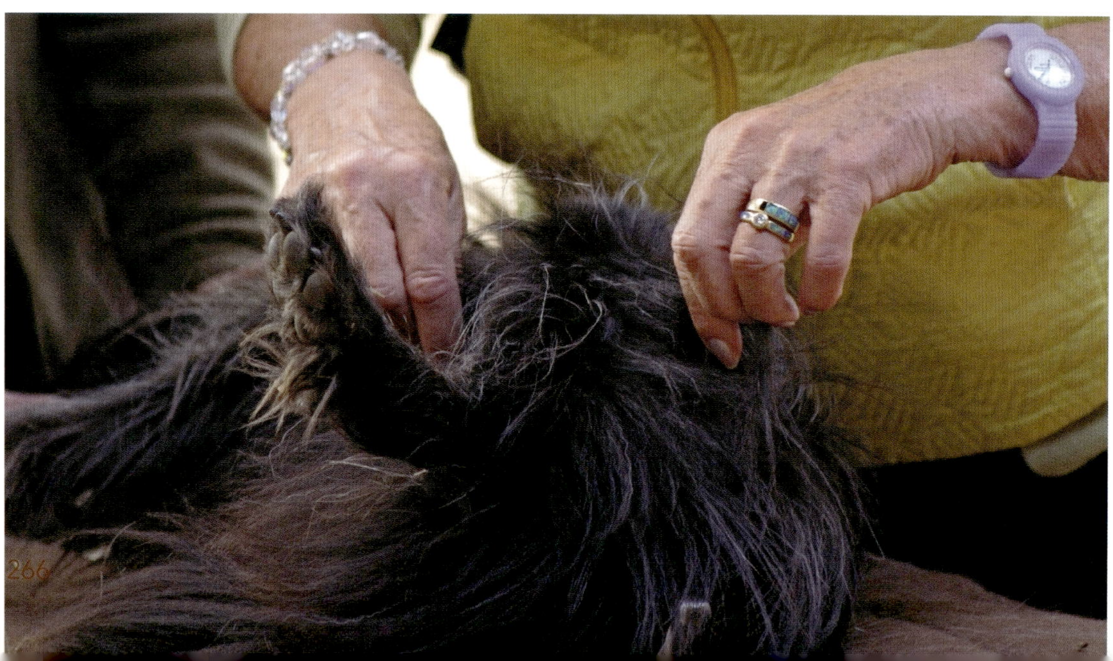

Während Linda sie ttoucht, lässt die Muskelspannung des Hinterbeins nach. Sie kann ihr Bein in Lindas Hand legen. Linda führt ihr Bein während des TTouchens sanft auf die Unterlage. Hier bleibt es sehr entspannt auf der Unterlage liegen.

Die Rute

Anatomisch gesehen ist die Rute eine knöcherne Fortsetzung der Wirbelsäule.
Es gibt sehr unterschiedliche Rutenformen wie hängende Ruten (z. B. Golden Retriever, Deutscher Schäferhund), aufgerichtete (z. B. Dalmatiner) und gerollte Ruten (z. B. Mops, Entlebucher, Spitze) oder angeborene Stummelruten (z. B. Welsh Corgi Pembroke, Australian Shepherd, Bulldogge), die bei Rassehunden durch die Zucht beeinflusst sind.

Verschiedene Rutenformen

Bei vielen Rassen und Mischlingshunden ist im entspannten Zustand eine hängende Rute mit mehr oder weniger gebogener Rutenspitze (Haken) zu sehen.
Bei Anspannung kann sich die Rutenhaltung deutlich verändern.

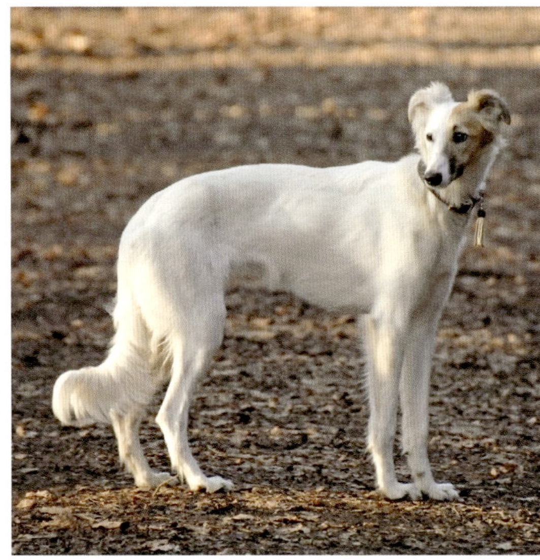

Oben: Säbelförmige, aufgerichtete Ruten sind häufig anzutreffen.
Mitte: Bei manchen Rassen sind die Ruten sehr kurz (Mops) und werden stark eingerollt über dem Rücken liegend getragen (zum Beispiel Pomeranian).

Bei manchen Rassen kommen kurze Ruten (links, Foxterrier) oder angeborene Stummelruten in unterschiedlicher Länge (rechts Mini-Australian Shepherd) vor

Ruten und Balance

Ruten übernehmen eine wichtige Funktion beim Ausbalancieren des Körpers.
Leider wurden nach den Vorstellungen von Züchtern in vielen Rassen die Ruten kupiert.

Auch Hunde ohne Bewegungseinschränkungen balancieren sich über die Rute aus wie hier Quivive beim Überqueren einer gefrorenen Pfütze.

Luke kann in Folge einer Oberschenkel-Schaftfraktur mit Nervenschädigung sein rechtes Hinterbein nicht mehr benutzen.

Vielen Züchtern und Haltern war in der Vergangenheit auch nicht bewusst, wie stark sie durch das Kupieren neben der Balance auch die Kommunikationsfähigkeit von Hunden einschränkten.
Bei vielen Jagdgebrauchshunderassen wird leider immer noch die Rute kupiert.

Dieser Yorkshire Terrier balanciert sich während der Kontaktaufnahme mit Ella auf einem Baumstamm aus.

In dieser Bildfolge ist sehr schön zu sehen, wie er seine Rute zum Ausbalancieren nach der rechten Seite einsetzt (die Fotos wurden innerhalb einer Sekunde in Reihenschaltung angefertigt). Was würde ein Hund wie Luke ohne seine Rute machen?

Die Rute – Ausdruck der Emotionen

An der Rutenhaltung und an der Bewegung der Rute ist unter der Berücksichtigung der übrigen Körpersprache (Körperhaltung und Gesichtsmimik) und der Situation zu erkennen, in welcher emotionalen Stimmung ein Hund sich gerade befindet. Dass ein Hund wedelt, bedeutet nicht, dass er grundsätzlich freundlich gestimmt ist, sondern erst einmal, dass er aufgeregt ist.
Die Höhe der Rutenhaltung, in welcher Geschwindigkeit (Frequenz) sie bewegt wird und wie weit sie zur Seite ausschlägt (Amplitude), geben weitere Informationen darüber, ob er dabei freundlich, ängstlich oder eher aggressiv gestimmt ist. Auch die Rasse und das Wesen eines Hundes sowie Einschränkungen in der Beweglichkeit können mit entscheidend sein für die Art und Weise, wie die Rute bewegt wird.
Bewegt ein Hund seine Rute von oben nach unten, gibt es womöglich eine Verspannung oder sogar Anomalie seines Körperbaus zu entdecken.

Stimmungsbarometer Rute

- *Bei wenig Anspannung sind die Rutenbewegungen langsamer und sanft schwingend mit weiter Amplitude. Die Ruten werden meistens in Rückenhöhe, wenig höher oder tiefer gehalten.*
- *Bei vermehrter und sehr hoher Anspannung sind die Rutenbewegungen schneller mit kürzerer Amplitude. Die Ruten werden meistens höher aufgerichtet gehalten. Oft findet kaum noch Bewegung statt. Bei sehr hoher Anspannung in der Konfrontation sieht man meistens sehr steife, hoch aufgerichtete Ruten ohne Bewegung. Manchmal werden nur noch die Rutenspitzen sehr schnell bewegt.*
- *Bei Freude werden die Ruten meist hochgehalten mit viel Bewegung. Manchmal werden sie sogar fast kreisend bewegt. Sie können aber auch sehr tief gehalten werden mit schneller Bewegung. Ähnliche Rutenhaltungen sieht man auch bei Unsicherheit.*

Die Aufmerksamkeit ist gleichgerichtet – die Rutenhaltungen sind sehr unterschiedlich.

Die Rute in unterschiedlichen emotionalen Situationen

Nicht nur wegen der unterschiedlichen anatomischen Gegebenheiten, sondern auch individuell tragen und bewegen Hunde ihre Ruten in verschiedenen Situationen auf unterschiedliche Art. Dabei kommt es auf das Wesen des Hundes an, ob die Ruten eher souverän, provozierend oder eher unsicher getragen werden.

Ranis Körperposition bleibt unverändert, als sie mit dem braunen Rüden Kontakt aufnimmt. Sie bedrängt den Rüden nicht. Ihre unentwegt sanft schwingende Rute signalisiert ihre freundliche Absicht.

Entspannte Rute: freundlich-interessierte Kontaktaufnahme

Rani (Golden Retriever, rechts):

- Rute in Rückenhöhe und schwingend in Bewegung
- Hals aufgerichtet
- Ohren seitlich und locker hängend
- Schwerpunkt neutral

Rani schaut über den Dackel hinweg. Ihre Haare über dem Rücken sind aufgerichtet. Sie ist etwas angespannt, möchte aber neutral bleiben.

Angespannte Rute: distanziert
Golden Retriever-Hündin Rani:

- Rute hoch aufgerichtet
- Bewegung nur im oberen Drittel

Sehr angespannte Ruten: in der Konfrontation
Brauner Rüde (links):

- Rute hoch aufgerichtet und über dem Rücken geringelt
- Rute ohne Bewegung

Dieser Rüde zeigt mit seiner Körperhaltung und dem direkten Blickkontakt ein sehr offensives Verhalten und will provozieren.
Die Halterin des rechten Rüden hat sich mit ihrem Hund zurückgezogen, um eine Eskalation zu vermeiden.

Rani hat Enten gesehen oder gewittert. Die Steilstellung ihrer Rute zeigt ihre starke Erregung an.

Sehr angespannte Rute: jagdlich erregt

- senkrecht aufgerichtete Rute, ohne Bewegung

Weitere Anzeichen von Anspannung:

- Ohren nach vorne gerichtet
- Nasenlöcher stark geweitet

Diese Hündin lebt in einer Tierherberge und erwartet mit anderen Hunden freudig die Ankunft der Tierpflegerinnen. Während unseres ganzen Aufenthaltes in der Tierherberge machte sie einen gelassenen und souveränen Eindruck. Sie ließ sich nicht von den manchmal heftigen Aktionen der anderen Hunde beeinflussen.

Entspannt am Zaun

- Rute hängend
- Schwerpunkt über dem Körper
- Nacken und Kopf angehoben
- Ohren locker zur Seite getragen

Aufmerksam am Zaun

- Rute in Rückenhöhe und in Bewegung
- Schwerpunkt leicht nach vorne verlagert
- Nacken und Kopf angehoben
- Ohren locker zur Seite getragen

In der Annäherung an uns zeigt sie eine tiefer getragene bewegte Rute und macht sich dabei klein. Sie verhält sich als ehemalige Straßenhündin unbekannten Menschen gegenüber vorsichtig in der Annäherung. Später fasste sie mehr Zutrauen in unsere Anwesenheit und suchte Kontakt.

Vorsichtig in der Annäherung

- Rute tief gehalten und in Bewegung
- geduckte Körperhaltung
- Hals in Rückenhöhe
- Kopf vorgereckt
- Ohren nach hinten gehalten
- Haare im Schulterbereich aufgestellt

Rutenhaltung in Bewegung (Frequenz und Amplitude)

Weder die Höhe der Rute noch die Geschwindigkeit, mit der die Rute bewegt wird, lassen eine Interpretation der emotionalen Lage zu, es muss immer die Gesamtsituation mit berücksichtigt werden.

Dieser Hund wartet freudig auf seine nächste Aufgabe. Gerade hat er eine schöne Hocke gemacht. Er ist sehr begeistert von dem Tricktraining.

Hohes Wedeln in freudiger Erwartung

- hohe Rutenhaltung mit schnellen Bewegungen

Anzeichen für Anspannung:

- Hals hoch aufgerichtet
- Ohren im Ansatz aufgerichtet und nach hinten gehalten
- Augen leicht gerundet
- direkter Blickkontakt

Große Freude bei Arwen, wenn ihr bekannte Kinder zu Besuch kommen. Das ist ein sehr charakteristisches Verhalten von ihr und gehört zu den Zugehörigkeitsgesten.

Tiefes Wedeln bei Freude

- tief gehaltene Rute mit viel Bewegung und weiter Amplitude

Anzeichen für Anspannung:

- gerundeter Rücken
- Kleinmachen

Ranis Rute wird tief gehalten und nur im Bereich der Rutenspitze mit hoher Frequenz bewegt. Unter Einbeziehung der Körper- und Ohrenhaltung drücken sich hier Vorsicht und Zurückhaltung gepaart mit Neugierde aus.

Tiefes Wedeln bei vorsichtiger Neugierde

- Rute tief am Körper gehalten mit starker Bewegung

Weitere Anzeichen von Anspannung:

- Mund geschlossen
- Ohren flach am Kopf
- Schwerpunkt etwas nach hinten verlagert
- direkter Blickkontakt

Diese Hündin soll in einer Übung zwischen den Beinen des Halters hindurchlaufen und ist im Zwiespalt wegen der tief über sie gebeugten Haltung des Menschen. Sie möchte aber auch gerne an das Leckerchen. Letztendlich traut sie sich nicht zu, zwischen den Beinen durchzulaufen und zieht sich erst einmal zurück.

Tiefes Wedeln bei Unsicherheit, gepaart mit Erwartungshaltung.

- Rute tief gehalten und in Bewegung

Weitere Anzeichen von Anspannung:

- Rücken stark gerundet
- Körperschwerpunkt nach hinten verlagert

Tipp:
Man kann diesen Hunden diese Übung vereinfachen, indem man die Leckerchen fallen lässt und sich dadurch nicht so tief über den Hund beugen muss.

Dieser Sloughiwelpe sieht gerade ihm unbekannte Menschen und reagiert etwas unsicher. Auf der Bilderfolge ist das rasche ausgreifende Wedeln des Welpen von der einen Seite zur anderen Seite gut zu sehen. Grundsätzlich ist er aber Menschen zugetan. Der Welpe ist altersgemäß auch neugierig, doch auf diesen Bildern gewinnt die Unsicherheit. Später sucht er dann den Kontakt zu den fremden Menschen

Tiefes Wedeln, weit ausgreifend, bei vorsichtiger Kontaktaufnahme, gepaart mit Neugierde

- Rute etwas unter Rückenhöhe gehalten
- ausgreifendes seitliches Wedeln
- Ohren nach hinten gehalten
- Körperschwerpunkt nach hinten verlagert
- Mund geschlossen
- Augen etwas gerundet
- linke Vorderpfote angehoben

Wedeln nur mit der Rutenspitze
Dieser Huskymix aus Tunesien sieht etwas, was seine Aufmerksamkeit erregt. Körper und Kopf sind aufgerichtet. Seine Rute ist hoch gehalten, nur die Rutenspitze ist in Bewegung.

Auch sehr kurze Stummelruten zeigen Beweglichkeit, die aber von anderen Hunden oft nicht so gut wahrgenommen wird. Trotz des sehr kurzen Rutenstummels ist Bewegung zur Seite möglich.

Englische Bulldoggen, nach unten gehaltene (links) und aufgerichtete Stummelrute (rechts).

Der Grund seiner erhöhten Aufmerksamkeit ist eine Familie von Wildhunden, deren Welpen ihn lautstark angehen.

Asymmetrische Rutenbewegung

Tamika liebt Kinder. Auf diesen beiden Fotos ist gut zu sehen, dass sie einiges stärker nach rechts wedelt, genau wie in der Studie (siehe rechts) beschrieben.

Rani sieht in einiger Entfernung einen unbekannten Dackel. Ihre erste Reakion ist es, stehen zu bleiben. Sie hält ihre Rute recht hoch und fast unbeweglich mehr zur linken Seite ausgerichtet.

Gehirn und Wedeln

In einer Studie von 2007 wurde erforscht, dass Hunde mehr nach links wedeln, wenn sie einen unbekannten Hund sehen und mehr nach rechts, wenn sie eine geliebte Person sehen. Das soll mit der Aktivierung der rechten Gehirnhälfte beim Wedeln nach links und mit der Aktivierung der linken Gehirnhälfte beim Wedeln nach rechts zusammenhängen. Allerdings kann man solche Überlegungen nur anstellen, wenn die Rute in beide Richtungen gleichermaßen beweglich ist.

(Quellen: Asymmetric tail-wagging responses by dogs to different emotive stimuli Quaranta A, Siniscalchi M, Vallortigara G., 20.03.2007, Seeing Left- or Right-Asymmetric Tail Wagging Produces Different Emotional Responses in Dogs Marcello Siniscalchi, Rita Lusito, Giorgio Vallortigara, Angelo Quaranta, Published Online: October 31, 2013)

Der Dackel stoppt seine Annäherung und beginnt, am Wegrand zu schnüffeln.

Rani senkt die Rute ab und beginnt zu wedeln, mit deutlicher Amplitude nach links.

Weitere Beispiele zur Rutenhaltung in der Kommunikation

Die Rute vermittelt unter Berücksichtigung der gesamten Körperhaltung, wie kommunikationsbereit ein Hund gerade ist und wie diese Begegnung ablaufen könnte.
Hoch getragene Ruten zeugen von einer gewissen Anspannung, die Frequenz und Amplitude der Bewegung ist individuell und situationsbedingt sehr unterschiedlich.
Ein sanftes Wedeln mit tiefer gehaltenen Ruten deutet eher auf eine eigentlich freundliche Stimmung hin und wird oft benutzt bei Interesse, in der höflichen Annäherung an andere Hunde und auch an Menschen, denen der Hund zugetan ist. Dieses tiefe Wedeln mit höherer Frequenz in der Bewegung wird auch in der vorsichtigen Annäherung gezeigt oder in Verbindung mit der Spielposition, wenn einer der Hunde noch zögert – sich nicht zutraut, auf ein Spiel einzugehen *(siehe auch Kapitel Vorderkörpertiefstellung, Seite 485 ff.)*. Geklemmt getragene Ruten werden bei aufkommender Unsicherheit bis zu großer Angst hin gezeigt.

Das Familienoberhaupt dieser Sloughi-Zuchtfamilie (die Sloughi Hündin mittig stehend) ist von einem Ausflug zurückgekehrt und lässt sich von den Mitgliedern ihrer Familie begrüßen.
Auch der weiße Herdenschutzhund-Mischling begrüßt die Althündin und bezeugt sein Zugehörigkeitsgefühl (Junghund-Avancen).

Sanftes Wedeln der Rute in Rückenhöhe bei respektvoller Begrüßung
Weißer Hund:

- Rute in Rückenhöhe gehalten und schwingend
- fast geschlossene Augen (Blinzeln)
- Ohren nach hinten gehalten
- Lecken des Mundwinkels
- Körperschwerpunkt nach hinten verlagert
- Pföteln

Der braune Rüde ist an Rani interessiert. Sie möchte gerne auch Kontakt aufnehmen, hat aber etwas Respekt. Um Rani zu ermutigen, wendet er den Kopf von ihr ab und unterbricht den Blickkontakt. Sein Kopf bleibt in der etwas gesenkten Stellung, seine Rutenspitze ist in Bewegung. Sie kommt mit tiefer, schwingender Rute näher.

Tief gehaltene Rute und weit schwingend bei vorsichtiger Kontaktaufnahme

Rani (links stehend):

- Rute unter Rückenhöhe gehalten und in Bewegung

Weitere Anzeichen von Anspannung:

- Kopf tief gehalten
- Rücken leicht gerundet
- geduckte Körperhaltung

Diese drei Hunde nehmen direkten Kontakt zueinander auf. Die leichte Anspannung ist aus dem gegenseitigen Interesse entstanden.

Wenig Bewegung der Ruten bei neutraler Kontaktaufnahme

Beschreibung der Hunde:

- Rückenlinien gerade bis leicht durchhängend
- Köpfe in Rückenhöhe gehalten
- Ohren (Rhodesian Ridgeback) im Ansatz aufgerichtet und zur Seite gehalten

Dieser Wildhund in den UAE (United Arabian Emirates) nähert sich einem der Bauarbeiter, die täglich in der Nähe des „Wohnortes" des Rudels arbeiten. Manchmal werfen sie den Hunden Essensabfälle hin, aber oft sind sie auch nicht sehr nett.

Tiefgehaltene Rute im Zwiespalt

- Rute etwas tiefer als Rückenhöhe gehalten und ausgreifend in Bewegung
- tiefe Hals- und Kopfhaltung
- Ohren flach am Kopf
- lange Mundspalte
- Rücken gerundet
- geduckte Körperhaltung

Tristan hat als Welpe auf Katjas Hundeplatz eine Begegnung mit den Enten. Er ist neugierig, aber auch skeptisch. Er nähert sich den Enten nicht, weicht aber auch nicht zurück. Seine Rute ist hoch aufgerichtet und nur in der Rutenspitze in Bewegung.

Rani bewahrt dem freudig heranstürmenden Junghund gegenüber Contenance. Ihre Körpersprache drückt trotzdem deutlich aus, dass sie sein Heranstürmen als unhöflich empfindet *(siehe auch Teil 2, Kapitel Verlangsamen, Seite 412).*

Hoch aufgerichtete Rute ohne Bewegung wegen zu stürmischer Annäherung

Rani (rechts stehend):

- hohe Rutenhaltung mit wenig Bewegung
- Hals aufgerichtet
- Ohren flach zurückgenommen

Die Enten sind es gewohnt, Hunden zu begegnen und sind ihrerseits auch neugierig. Die Mutter der Enten, zu erkennen an dem roten Bereich im Gesicht, versucht Tristan etwas auf Distanz zu halten, um ihre Küken zu schützen.

Diese drei Hunde begegnen sich am See. Sie haben Interesse aneinander, aber wer wie forsch an die anderen rangeht, ist auch an den unterschiedlichen Körper- und Rutenhaltungen gut zu sehen.
Der Rhodesian Ridgeback (linkes Foto, rechts stehend), der im Erstkontakt mit dem schwarzen Hund die Rute steil aufrichtet, zeigt sich am ehestens distanziert.
Der hellbraune Hund (rechtes Foto, links stehend) hat die Rute fast senkrecht gestellt. Sie wirkt sehr steif, mit wenig Bewegung. Das Haar im Schulterbereich ist aufgerichtet und sein Schwerpunkt ist nach vorne verlagert. Er ist aufgeregt und sein Interesse gilt dem schwarzen Hund.
Der schwarze Hund (unteres Foto) zeigt eine mäßige Aufrichtung der Rute mit wenig Bewegung. Sein Schwerpunkt ist nach hinten verlagert, die Gelenke der Hinterhand sind stark gebeugt. Seine Mundspalte ist lang. Er ist etwas verunsichert durch die offensive Annäherung des hellbraunen Hundes.

Von neutral zu leicht angespannt

In dieser Begegnung wird die Rute zur Kommunikation benutzt.
Jack trägt seine Rute in Erstkontakten meist hoch aufgerichtet. Hier möchte er der etwas unsicheren Diana auch durch seine abgesenkte Rute bedeuten, dass er einen freundlichen Kontakt haben möchte.

Im Erstkontakt mit Diana hält Jack seine Rute etwas abgesenkt und in Bewegung. Hals und Kopf sind etwas abgesenkt, sein Körperschwerpunkt ist von Diana weg verlagert.

Nach erfolgreichem Erstkontakt mit Diana ist seine Rute wieder nach oben gerichtet, in der gewohnten Stellung. Er bedrängt nicht und hält etwas Distanz zu Diana, die mit zudringlichen Hunden manchmal etwas unsicher ist.

Beide Hunde werden an der Leine gehalten. Das macht eine Kontaktaufnahme nicht einfach, weil die Abstände zueinander von den Hundehaltern und nicht von den Hunden selbst bestimmt werden können. Angeleint zu sein schränkt die Bewegungsmöglichkeit und damit die Kommunikation ein.

Von neutral zu sehr unsicher zu selbstbewusster

In der folgenden Fotoreihe lassen sich die unterschiedlich wechselnden Stimmungen von Golden Retriever-Hündin Rani während der Begegnung mit einem fremden Hund an den Rutenstellungen ablesen.

Katjas Hundefamilie trifft auf einen großen braunen Rüden (links), der sich mit hoch erhobener Rute der Golden Retriever-Hündin Rani annähert. Der Rüde ist vorsichtig-interessiert. Rani ist sehr aufgeregt und trägt ihre Rute in Rückenhöhe und diese ist in Bewegung. Ihr Körperschwerpunkt ist leicht nach hinten verlagert, die Haare über dem Rücken sind aufgerichtet. Tamika, die helle, kleinere Hündin rechts, beobachtet das Geschehen sehr aufmerksam und mit hoch aufgerichteter Rute aus sicherer Entfernung.

Links: Ranis Rute ist bis unter den Bauch gezogen, als der Rüde direkten Kontakt mit ihr aufnimmt.
Rechts: Als sich die schwarze Taschka mit hoch erhobener Rute nähert, verändert sich Ranis Rutenstellung, sie richtet sie jetzt hoch auf. Ihre Haare bleiben aufgerichtet. Der Rüde hat sich etwas zurückgezogen, sein Körperschwerpunkt ist nun deutlich nach hinten verlagert. Er hält dabei den direkten Blickkontakt mit Rani. Seine Rute ist unverändert hoch aufgerichtet mit wenig Bewegung.

Geklemmt getragene Ruten

Hunde, die sich emotional sehr unwohl fühlen, tragen ihre Ruten oft dicht am Körper oder sogar geklemmt. Dabei werden die Ruten meist ohne Bewegung gehalten. Die Gründe dafür können unterschiedlicher Natur sein.

Stark geklemmte Rute bei Bedrängnis

Helge (links im Bild) trifft auf der Straße eine kleine Mopshündin, die ihn interessiert. Er trägt seine Rute sehr aufrecht, meist ist nur ein Teil des Rutenendes in Bewegung. Er bedrängt die kleine Hündin sehr. Die Mopshündin ist im Zwiespalt. Ihre Rute, die eigentlich eingerollt auf dem Rücken gehalten wird, ist entrollt und wird tief bis geklemmt getragen und ist fast bis unter den Bauch gezogen. Ihr Rücken ist gerundet, die Gelenke der Hinterhand sind stark gebeugt und sie macht sich klein. Sie lässt sich immer wieder auf Kontaktversuche ein, die sie auf Grund von Helges grobmotorischer Vorgehensweise aber zunehmend unsicher machen.

Von hängend getragener zu geklemmter Rute durch aufkommende Unsicherheit

Dieser Hovawart wird auf einer Ausstellung vorgeführt. Er fühlt sich im Vorführring nicht sehr wohl, das ist an der Ruten- und Körperhaltung zu erkennen. Sein Vorführer möchte ihn möglichst vorteilhaft zum Richter positionieren und hilft mit den Händen nach. Diese Manipulation, verbunden mit dem Darüberbeugen, scheint für den Hund zu viel. Er züngelt (Kreis) und seine Rute wandert zwischen die Hinterbeine.

Sein Mund ist jetzt geschlossen mit langer Mundspalte, die Augen sind sehr schmal, die Ohren sind leicht nach hinten gezogen. Seine Rute wird geklemmt zwischen den Hinterbeinen getragen. Er fühlt sich jetzt sichtlich nicht mehr wohl.

Sowohl Taschka (links) wie auch Arwen zeigen geklemmte Ruten bei körperlichem Unwohlsein mit Erbrechen.

Dieser Hund zeigt neben der Rutenhaltung weitere deutliche Anzeichen von Unsicherheit. An der gespannten Leine kann er der Situation nicht aus dem Weg gehen. Ehemalige Straßenhunde fühlen sich manchmal unsicher, auch wenn sie sehr gut behandelt werden.

Geklemmte Rute bei Unsicherheit

- Rute unter den Bauch gezogen

Weitere Zeichen für Anspannung:

- gerundete hintere Rückenlinie
- geduckte Körperhaltung
- Ohren flach nach hinten gezogen
- Züngeln

Das Fell

Die Beschaffenheit der Haare, wie fest oder wie weich sie sind, ob sie kurz und drahtig sind oder lang und lockig fallen, hängt sehr von den genetischen Eigenschaften ab, welche die Eltern weitergeben.
Wenn wir Informationen herauslesen wollen, schauen wir nach der Wuchsrichtung, nach der Beschaffenheit (Erkrankungen spiegeln sich häufig in einer veränderten Beschaffenheit des Fells wider), nach Farbveränderungen oder nach Veränderungen, die durch eine emotionale Situation entstehen können.
Es gibt zwei Fellmerkmale, von denen 2007 ein Team aus Wissenschaftlern die zugehörigen Gene entdeckt hat. Die Rede ist hier von der weißen Fellfarbe und dem Kamm, der sich entlang der Ridgeback-Rücken zeigt. Beide Merkmale gehen mit einem großen medizinischen Risiko einher. Weiße Hunde leiden bekannterweise häufig unter Gehörverlust und viele der Hunde, die einen Ridge tragen, leiden an einem Neuralrohrdefekt mit der Bezeichnung Dermoid Sinus. Es gibt noch weitere Farben, wie z.B. die Merlefarben, die in bestimmten Genkombinationen ebenfalls Krankheiten mit sich bringen können. Auch jedem Laien müsste damit klar sein, dass Fell und Fellfarbe durchaus mit der körperlichen Gesundheit der Hunde in Verbindung stehen. Damit schließt sich der Kreis zu den Emotionen, die unter anderem auch durch Schmerzen und körperliche Gebrechen beeinflusst werden.

Es gibt Hunde, deren Fellmenge im Gesicht es fast unmöglich macht, eine Information herauszulesen. Sie sind nicht nur für uns, sondern oftmals auch für andere Hunde schwer zu lesen.

Eine neue Frisur verschafft mehr Durchblick und ist auch für einen anderen Hund in ihrer Aussage klarer.

Wer den geraden Schnitt über den Augen nicht mag, kann mit einer Effilierschere das Pony über den Augen oder das Haar seitlich an den Wangen ausdünnen wie hier bei Tamika (links) und Curly.

Solche Frisuren wie auf dem Foto rechts sind für kleine, langhaarige Hunderassen sehr beliebt. Die Idee, den Hunden besseres Sehen zu ermöglichen, ist löblich. Aber die zu straff zusammengebundenen Haare können Kopfschmerzen oder zumindest ein angespanntes Gefühl der Kopfdecke erzeugen.

Oben: Ischka ungeschoren mit wenig Durchblick und schwierig zu lesen
Unten: Ischka geschoren

Fellpflege

Langes Fell braucht je nach Textur der Haare mehr Pflege als kurzes Fell. Gewöhnen Sie schon Ihren Welpen an das achtsame und respektvolle Bürsten seines Fells, auch wenn es im Augenblick noch nicht notwendig erscheint. Lassen Sie das Bürsten zu einer Wellnesshandlung werden. Im Alter, wenn Ihr Hund Einschränkungen in der Bewegung hat und sich selbst nicht mehr ausreichend pflegen kann, wird es notwendig werden, dass Sie ihn darin unterstützen. Langhaarige Hunde benötigen mehr Zeit für die Fellpflege. Verfilzungen zwischen Oberschenkel und Leiste oder zwischen Ellenbogen und Brustkorb können zu Schmerzen oder Bewegungseinschränkungen führen und damit auch zu verändertem Verhalten. Stöckchen, Kletten oder Dornen können sich im Fell verfangen und beim Laufen behindern oder die Körperhaltung und somit auch die Emotionen beeinflussen.

Die Piloerektion

Wenn wir an gesträubte Haare oder eine „Fellbürste“ denken, haben wir eher ein Bild im Kopf, wie Rani es in dem Foto unten zeigt – über den Rücken aufgestellte Haare. Viele Menschen verbinden damit entweder Unsicherheit oder sogar auch eine Aggression.

Das Aufstellen der Rückenhaare wird auch „Piloerektion“ genannt und kann mit der uns bekannten Gänsehaut verglichen werden. Die Entstehung ist auch beim Menschen noch nicht ganz geklärt, aber Gänsehaut hat viele unterschiedliche Ursachen wie Kälte oder positive/negative Erregung. Denken Sie an ein Musikstück, das Sie ungewöhnlich berührt, an eine Liebkosung oder an das Gefühl, dass sich Ihnen „die Nackenhaare aufstellen“, weil Ihnen etwas unheimlich ist, Sie sich heimlich beobachtet fühlen oder weil Sie sich über etwas sehr ärgern.

Sehr erregt – erschrocken
- Fell vom Nacken bis in die Rute aufgerichtet

Weitere Anzeichen für Anspannung:
- Rute über Rückenlinie getragen und in Bewegung
- Rückenlinie nach vorne abfallend
- starke Winkelungen der Gelenke
- geduckte Körperhaltung
- Ohren zurückgenommen
- Mund geöffnet mit „schiefem“ Grinsen
- Blickrichtung zum Objekt hin
- Abstoppen in der Vorwärtsbewegung

Das ging voraus:
Rani hat im Wald etwas Unheimliches entdeckt, das zuvor dort nicht war – ein Stapel von Hölzern und anderen Teilen, die wohl entsorgt wurden. Sie ist erschrocken über den plötzlichen Fund im Wald und entsprechend aufgeregt.

Zuerst einmal bedeutet es also nur, dass ein Hund von etwas erregt ist. Er kann sich dabei unsicher, ängstlich, ärgerlich, nervös fühlen oder aber sich freuen und völlig begeistert von einer Sache sein. Vielleicht haben Sie mit Ihrem Hund selbst schon eine solche Situation erlebt. In einer gut bekannten, gewohnten Umgebung taucht plötzlich etwas Neues auf, für manche Hunde reicht der Plastiksack der Müllabfuhr, für andere Hunde ändert sich durch Schneefall der gewohnte Anblick oder lässt zum Beispiel einen Baumstumpf anders erscheinen. Auch Langhaarhunde können, wenn sie geschoren sind, für einen Moment bei ihnen bekannten Hunden zur Irritation führen. Manchmal hilft es, den Hund besser zu verstehen, wenn man sich in gleiche Augenhöhe begibt und sich das Objekt aus dem Blickwinkel des Hundes anschaut.

Das folgte:
Rani hat sich deutlich abgeregt, ihr aufgestelltes Rückenhaar hat sich wieder fast geglättet und sie kann sich abwenden. Sie fühlt sich aber immer noch nicht ganz wohl mit der Situation.

- Rückenhaare weniger aufgerichtet

Noch Anzeichen für Anspannung:
- Körperhaltung geduckt
- Rute tief gehalten
- lange Mundspalte
- Ohren noch nach hinten gehalten

Erregt – begeistertes Spiel

Manche Hunde sind immer aufgeregt und zeigen aufgestellte Haare, wenn sie auf andere Hunde, zum Beispiel auf Spielpartner treffen.

Quivive und ihre Beagle-Mix Freundin Coco haben sich als Welpen kennengelernt und spielen immer sehr wild miteinander. Coco hat in ihrer Freude und Aufregung bei jeder Begegnung die Haare über den Rücken gestellt.

Erregt – Spiel mit zunehmender Unsicherheit

Rani spielt mit Spot, den sie sehr gut kennt und auch mag. Die beiden beginnen ein wildes Spiel, in dessen Verlauf Rani zunehmend unsicher wird. Die aufgestellten Haare zeigen einerseits ihre Aufregung – vielleicht auch Freude wegen der Spielmöglichkeit mit Spot. Mit zunehmender Wildheit mischt sich Unsicherheit mit ein.

Bei Golden Retriever-Hündin Rani zu sehen:

- Haare im Schulterbereich und um den Rutenansatz herum aufgestellt
- starke Beugung von Knie und Sprunggelenk
- abfallende Rückenlinie, im hinteren Bereich etwas gerundet
- Rute abgesenkt

Um Spot zu bremsen, macht Rani sich klein. Ihr Körper ist von Spot seitlich weggelehnt. Die aufgestellten Haare sind den ganzen Rücken entlang zu sehen.

Rani schnüffelt am Boden und versucht, Spot zu beschwichtigen.
Ihre Rückenlinie ist im hinteren Bereich stark gerundet, die Rute ist tief getragen. Es sieht so aus, als habe Spot eigentlich zu Rani hinspringen wollen, aber in letzter Sekunde ihre Bitte um eine Pause verstanden und sich im Sprung abgewendet. Bei Rani sind die Rückenhaare jetzt wieder anliegend.

Erregt – mit etwas mehr Unsicherheit – Rani gruselt sich ein bisschen

Rani trifft erstmalig auf Kissys Yorkshire-Familie mit sehr jungen Welpen. Die Welpen sind ihr zuerst nicht ganz geheuer, sie ist aber neugierig. Nach dem ersten Kontakt der „unheimlichen Art" beruhigt sich Rani, was an ihren Rückenhaaren zu sehen ist, die sich langsam wieder glatt legen und ihre Ohren sind nun nach vorne zu den Welpen hin ausgerichtet. Ihr Körperschwerpunkt wandert ein bisschen nach vorne. Ihre Kontaktaufnahme zu den kleinen, sehr forschen Welpen fällt rücksichtsvoll und dezent aus.

- Fell aufgestellt vom Kopfansatz bis zur Rute

Weitere Anzeichen von Anspannung:
- Rute in Höhe der Rückenlinie und Bewegung
- Gelenke der Beine durchgedrückt
- Hals aufgerichtet
- Anspannung der Gesichtshaut
- Körperschwerpunkt über den Pfoten

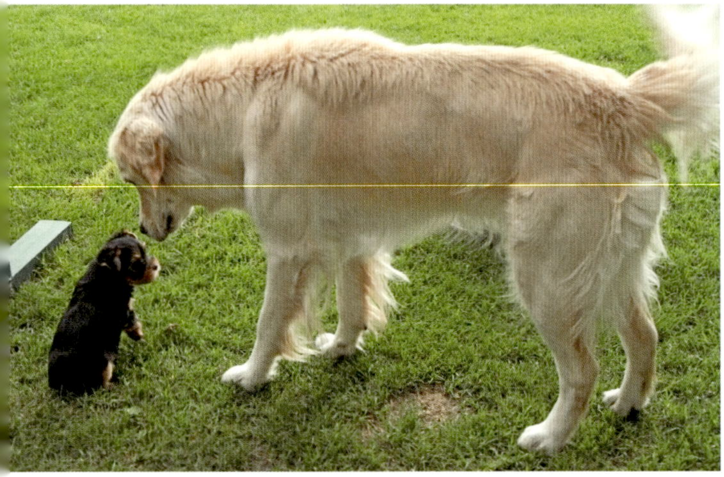

Rani wagt sich vorsichtig an den Welpen heran. Ihr Körperschwerpunkt ist dabei zurückgenommen, ihre Haare sind immer noch aufgestellt.

Nach der ersten Kontaktaufnahme glättet sich ihr Fell zunehmend. Sie hat nun erkannt, dass dieses kleine Wesen auch ein Hund ist ...

„Welpenschutz"

Welpen und sehr junge Hunde können auf manchen erwachsenen Hund irritierend wirken, vor allen Dingen, wenn bisher noch keine Erfahrung mit dieser Altersgruppe besteht. Nicht alle Hunde nähern sich Welpen so zurückhaltend wie Rani. Je nach Wesenslage, Alter, Schmerzzuständen oder körperlichen Gebrechen können solche Kontakte auch sehr heftig ausfallen und gefährlich für einen Welpen sein. Für sehr junge Welpen besteht, wenn überhaupt, der sogenannte „Welpenschutz" nur innerhalb der eigenen Familie, in der sie nach der Geburt aufgewachsen sind. Es gibt allerdings Mutterhündinnen, die ihren eigenen Welpen etwas antun würden. Man sollte sich daher auf keinen Fall darauf verlassen, dass „Welpenschutz" überhaupt existiert. Auch bei Menschen geht man allgemein davon aus, dass Kinder zumindest durch ihre eigene Familie Schutz erfahren. Wir wissen alle um die traurige Tatsache, dass dies nicht immer der Fall ist.

Erregt – ärgerlich

Rani ist eine sehr langmütige Hündin, es braucht lange, bis sie ihren Ärger so deutlich zeigt und offensiv nach vorne geht. Solche Fotos von ihr haben Seltenheitswert. Ihre Schwester Tamika muss sie schon sehr genervt haben. Ihr Ärger ist auch an Ohrenstellung, Blickrichtung und Faltenbildung im Gesicht gut zu erkennen. Rani zeigte ihre Zähne nur für den Bruchteil einer Sekunde.

- Fell von Kopfansatz bis zur Mitte der Rückenlinie aufgestellt
- Ohren nach vorne ausgerichtet
- fixierender Blickkontakt zu Tamika (im Vordergrund)
- Lefzen deutlich hochgezogen
- obere Schneidezähne bloßgelegt
- deutliche Faltenbildung um den Nasenschwamm
- Körperschwerpunkt nach vorne verlagert

Tamika hat verstanden und wendet sich ab. So ungehalten hat sie Rani wahrscheinlich selten erlebt. Ranis Gesicht entspannt sich sofort, sie stoppt ihre Vorwärtsbewegung. Lediglich ihre gesträubten Rückenhaare zeigen noch ihre Erregung.

Beachten Sie im Bild unten York, den hellen Retriever-Rüden im Hintergrund. Er ist unbeteiligt und schaut auf dem oberen Foto der Zurechtweisung zu. Dass es ihn nicht ungerührt lässt, zeigen seine flach nach hinten genommenen Ohren und der leicht festgehaltene Mund mit einem Ansatz von „schiefem Grinsen“. Auf dem unteren Foto, auf dem sich die Situation entspannt, blinzelt er – um sich selbst zu beruhigen oder um den beiden Hündinnen ein deutliches Signal zu setzen.

Hoch erregt

Die Stimmungslage eines Hundes lässt sich auch am Fell des Hundes erkennen, es gibt allerdings noch andere Gründe, warum wir aufgestellte Haare sehen können.

Quivive hat hier etwas gesehen oder gehört, was ihr wohl eine Gänsehaut beschert. Ihre langen Haare im Schulter- Nackenbereich sind deutlich aufgerichtet.

Diese tunesische Straßenhündin hat wahrscheinlich Welpen und ist entsprechend besorgt über das Auftauchen des fremden weißen Hundes. Ihre hoch getragene Rute, die nach vorne getragenen Ohren und die kurze Mundspalte signalisieren ihre Entschlossenheit, die Welpen zu schützen.

Besondere Gesichtshaare und ihre Bedeutung

Die Tasthaare (Vibrissen oder Sinushaare) befinden sich bei Hunden im Gesicht oberhalb der Augen im Augenbrauenbereich, an den Oberlippen unterhalb des Nasenschwamms, unter dem Kinn und hinter der Mundspalte. Sie sind stärker und starrer als die normalen Haare und können individuell sehr unterschiedlich in Länge, Anzahl und Stärke sein, sie sind meist schwarz oder weiß. Bei kurzhaarigen Hunden sind sie meist deutlicher zu sehen.

Auch unter dem Kinn sind Tasthaare vorhanden.

Bonnies Tasthaare sind zwar kaum sichtbar, aber die Austrittsstellen der Haarbälge, aus denen sie herauswachsen, sind deutlich zu sehen.

Die Tasthaare stellen sich bei Erregung auf, das kann zum Beispiel bei Angst, bei Wut oder einem Angriff, aber auch bei Schmerzen deutlich zu sehen sein. Damit stellen sie für Hunde in der Kommunikation eine weitere Informationsquelle über den gerade herrschenden Gemütszustand des Gegenübers dar.

Hier wird Golden Retriever-Hündin Rani (rechts) von einem Husky attackiert. Sie hat große Angst. Die Tasthaare unterhalb der Nase sind sowohl bei dem angreifenden wie auch dem attackierten Hund aufgestellt.

Die Tasthaare, die im Bereich der Augenbraue entspringen, stellen sich mit dem Zusammenziehen der Augenbrauen auf und können so zu einer eindeutiger zu lesenden Stimmungslage beitragen.

Neutrale Augenbrauenstellung (weiches Auge), Tasthaare etwas aufgerichtet

Augenbrauen zusammengezogen (Fixieren), Tasthaare nach vorne gerichtet

Neben den Tasthaaren wachsen an Ober- und Unterlippe noch weitere Haare, die sich in ihrer Struktur von der übrigen Behaarung unterscheiden. Auch sie stellen sich bei Erregung und Schmerzen auf.

Diese Haare sind etwas dicker und länger als die normale Gesichtsbehaarung im Mundbereich, aber deutlich kürzer und dünner als Tasthaare.

Wussten Sie, dass auch Hunde durch Stress ergrauen können?

Dass einem „graue Haare wachsen können vor lauter Stress", kann auch bei Tieren vorkommen.

Dieser Rottweiler-Rüde hatte eine ganz typische Fellfarbe und Zeichnung für diese Hunderasse. Umständehalber musste seine Halterin ihn für zwei Monate in fremde Hände geben. In der neuen Umgebung musste der Hund, der normalerweise in der Wohnung lebte, nach draußen an die Kette. Zurück kam der Hund, so wie er auf diesem Foto zu sehen ist, fast weiß im Gesicht und auch an großen Partien seines Körpers.

Schmerzgeschehen und Erkrankungen bei Hunden

Warum befindet sich in einem Buch über die Emotionen von Hunden ein Kapitel über Schmerzen und Erkrankungen? Weit über achtzig Prozent der verhaltensauffälligen Hunde haben Schmerzen oder leiden an einer chronischen Erkrankung. Hunde sind Meister darin, Schmerzgeschehen zu verstecken und kompensieren dies sehr lange über den Körper. Meist beobachten wir zuerst einmal eine Verhaltensänderung. Die Hunde wirken launisch bis aggressiv oder werden als faul und bequem angesehen, sie sind plötzlich berührungsscheu, entwickeln Geräuschempfindlichkeiten oder meiden Kontakte mit anderen Hunden und vieles mehr. Oft werden Kommunikationssignale wie Gähnen oder sich Kratzen gehäuft gezeigt.
Immer wieder betroffen sind der Rücken oder wenig sichtbare Veränderungen im Gangbild und in der Körperhaltung. Andere Erkrankungen zeigen sich in subtilen Änderungen zum Beispiel der Ohr- oder Rutenhaltung oder in verändertem Ausdrucksverhalten.

Natürlich können wir in diesem Rahmen nur einen ganz geringen Anteil von Erkrankungen darstellen. Wir möchten mit diesem Kapitel dazu beitragen, den Blick und die Wahrnehmung für solche Veränderungen zu schulen. Wenn wir erkennen, dass sich der Hund wegen eines Krankheitsgeschehens im Verhalten ändert, kann man neben der Vorstellung beim Tierarzt die emotionale Lage besser nachvollziehen und Empathie und Verständnis dafür aufbringen und den Hund vor ungewollten Kontakten schützen. Das erleichtert Mensch und Hund das Zusammenleben während einer Erkrankung und vertieft die Bindung durch den verständnisvollen Umgang, den der erkrankte Hund erfährt.

Schonhaltung bei akuter Spondylose

Schonhaltungen sind nicht immer einfach zu erkennen. Wenn sie so deutlich wie hier sind, hat ein Hund schon sehr starke Schmerzen.

Tiber hat im Alter eine Spondylose entwickelt. Er ließ sich im akuten Zustand nicht mehr auf dem Rücken berühren und wagte kaum noch, sich zu bewegen.

- Kopfhaltung tief
- Rückenlinie gerade
- vermehrtes Gähnen

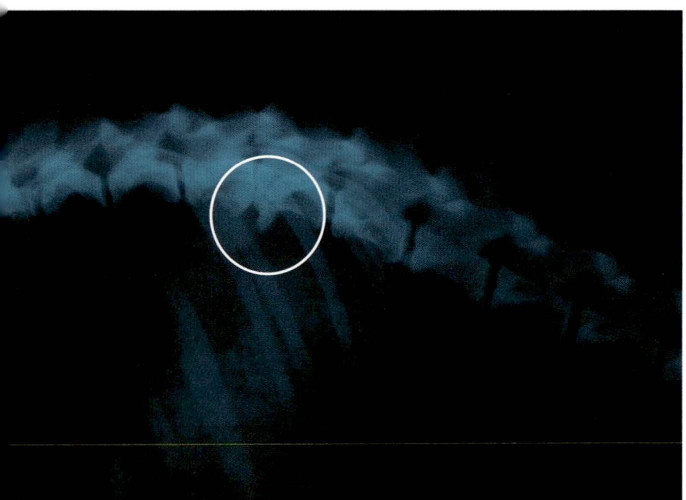

Im Röntgenbild ist der betroffene Wirbelkörper mit beginnender Bildung einer Knochenspange zu sehen (siehe Kreis).

Neben einer tierärztlichen Schmerztherapie half ihm das Tragen eines Tellington-Körperbandes über die erste sehr schmerzhafte Phase hinweg. In Folge haben neben TTouch-Sessions regelmäßige chiropraktische / osteopathische Behandlungen den restlichen Anteil der Wirbelsäule und die Rückenmuskulatur flexibel gehalten.

Starke Anspannung bei Schmerzen im Rücken

Neben den Veränderungen in der Körperhaltung ist starkes Hecheln ein Hinweis auf Schmerzen.

Quivive leidet nach einem Sturz unter starken Schmerzen im Bereich des Rückens. Auf dem Foto ist zu sehen, dass sie wegen der Schmerzen stark hechelt. Im Anschluss an den Besuch in der Tierarztpraxis wurde sie schulmedizinisch und chiropraktisch / osteopathisch weiterbehandelt.

- Rute geklemmt und steif nach unten gehalten
- Rückenlinie sehr stark gerundet
- Ohren nach hinten getragen
- Mundspalte nach hinten gezogen

Starke Anspannung bei steif gehaltenem Rücken

In diesem Fallbeispiel könnte auf Grund des Speichelns eine Magen-Darm-Problematik vorgelegen haben.

Diese Weimaraner Hündin hat eine fast gerade Rückenlinie. Auch die Bauchlinie ist fast gerade, als wolle sie sich in diesem Bereich nicht bewegen. Das Gangbild wirkt steif und verhalten, die Rute scheint ohne Bewegung.

Auffällig war auch, dass über den ganzen von uns beobachteten Zeitraum immer wieder Speichelfäden zu sehen waren. Auf Kontakte mit anderen Hunden hat sie ungehalten reagiert.

Wir wissen nicht, was der Hündin fehlte, sind uns aber sicher, dass sie krank gewesen ist.

Starke Anspannung bei Schmerzen im Bauchraum

Manchmal kann eine gezeigte Schonhaltung und die Schmerzsymptomatik auch erst einmal irreführend sein, um eine richtige Diagnose zu finden.

Quivive während einer Bauchspeicheldrüsenentzündung (Pankreatitis). Sie wurde leider längere Zeit auf Grund ihrer unauffälligen Laborwerte und fehlender typischer Symptomatik auf Rückenprobleme behandelt, bevor die richtige Diagnose gestellt wurde und hat große Schmerzen aushalten müssen. Wenn die Schmerzen größer wurden, zitterte sie am ganzen Körper. Sie konnte sich nicht mehr flach zur Seite legen und hat sich sehr oft wie oben auf dem Foto so hingelegt, dass der Nacken etwas erhöht lag.

Der Rücken war meist gekrümmt und ihre Hinterbeine waren steif nach vorne gestreckt.

Asymmetrische Ohrenhaltung bei Schmerzen

Schmerzzustände können auch dazu führen, dass ein Ohr plötzlich anders getragen wird als das andere.

Die normale Ohrenhaltung von Quivive ist ein halbaufgerichtetes Steh-Kipp-Ohr, welches auf diesem Foto schön zu sehen ist.

Durch einen schmerzhaften Abszess der linken Augenhöhle wird das linke Ohr nach hinten gehalten und ist im Ansatz mehr aufgerichtet als das rechte Ohr.

Aufstellen der Gesichtshaare bei Schmerzen

Schmerzzustände können dazu führen, dass sich – hier vor allen Dingen die Barthaare und die Haare um die Nase herum – vermehrt aufstellen.

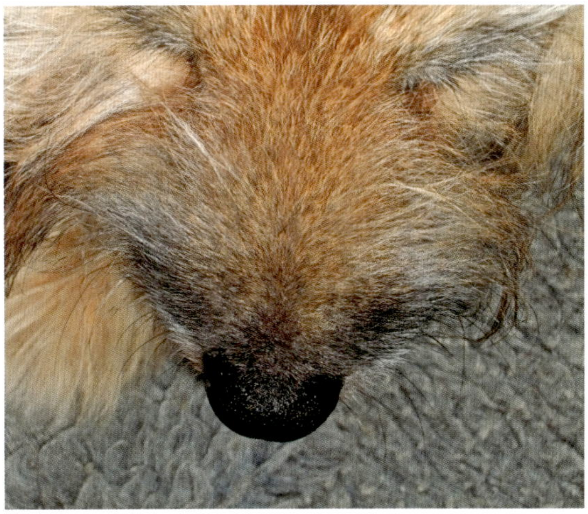

Tiber hatte auf diesem Foto Schmerzen. Die kurzen, schwarzen Haare seitlich der Nase sind im Schmerzgeschehen so aufgerichtet, dass die darunter liegende Behaarung praktisch nicht zu sehen ist. Auch die Barthaare sind aufgerichtet.

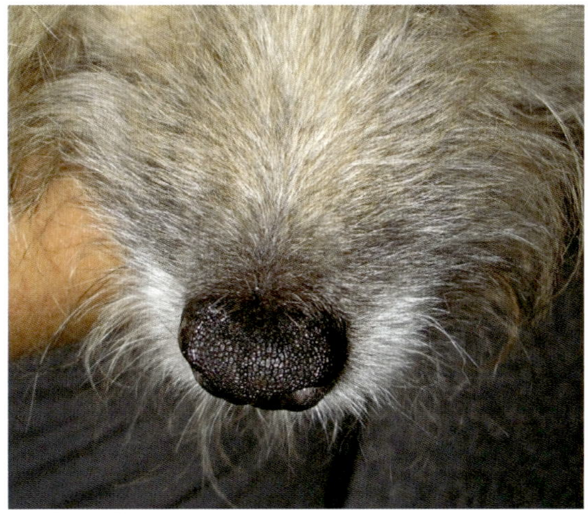

Dieses Foto von Tiber wurde eineinhalb Jahre später gemacht, die vormals schwarzen Haare seitlich des Nasenschwamms sind mittlerweile ergraut. Trotz der etwas veränderten Perspektive lässt sich erkennen, dass diese kurzen grauen Haare glatt anliegen, die weißen Haare seitlich unterhalb der Nase sind gut sichtbar.

Die Behaarung um den Nasenbereich herum liegt glatt an. Quivive war zu diesem Zeitpunkt ohne Schmerzen.

Im Schmerzgeschehen sind die Haare um den Nasenbereich aufgestellt, insgesamt wirkt der ganze Bereich wie aufgeplustert.

Beinverkürzung nach Unfall

Beinverkürzungen können zu einer Muskelatrophie am weniger genutzten Bein und zu Überbelastung des vermehrt genutzten Beines führen. Da Hunde Vierbeiner sind, kompensieren sie auch stark über die unverletzten Körperpartien (in diesem Beispiel über den Rücken und die Vorhand).

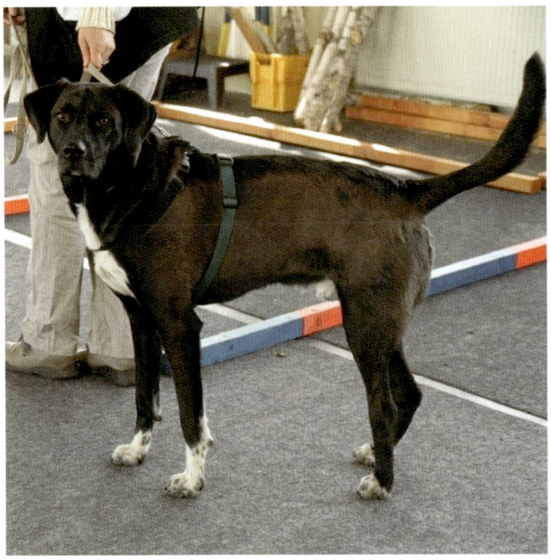

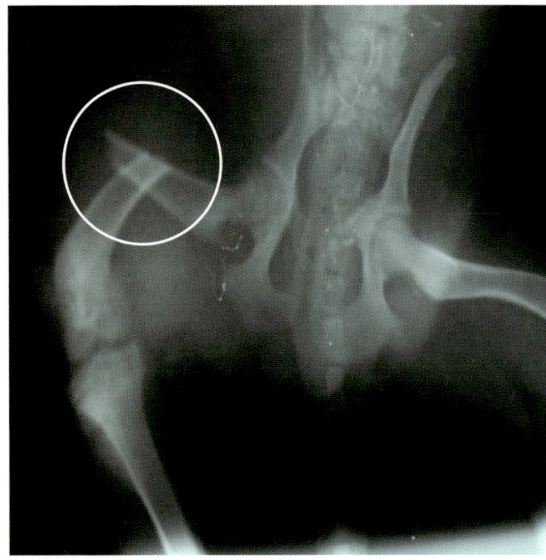

Bonnie hatte im Junghundealter durch einen Autounfall eine Oberschenkelfraktur links erlitten (siehe Röntgenaufnahme rechts), die operativ mit einem Nagel versorgt wurde. Er wurde physiotherapeutisch behandelt und machte große Fortschritte. Allerdings belastete er das Bein kaum.

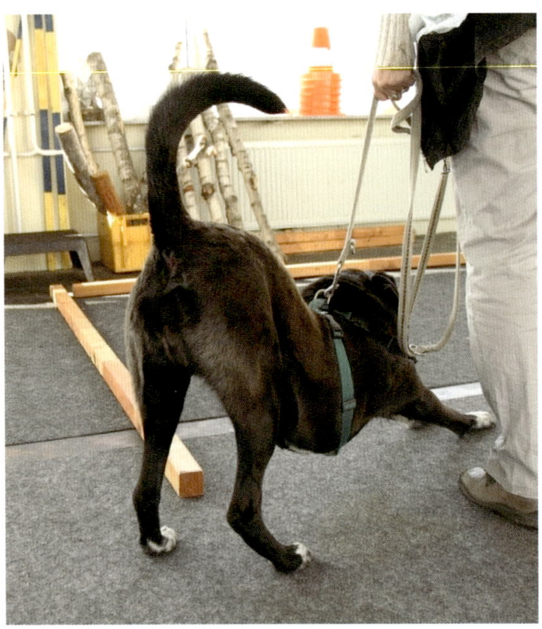

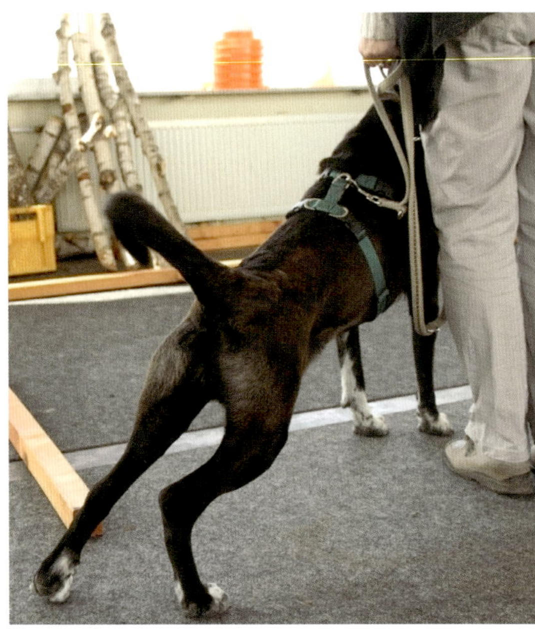

Das sind Entlastungshaltungen für den Rücken, über den die ungleichmäßige Belastung der Hinterhand kompensiert wird. Bonnie hat diese Haltungen sehr häufig gezeigt.

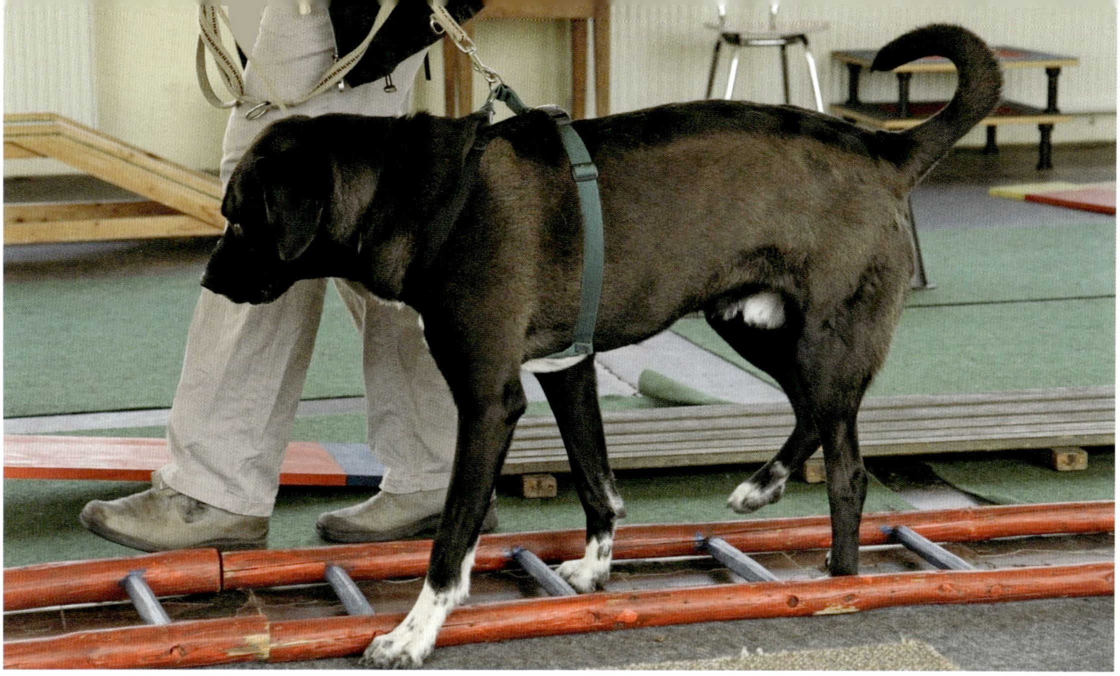

Zu Beginn des Trainings fiel es ihm sichtbar schwer, zum Beispiel gerade durch eine Leiter zu gehen.

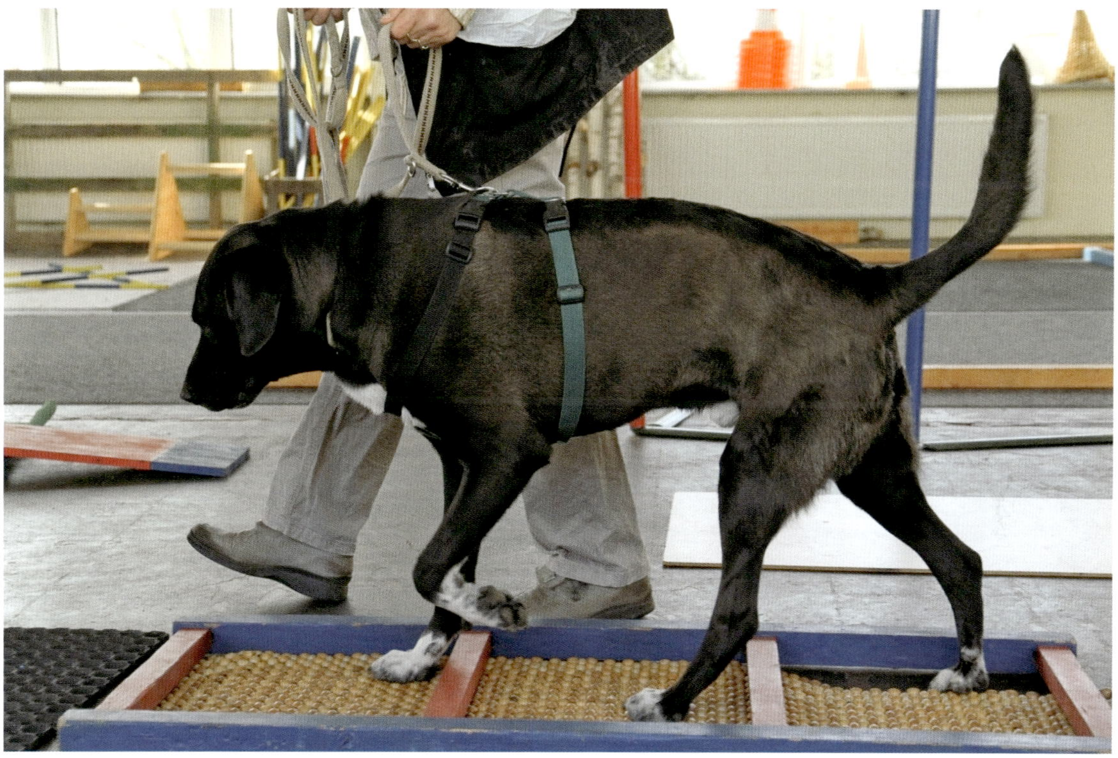

Unter Tellington TTouch® Behandlungen und mit Hilfe des Tellington-Lernparcours war er in kurzer Zeit in der Lage, unterschiedliche Geräte zu meistern und dabei sein verkürztes Hinterbein mit einzusetzen.

Bonnie begann, sich im Rücken gerader zu halten und zeigte immer seltener die Entlastungshaltungen. Wir haben die Übungseinheiten anfänglich mit maximal fünf Minuten sehr kurz gehalten, weil er nur sehr kurze Konzentrationsspannen hatte und körperlich auch sehr schnell ermüdete. Mit zunehmendem Training konnten wir die Anforderungen dosiert steigern.

Sprunggelenksarthrose links mit Muskelatrophie der linken Hinterhand

Mit Verschleiß an den verschiedenen Gelenken (Arthrosen) sind Hunde genauso belastet wie Menschen. Subtile Gangbildveränderungen, einhergehend mit Schmerzen, sind aber meist schwierig zu erkennen. Oft findet erst einmal eine Verhaltensänderung statt.

Arthrosen können durch Fehlstellungen der Gelenke entstehen, haben eine erbliche Komponente oder entwickeln sich im Alterungsprozess.

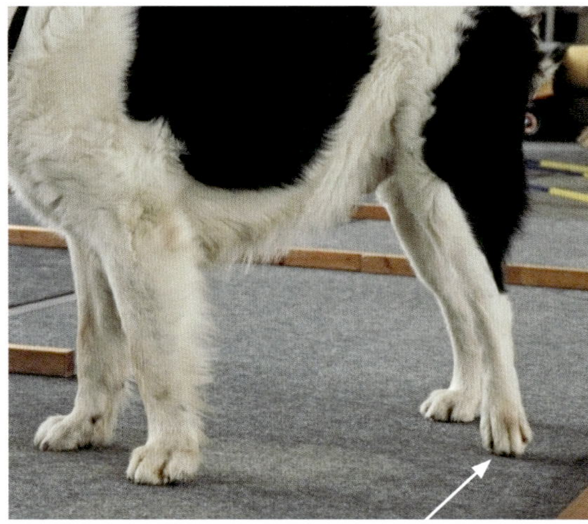

Der elfeinhalbjährige Landseer-Rüde Anatol setzt auf Grund einer Sprunggelenksarthrose mit einer Einsteifung des Gelenkes seine komplette linke Hinterhand nicht mehr ein, so als habe sein Körper diese Extremität vergessen. Die linke Pfote ließ er über den Boden schleifen (siehe Pfeil), was auf Dauer zu Verletzungen auf der Oberseite der Pfote und der Krallen führte. Die Muskulatur der Hinterhand hatte sich schon deutlich zurückgebildet.

Beim Führen über Stangen waren flachgelegte Dachlatten anfänglich die einzige Höhe, die er übersteigen konnte, ohne mit dem linken Hinterbein hängen zu bleiben.

Auch bei diesem (für einen Landseer) hohen Alter muss man nicht untätig zuschauen, sondern kann noch sehr viel tun, um Funktionalität und Beweglichkeit und damit auch das Allgemeinbefinden zu verbessern.

Bei Anatol haben Tellington TTouch® und Bodengeräte eine große Verbesserung gebracht. Er hat seine vergessene Hinterhand wieder eingesetzt und auch wieder mehr Gewicht aufnehmen können. Anatols Halter hat vorbildlich mitgearbeitet und ihm jede Hilfe zukommen lassen, die ihm sein Leben bis zum Schluss lebenswert gemacht hatte. Anatol ist mit über 12 Jahren in seinem Garten eingeschlafen.

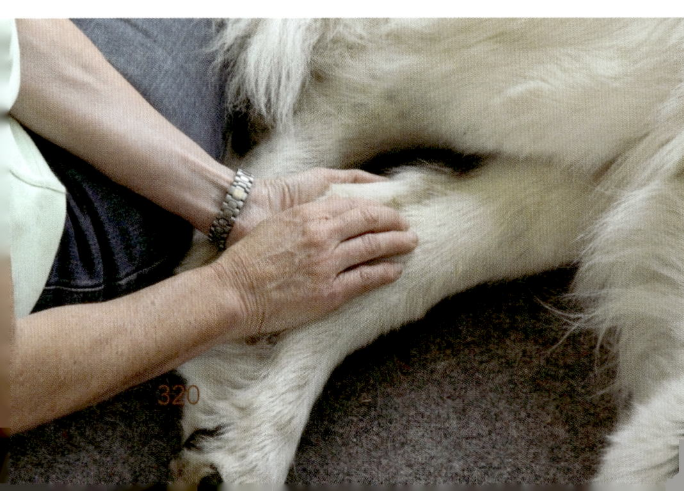

Überstreckhaltung des Sprunggelenkes mit Verhaltensänderung

Sammy, ein acht Monate alter Elo, kam ins Einzeltraining wegen Untrainierbarkeit und anhaltendem Bellen auf dem Hundeplatz.
Bis Ende des vierten Monats war er ein Musterschüler, machte alle Übungen mit und versuchte sich eifrig an den dort aufgestellten Geräten (welpengerecht nach Aussage der Halterin). Dann kippte sein Verhalten, er verweigerte die Geräte, wollte auch nicht mehr mit den anderen Hunden spielen und bellte unaufhörlich bei den Gehorsamkeitsübungen. Das Verhalten war sowohl den Trainern wie auch der Halterin unerklärlich.

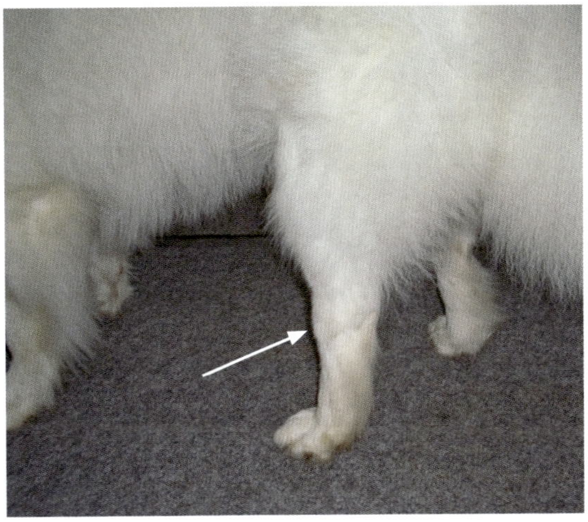

Bei genauerer Beobachtung zeigte sich eine Instabilität in beiden Sprunggelenken, die sogar im Stand zu einer Überstreckhaltung führte.

Normaler Sprunggelenkswinkel mit Beugung

Sammy hatte wohl große Unsicherheiten durch diese Instabilität entwickelt, die sich erst einmal nur in einer Verhaltensänderung äußerten.

Asymmetrische Veränderungen an den Ballen, den Ballenhaaren und den Krallen weisen auf eine ungleichmäßige Belastung hin. Ursachen können altersgemäße Veränderungen, aber auch subtile, kaum wahrnehmbare Schonhaltungen sein.

Fell- und Hautveränderungen

Durch tränende Augen oder vermehrtes Lecken kann sich die Haarfarbe verändern, ebenso durch Druckstellen wie z.B. durch ein schlecht sitzendes Brustgeschirr.

Fellverfärbung im Mundbereich, wahrscheinlich durch vieles Lecken.

Fellverfärbung durch tränende Augen

Auch solche fleckartigen Fellverfärbungen können Ausdruck eines körperlichen Geschehens sein, dem es lohnt, auf den Grund zu gehen.
In diesem Fall könnte eine Blasenentzündung die Ursache gewesen sein, denn nachdem diese auskuriert war, verschwand auch die Verfärbung des Fells. Interessant war, dass der Fleck genau auf dem Blasenmeridian lag.

Partielle Farbveränderungen haben sehr viele unterschiedliche Gründe, angefangen von dem Steckenbleiben der Unterwolle bis hin zu Erkrankungen oder Mangelernährung, die sich auf die Fellfarbe auswirken können. Nicht immer lässt sich wirklich eine Ursache finden

Appenzeller Hündin Baja mit Braunfärbung unbekannter Ursache

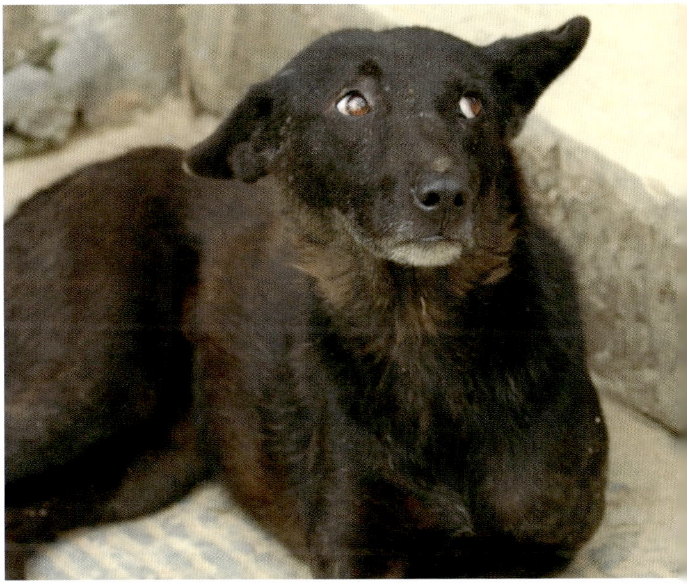

Straßenhund in Nepal mit partieller Braunfärbung am gesamten Körper und struppigem, glanzlosem Fell

Rechts: Das Fell dieses tunesischen Straßenhundes ist struppig, dünn und ohne Glanz, ein Zeichen für Mangelzustände des Körpers und mangelhafter Ernährung, wahrscheinlich verbunden mit Verwurmung oder Parasitenbefall. Der Rüde ist – wahrscheinlich durch Katja, die ihn fotografiert – etwas aufgeregt, die Haare über dem Rücken sind zusätzlich gesträubt und aufgerichtet. Er möchte wohl seine Beute in Sicherheit bringen.
Auch organische Erkrankungen wie zum Beispiel eine Schilddrüsenfehlfunktion können ein struppiges Fellkleid mit aufrecht stehenden Haaren erzeugen. Bei der Schilddrüsenunterfunktion bildet sich oft ein „Rattenschwanz“ mit spärlicher Behaarung, ähnlich wie dies auf dem Foto zu sehen ist.

Parasiten wie Würmer oder Räudemilben (Sarcoptes) oder Erkrankungen der inneren Organe, die unbehandelt bleiben, können zu extremen Veränderungen der Haut (Elefantenhaut) und des Haarkleides führen, wie hier an diesem nepalesischen Straßenhund zu sehen ist.

Es gibt viele Hunde, die unter Allergien leiden, die dann zu extremen Hautveränderungen führen können. Auch Parasiten können Haut und Fell stark verändern. Hunde, die ständigem Juckreiz ausgesetzt sind oder deren Haut anschwillt, sind oft nervös und schnell gereizt.

Ein Chinesischer Schopfhund Hairless, offensichtlich mit Hautproblemen.

Auch diese Englische Bulldogge hat gerötete Hautpartien mit weniger Behaarung.

Haarwirbelbildungen bei gesundheitlichen Problemen

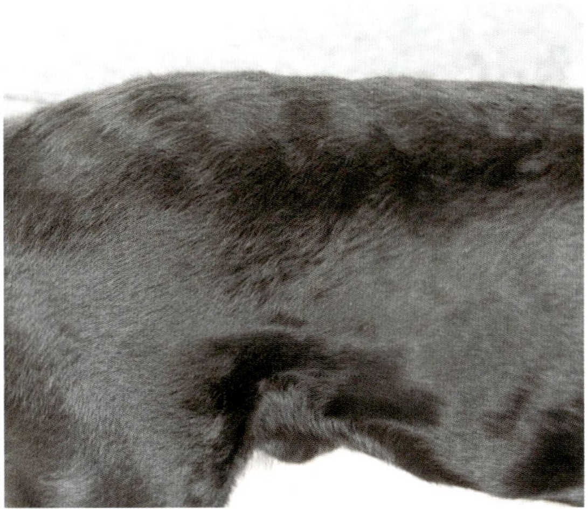

Mo, ein Labradorrüde, zeigte eine auffällige und asymmetrische Haarwirbelbildung neben dem rechten Ohransatz (Foto rechts oben, Pfeil). Über den hinteren Rücken war das Haar struppiger und aufrecht stehender gegenüber dem restlichen Fell über den Schultern und im vorderen Bereich des Rückens

Mo zeigte große Unsicherheiten in der langsamen Ausführung des Tellington-Lernparcours. Er mied alle schwankenden Untergründe und traute sich über viele Hindernisse nicht, obwohl er in den Jahren zuvor im Hundesport unauffällig war. Allerdings hatte er die Geräte immer mit großer Schnelligkeit überwunden und dabei fielen seine Unsicherheiten weniger auf.
Er war geräusch- und berührungsempfindlich.
Nach einer chirotherapeutischen Untersuchung stellte sich heraus, dass er – wahrscheinlich bedingt durch einen Sturz vom Steg im Hundesport – unter massiven und schmerzhaften Verspannungen über die gesamte Wirbelsäule litt. Mit betroffen waren das Becken, der Schulterbereich, alle großen Gelenke und die Halswirbelsäule und der gesamte Faszienbereich über dem Rücken. Unter der anschließend begonnenen Behandlung und dem Tellington TTouch® Training verschwanden langsam die Unsicherheiten an den Geräten und auch die Geräusch- und Berührungsempfindlichkeit besserte sich zusehends.
Die Haarwirbelbildung ging zurück, das Fell über dem hinteren Rücken wurde insgesamt weicher und glatter. Mos Halterin hatte den Hundesport an den Geräten eingestellt und sich auf das Führen in Balance mit Geräten aus der Tellington TTouch® Methode konzentriert.

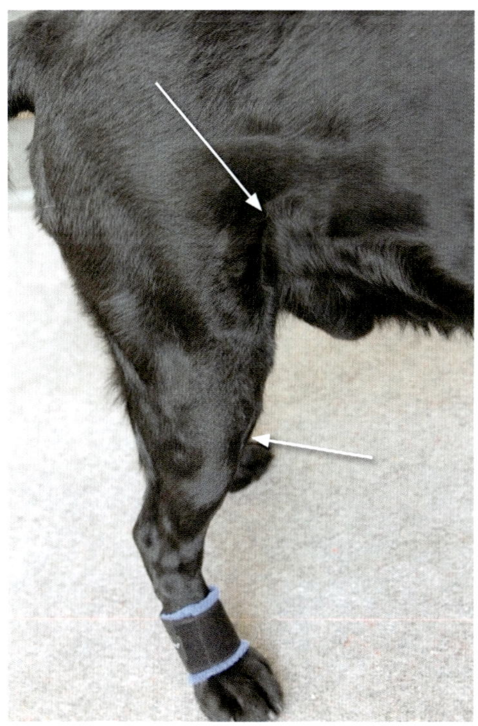

Von beiden Kniegelenken aufwärts verwirbelte sich das Haar bis in die Flanken hinein. Mo trägt an den Hintermittelfußgelenken kleine Tellington-Klettmanschetten, die helfen, sein Bewusstsein für den Einsatz der hinteren Beine zu erhöhen.

Die subklinische Schilddrüsenunterfunktion

Eine Veränderung des Haarkleides kann neben sehr vielen unspezifischen Symptomen (wie fehlende Impulskontrolle mit Aggressions- oder Panikverhalten, Berührungs- und Geräuschempfindlichkeit, unerklärliche Ängste, Zyklus- oder Potenzstörungen, gestörtes Essverhalten, um nur einige zu nennen) ein Hinweis auf die subklinische Form der Schilddrüsenunterfunktion sein.

Im Gegensatz zu der klinischen Form (unter anderem anfänglich glanzloses Fell, später oft übermäßige Behaarung, die im Laufe der Erkrankung Kahlstellen aufweist, verbunden mit einem „Rattenschwanz“, diätresistente Gewichtszunahme, zunehmendes depressives Verhalten) wirkt das Haarkleid oft schütter mit fehlender Unterwolle. Manchmal wirken die Haare stumpf und rau, es kann aber auch das genaue Gegenteil der Fall sein, die Haare sind glatt und glänzend. Die Hunde können extrem mager sein, obwohl sie sehr viel Nahrung aufnehmen.

Diese blaue Bordercolliehündin war taub und litt stark unter einer Schilddrüsenunterfunktion. Sie zeigte sich hyperaktiv und wurde daher bereits in ihrem ersten Jahr fünf Mal weiter gereicht, bis sie bei Katja landete.
Der letzte Halter hatte sie in einem kleinen Käfig gehalten, wodurch sie etliche Stereotypien mitbrachte, unter welchen sie zeitlebens teilweise weiterhin litt. Trotz aller Bemühungen (schulmedizinischer und alternativer Art) war Momo ein Hund, der leider nur selten richtig fröhlich war. Ihr Fell war meist sehr stumpf und farblos.

Fallbeispiel Bonnie

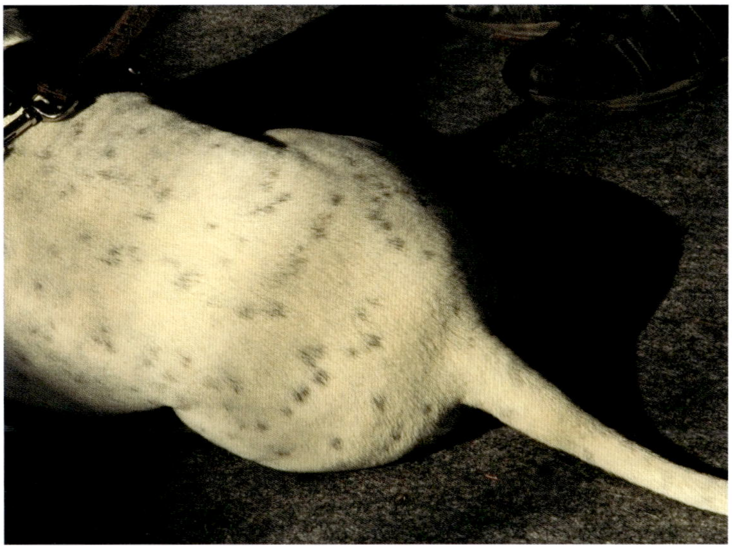

Bonnie zeigte ein extrem impulsives Verhalten, das schnell von aufgeregt zu offensiv kippen konnte. Sie setzte dann auch ihre Zähne ein. Ihr Haarkleid war schütter, man konnte bis auf die Haut sehen.

Bonnie ließ sich anfänglich ausschließlich von ihren Menschen berühren. Im Laufe der Tellington TTouch® Trainingsstunden wurde sie Gabi gegenüber weniger impulsiv und unter Ablenkung (Futtergabe) durfte Gabi sie ttouchen und Bonnie konnte dabei entspannen. Trotzdem kam ein Punkt, an dem sich ihr Verhalten nicht weiter verbesserte. Gabis Vermutung, es könnte auch eine subklinische Schilddrüsenunterfunktion mit in Bonnies Verhalten hineinspielen, konnte nicht überprüft werden. Eine Blutentnahme wäre nur unter Narkose möglich gewesen und das wollten ihr die Halter zu diesem Zeitpunkt nicht zumuten. Sie begannen eine homöopathische Therapie, die bis zu einem gewissen Grad Verbesserungen brachte. Dann entschlossen sich die Halter zur Blutentnahme und die Schilddrüsenwerte bestätigten Gabis Vermutung. Seitdem wurde Bonnie therapiert. Sie wurde ruhiger, weniger impulsiv und entwickelte ein dichteres Haarkleid, in dem sich schwarze Punkte zeigten (Fotos oben).

Die Halter haben vorbildlich mitgearbeitet. Zum Beispiel haben sie sehr lange zuhause das Procedere der Blutentnahme mit Bonnie geübt und positiv bestärkt. Eine Freundin aus dem tierärztlichen Bereich, die auch Bonnie gut bekannt war, durfte nach diesem Training die Blutentnahme ohne Narkose vornehmen.

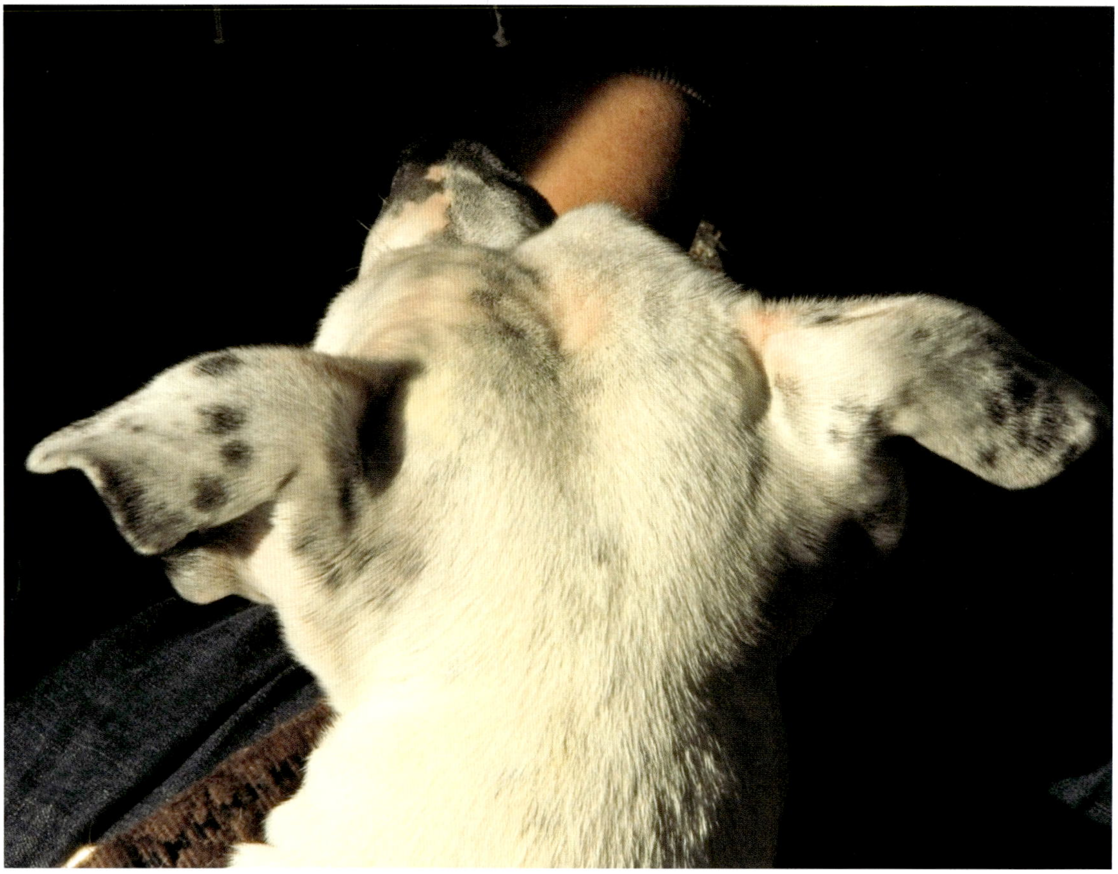

Bei dieser Aufnahme sieht man im Bereich der Faltenbildung auf der Kopfdecke noch schüttere Stellen mit der durchscheinenden rosafarbenen Haut. Ab dem vorderen Ohrenansatz zum Nacken hin wächst das Fell deutlich dichter nach.

Die subklinische Form der Schilddrüsenunterfunktion (SDU) scheint dem Hashimoto-Syndrom beim Menschen zu ähneln und zählt zu den Autoimmunerkrankungen, das heißt, körpereigene Zellen zerstören das Schilddrüsengewebe. Sie wird als erbliche Disposition weitergegeben und muss nicht ausbrechen. Bestimmte Medikamente oder dauerhaft erhöhte Ausschüttungen des Stresshormons Cortisol können das Ausbrechen der SDU begünstigen (Bettina Zimmermann: Schilddrüse und Verhalten).

Viele Tierärzte haben das Bild der klinischen Schilddrüsenunterfunktion vor Augen und messen der subklinischen Form keine Bedeutung zu, da die relevanten Werte sich gerade noch im Referenzbereich befinden. Das erschwert oft die Diagnosefindung. Hinzu kommt, dass auch zahlreiche andere Erkrankungen ähnliche körperliche Symptome und Verhaltensveränderungen auslösen können. Bei Hunden mit Verhaltenssymptomen ist die Zusammenarbeit mit einem Tierarzt mit Zusatzbezeichnung oder einem Fachtierarzt für Verhaltenstherapie empfehlenswert.

Die Halter gehen mit ihren Hunden oft einen langen Leidensweg und werden gerne als Versager in der Erziehung ihres Hundes angesehen.

In den meisten Fällen werden die Hunde wegen Verhaltensauffälligkeiten vorgestellt.

Die Erkrankung ist bei allen Rassen (und auch Mischlingshunden) anzutreffen, da sie züchterisch momentan nur von ganz wenigen Zuchtvereinen bearbeitet wird.

Afterdrüsen

Viele Hunde haben mit Verstopfung und Entzündung der Afterdrüsen zu tun, die sich normalerweise mit dem Kotabgang selbst entleeren. Wenn das im Analbeutel enthaltene Sekret eindickt, kann es den Analbeutel verstopfen und wird nicht mehr abgesondert. Vielen Hunden kann mit Homöopathie geholfen werden.

Neben einer Veranlagung zu dieser Problematik gibt es unterschiedliche Gründe für die Erkrankung. Die Diagnose ist einfach, wenn die Hunde mit dem typischen „Schlittenfahren" beginnen. Dabei rutschen sie mit dem Hinterteil über den Boden und versuchen damit, die Afterdrüsen selbst zu entleeren. Ein weiteres Symptom ist häufiges Lecken im Analbereich, um den Juckreiz zu bekämpfen.

Schwieriger wird es, wenn zum Beispiel nur eine Schrittverkürzung der Hinterbeine gezeigt wird. Das beginnt sehr subtil und wenn der Hund deutlich lahmt, kann er schon massive Probleme mit den Afterdrüsen haben.

Andere Hunde entwickeln eine Berührungsempfindlichkeit im Bereich des hinteren Rückens, die viele Ursachen haben könnte.

Bei manchen Hunden ist auch eine Rötung unterhalb des Rutenansatzes und eine veränderte Rutenhaltung zu beobachten. Wenn die Entzündung weiter fortschreitet, kommt es zu Temperaturanstieg und allgemeiner körperlicher Beeinträchtigung.

Aus einer unbehandelten Afterdrüsenentzündung kann ein sehr schmerzhafter Abszess werden, der tierärztlich behandelt werden sollte.

Juckreiz am After kann auch auf einen Parasitenbefall hinweisen.

Augenerkrankungen

Es gibt eine große Anzahl von erworbenen und erblichen Augenerkrankungen, die sich oft erst einmal nur durch eine Änderung des Verhaltens bemerkbar machen. Bei dem Verdacht auf eine Augenerkrankung sollte auf jeden Fall ein Spezialist (Veterinär-Ophthalmologie) hinzugezogen werden. Wie beim Menschen ist bei manchen Erkrankungen des Auges schnelle notärztliche Hilfe nötig, um das Sehvermögen zu erhalten (zum Beispiel bei einem Glaukom-Anfall).

Linseneintrübungen

Es gibt Augenerkrankungen wie zum Beispiel den Grauen Star oder die **P**rogressive **R**etina **A**trophie (PRA), die die Pupillen andersfarbig erscheinen lassen oder durch die dauerhafte Pupillenweitstellung den Eindruck eines großen fixierenden Auges vermitteln. Durch die Seheinschränkungen kann es zu einem ungewollten direkt ausgeübten „Blickkontakt" kommen, da sich betroffene Hunde mehr und mehr geruchlich orientieren und mit der Nase „schauen". Das kann zu Missverständnissen in der Kommunikation mit anderen Hunden führen.

Altersbedingte Eintrübung der Linse bei Taschka

Beispielhaft für die Progressive Retinaatrophie (PRA)

Diese Erkrankung ist eine erbliche Augenerkrankung, die nicht heilbar ist und zur Erblindung führt. Bei der Erkrankung kann es bei Tageslicht zu einer starken Reflexion des Augenhintergrundes kommen, wie sie auf dem linken Foto bei Tiber zu sehen ist.

Tiber im Alter von drei Jahren, auf Grund einer PRA vollständig erblindet. Die Augen leuchten regelrecht. Die Iris ist durch die völlige Weitstellung der Pupillen nicht mehr zu sehen.

Tiber im Alter von 10 Jahren. Am linken Auge ist zusätzlich eine beginnende Linseneintrübung (Grauer Star) zu erkennen.

Im Vergleich: Quivives linkes Auge klar, rechts tränend wegen einer leichten Bindehautentzündung. Die gerötete Bindehaut ist von außen nicht immer sichtbar. Trotzdem sollte ein Tierarzt aufgesucht werden, wenn das Auge über einen längeren Zeitraum tränt. Wimpernhaare, Fremdkörper oder auch eine Hornhautverletzung könnten die Ursache sein und neben den körperlichen Beschwerden auch zu einer gereizten Grundstimmung führen.

Neurologische Erkrankungen

Auch Hunde können unter einer Vielzahl neurologischer Erkrankungen leiden.
Im Alter tritt häufiger das Vestibular-Syndrom auf. Dieses Krankheitsbild wird oft mit einem Schlaganfall verwechselt, der bei Hunden seltener vorkommt.

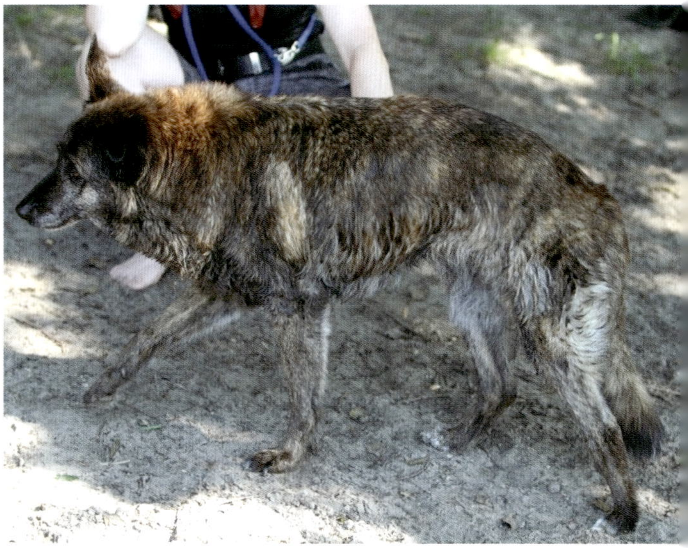

Kopf- und Ohrenschiefhaltung und ataktisches, schwankendes Gangbild, wahrscheinlich wegen einer neurologischen Erkrankung oder Vestibular-Syndrom.

Quivive hatte in hohem Alter mehrfach Symptome eines Vestibular-Syndroms. Dazu gehören neben Desorientiertheit und Koordinationsstörungen unter anderem auch eine Schiefhaltung des Kopfes und der Ohren. Auf diesem Foto waren die Symptome nur noch abgemildert zu sehen, neben einer leichten Kopf- und Ohrenschiefhaltung fiel Gabi die gekrümmte Mittellinie der Zunge auf, die dann im Laufe von zwei Wochen wieder ganz verschwand.

Schiefe des Gesichts, wahrscheinlich entstanden durch einen Schlaganfall. Der Hund war ruhelos und zeigte auch Veränderungen in der Wahrnehmung und im Kontakt mit anderen Hunden.

Es gibt natürlich noch eine Vielzahl anderer Erkrankungen, die eine Schiefhaltung der Ohren oder des Kopfes nach sich ziehen. Sollte das plötzlich auftreten und andauern, ist auf jeden Fall der Gang zum Tierarzt angesagt.

Krankheitsverlauf einer bakteriellen Meningitis

Tristan

Als Tristan zweieinhalb Jahre alt war, erkrankte er durch eine unerklärliche Ursache an einer bakteriellen Meningitis. Wochenlang ging es darum, sein Leben zu retten. Da die Erkrankung zu spät diagnostiziert wurde, war er ab der Mitte seines Körpers nach hinten gelähmt. Seitdem erhält er täglich Tellington TTouches® und zusätzlich eine Menge anderer Hilfen. Er macht Schwimm- und Physiotherapie, wird osteopathisch behandelt und bekommt homöopathische Mittel und Akupunktur.

Eigentlich hat Tristan seinen Lebenswillen nie verloren. Die Krankheit hat ihn gezeichnet, doch bereits, als er das Schlimmste überwunden hatte, war er wieder lebensfroh. Es machte ihm nichts aus, dass er nicht mehr laufen konnte. Er lacht, wenn er seine Menschen begrüßt, er spielt mit seinen Hundekumpels und Menschen einfach im Liegen. Zum Glück konnte er recht schnell wieder schwimmen. Inzwischen bewältigt er wieder bestimmte Treppen und manchmal wedelt er sogar wieder mit der Rute. Seine Menschen haben ihn nie aufgegeben und er dankt es ihnen jeden Tag.

Unsere Hunde sind wirklich gute Lehrmeister darin, zu erkennen, dass nicht die Lebenssituation unglücklich macht, sondern das, was wir daraus machen.

Links: Tristans Gesicht vor der Erkrankung
Mitte: Tristan während seiner Erkrankung
Es ist sehr gut zu erkennen, dass die Muskulatur durch die Nervenerkrankung innerhalb weniger Tage nicht nur am gesamten Hundekörper verloren ging, sondern auch am Kopf.
Rechts: Tristan nach seiner Erkrankung. Die Gesichtsmuskulatur hat sich wieder ausgebildet.

Tristans Körper vor seiner Erkrankung ...

... und danach

Tristan kann heute wieder laufen und die Spaziergänge mit seiner Hundefamilie mitbegleiten. Er hat ein stark schwankendes Gangbild, weil er seine linke Hinterhand nicht ganz koordiniert einsetzen kann.

Hunde im Alter

Älter werden in Würde gilt auch für unsere Tiere. Unsere älter werdenden Hunde bedürfen unserer besonderen Aufmerksamkeit und Fürsorge. Viele Dinge, die in jungen Jahren selbstverständlich waren, benötigen mehr Energie und sind mühsamer. Da der Alterungsprozess oft schleichend ist, kann es unserer Wahrnehmung erst einmal entgehen, dass sich zum Beispiel die Sinnesorgane verschlechtern, das Herz nicht mehr so stark ist oder die Gelenke und die Wirbelsäule schmerzen.
Man kann sehr viel tun, um die Funktionalität und die Lebensfreude seines alten Hundes zu erhalten. In diesem Kapitel finden Sie einige Beispiele dafür. Und schließlich ist ein Hund, so wie wir, so alt, wie er sich fühlt!
Schmerzen zu haben ist kein Schicksal des alten Hundes. Neben alternativen Heilmethoden kann und sollte er mit schulmedizinischen und pflanzlichen Schmerzmitteln behandelt werden, wenn es notwendig ist.
Auch ältere Hunde empfinden beim Wälzen reine Lebensfreude, wenn der Körper das noch zulässt. Wälzen ist die beste Methode, um den Rücken flexibel und damit gesund zu halten.

Schwimmen ist in allen Lebensphasen sehr gelenkschonend. Gegenständen hinterherzustürzen um sie wieder zurückzubringen, egal ob im Wasser oder an Land, ist durch die starke Belastung der Gelenke, Sehnen und Bänder das genaue Gegenteil von gelenkschonend.

Eve hat in jungen Jahren begeistert apportiert.

Mit fünfzehn Jahren macht es auch noch viel Spaß, auch wenn wegen der Einschränkungen der Sinnesorgane die Wahrnehmung nicht mehr so optimal ist. Der Such- und Apportierradius hat sich jetzt von fünzig Metern auf circa einen Meter verkürzt.

Taschka mit etwa einem Jahr

Taschka mit fünfzehn Jahren – hier ist die Veränderung der Körperhaltung gut zu sehen.

Einschränkung in der Bewegung

Ältere Hunde haben abhängig von ihren körperlichen Einschränkungen veränderte Bewegungsabläufe.

Die Rückenlinien sind oft sehr gerade, die Rückenmuskulatur kann sehr angespannt und hart sein. Auch die Gelenke werden wie bei älteren Menschen steif, die Bewegung fällt schwerer. Die Ruten werden oft nach unten zeigend getragen, sind eingeschränkter in der Bewegung und damit auch für das Halten der Balance nicht mehr so gut einsetzbar. Das Schnüffeln am Boden ist erschwert, weil die Schulter- und Ellenbogengelenke weniger gebeugt werden können.

Alte Hunde laufen oft im Passgang, weil es der zunehmenden Unbeweglichkeit des Rückens entgegenkommt.

Im Alter

Im Alter erleben Hunde – genauso wie Menschen - eine Veränderung ihres Körpers. Sie erfahren, dass sie unbeweglicher werden, nicht mehr so schnell reagieren können, bestimmte Körperpartien nicht mehr zum Pflegen erreichen können und Schmerzgeschehen ihr weiteres Leben begleiten. Schmerzen können durch geeignete Schmerztherapien behandelt werden. Kein Hund muss Schmerzen aushalten, hier sollte der Tierarzt zu Rate gezogen werden.

Diese altersbedingten Einschränkungen können sehr verunsichern. Daraus resultiert bei älteren Hunden oft ein Bedürfnis nach mehr Abstand zu anderen Hunden, manche beginnen, allzu stürmische Kontakte zu meiden oder ungewohnt vehement zu reagieren, um sich zu schützen. Wir sollten als Hundehalter unbedingt auf diese veränderten Bedürfnisse eingehen und unsere Senioren vor unerwünschten Kontakten schützen.

Diesem Alterungsprozess muss man nicht untätig zusehen. Dosierte Bewegung, bestimmte Elemente aus der Tellington TTouch® Methode mit leichten Bodengeräten oder Physiotherapie können helfen, die Erhaltung der Beweglichkeit und Funktionalität zu unterstützen. Der Tellington TTouch® an sich, der auf sanften und achtsamen Berührungen am Körper des Hundes beruht, um das Körperbewusstsein zu erhalten und Anspannungen zu lösen, ist leicht erlernbar und bei Bedarf auch täglich einzusetzen.

Ein Hund ist nur so alt, wie er sich fühlt. Taschka hat zum Beispiel mit zwölf Jahren noch nach Schimmel geschnüffelt und Katjas erste Hündin Sascha hat mit zwölf Jahren noch sehr erfolgreich eine Rettungshundeprüfung in Trümmerlagen abgelegt. Juttas Hündin Baja hat bis zu ihrem Tod mit fast fünfzehn Jahren leidenschaftlich Clickertraining mitgemacht. Es gibt inzwischen durchaus größere Hunde, die auch zwischen 15–18 Jahre alt werden. Daher sollten wir aufpassen, dass wir unseren Hund nicht älter machen, als er sich fühlt.

Landseer-Rüde Anatol (11,5 Jahre, liegend) ist trotz seines Alters und körperlicher Einschränkungen (Arthrose linkes Sprunggelenk mit Einsteifung) immer noch ein lustiger Spielkamerad für die junge Fredi.

Teil II

Die Kommunikationssignale

Hunde verfügen zwar über eine Lautsprache, die aber nicht vergleichbar ist mit den verbalen Ausdrucksmöglichkeiten der Menschen. Sie haben sich auf eine andere Form der Kommunikation spezialisiert. Neben der Körpersprache, die im ersten Teil dieses Buches beschrieben wird, kommunizieren Hunde mittels einer subtilen Signalsprache, die vorwiegend mit der Gesichtsmimik ausgeübt wird und die wir in diesem Teil des Buches beschreiben möchten. Meist wird sie in Kombination mit verschiedenen Kopf- und Körperpositionen gezeigt.

Hunde kommunizieren über diese Signale fortwährend untereinander. Sie werden hauptsächlich eingesetzt, um eine Situation zu entschärfen – um sich selber oder ein Gegenüber zu beruhigen oder zu beschwichtigen. Sie werden auch Menschen und anderen Tieren gegenüber gezeigt. Wir bezeichnen diese Signale als Kommunikationssignale.

Die Signale können sehr deutlich oder aber nur kurz und eher flüchtig gezeigt werden, sodass sie für unser menschliches Auge kaum wahrnehmbar sind. Je nach Erfahrungen eines Hundes mit anderen Hunden werden sie angemessen (souverän) gezeigt, eher übertrieben (unsicher) oder überhaupt nicht (nie gelernt oder bestraft). Das ist ähnlich wie bei Menschen: Es gibt besonders höfliche, die einen großen Bogen um unbekannte Personen laufen oder eine gebührende Individualdistanz einhalten und andere, die in andere Menschen fast hineinlaufen oder sich distanzlos verhalten.

Körpersprache wird von Hunden ebenso benutzt wie von uns Menschen. Auch wir schauen weg, wenn wir keinen Kontakt möchten, weichen aus oder drehen den Körper weg, um Distanz zu halten. Im Lesen, vor allen Dingen der subtilen Veränderungen, sind Hunde uns allerdings weit überlegen. Dabei ist das Repertoire an „kleinen" Signalen immens groß.

Das Wahrnehmen und richtige Interpretieren winziger Augenbewegungen, Veränderungen der Gesichtsmimik, der Atmung oder dem Spannungsmuster der Muskulatur sind der Schlüssel dazu, Hunde im Vorfeld von Angst, Aggression und Eskalation jeder Art erfolgreich positiv zu beeinflussen. Selbst der Hund, der angeblich ohne Vorwarnung zugebissen hat, hat fast immer im Vorfeld eine ganze Menge subtiler Signale gesendet, die leider übersehen wurden.

Bei unseren Hunden ist diese Signal- oder Körpersprache aufgrund der Rassevielfalt optisch sehr unterschiedlich und viele Hunde wenden individuell bestimmte Signale häufiger an.

Darum ist der Kontakt eines Hundes mit vielen unterschiedlichen Hunden in den ersten Lebensmonaten sehr wichtig. Diese Kontakte sollten aber durchweg positiv erlebt werden, denn als erwachsene Hunde werden sie auf dieses „Referenzprogramm" zurückgreifen.

Aus diesem Grund sollten zum Beispiel in Welpengruppen erfahrene Trainer anwesend sein. Die Welpen sollten nach Alter, Größe und Körpergewicht aufgeteilt sein.

Durch frühes Einüben der Körpersprache und der Kommunikationssignale entsteht unter den Hunden eine Kommunikationsbasis, die immens wichtig ist für ihr ganzes Leben in unserer menschlichen Gesellschaft und in den weiteren Begegnungen mit anderen Hunden. Die Kommunikationssignale werden nicht nur von unsicheren Tieren gezeigt, gerade sehr souveräne Tiere benutzen sie, um ihr Gegenüber zu beruhigen oder deutlich zu zeigen, dass momentan kein Grund zu Besorgnis besteht.

Grundsätzlich gehen Hunde davon aus, dass ihre Sprache auch von uns verstanden wird. In Stresssituationen werden diese Signale vermehrt gezeigt. Zu Missverständnissen in der Kommunikation kann es kommen, wenn Menschen durch Unkenntnis oder falsche Deutung die Signale ignorieren oder bestrafen. Misserfolg, Nichtbeachtung und falsche Antworten führen zu einem großen Vertrauensabbau in der Beziehung zum Menschen und lassen den Hund letztendlich resignieren – die Signale werden nicht mehr gezeigt. Die Hunde lernen notgedrungen, für ihre eigene Sicherheit sorgen zu müssen. Frust, Unsicherheit und Aggression sind die am meisten beobachteten Verhaltensantworten.

Solche Hunde bedeuten ein hohes Risiko für Menschen und andere Hunde, denn sie zeigen nicht mehr „höflich", wie es ihnen geht. Vom Knurren bis zum Beißen kann die Schwelle fließend sein. Noch gefährlicher wird es, wenn auch Anknurren bestraft wird – das sind die Hunde, die in Folge „ohne Vorwarnung" zubeißen.

Für uns bleibt es ganz wichtig, sich immer wieder bewusst darüber zu werden, dass unsere Hunde auch uns gegenüber diese Sprache anwenden.

Mit guter Beobachtungsgabe und dem „Hören auf sein eigenes Bauchgefühl", mit dem Eingehen auf die momentane Befindlichkeit und die Bedürfnisse seines Hundes eröffnet sich hier ein großes Potenzial an Vertrauensaufbau und zur Veränderung nicht erwünschten Verhaltens. So genannte Verhaltensauffälligkeiten zeigen oft normales Verhalten von Hunden, das von den Menschen missverstanden wird.

Wir haben die unterschiedlichen Kommunikationssignale nach der Häufigkeit ihrer Anwendung geordnet.

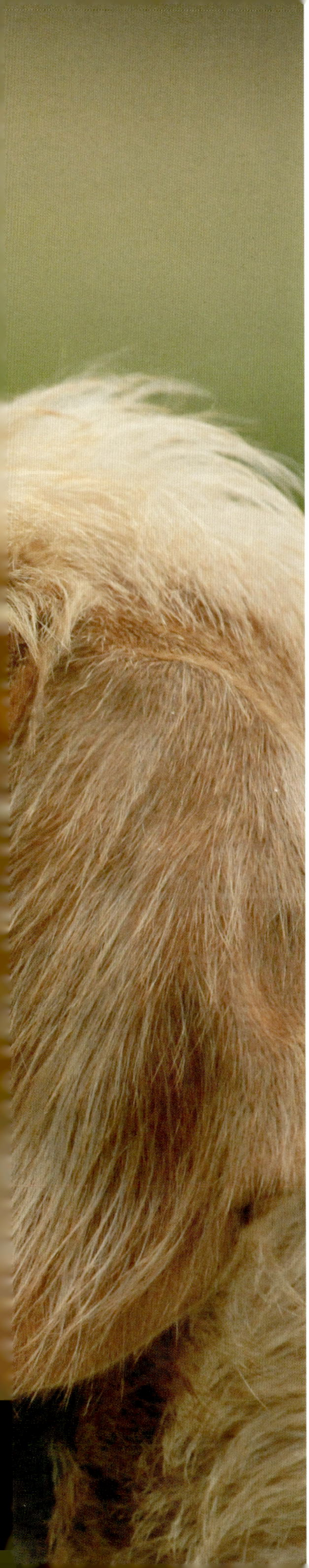

1. Züngeln

Züngeln aus unterschiedlichen Gründen

Zu den Signalen, die sehr häufig zur Kommunikation benutzt und oft in Kombination zum Beispiel mit dem Kopfabwenden gezeigt werden, zählt das Züngeln. Züngeln reicht von dem kurzen und schnellen Zeigen der äußersten Zungenspitze bis zu einem deutlich sichtbaren Zungenschlag oder dem Lecken bis über den Nasenschwamm.

Züngeln wird nicht nur mit unterschiedlicher Intensität, sondern auch in unterschiedlichen Situationen benutzt, wie zum Beispiel in der Annäherung, bei zu viel Nähe, als Spielpausensignal, aus Höflichkeit, um sein Gegenüber oder sich selbst zu beruhigen oder aber auch in emotional zwiespältigen Situationen.

Zur Selbstberuhigung

In der höflichen Annäherung

Zur Beruhigung und Beschwichtigung eines anderen Hundes

Von Welpen benutzt – selbst wenn sie noch nicht so viel Kontrolle über ihren übrigen Körper haben

Züngeln wird auch anderen Tierarten gegenüber gezeigt. Bei Katzen, die mit Hunden zusammenleben, haben wir beobachtet, dass sie Züngeln selbst einsetzen.

Züngeln in der Annäherung

Bei der Annäherung an andere, vor allem fremde Hunde wird das Züngeln häufig zur Auflösung von Spannung, Beschwichtigung und Beruhigung eingesetzt.

Bei Anspannung (Dalmatiner-Rüde)

- deutliches Züngeln

Weitere Anzeichen für Anspannung:

- Ohren im Ansatz aufgerichtet
- Faltenbildung zwischen den Ohren
- leichtes Walauge zu Arwen hin
- Rute in Bewegung

Der braungefleckte Dalmatiner-Rüde hatte schon eine Begrüßung mit der kleinen Ella. Das Züngeln zeigt er in dieser Situation Arwen gegenüber, die sich ihm von vorne links nähert.
Arwen, die in diesem Bild noch nicht zu sehen ist, nähert sich dem Rüden mit tief gehaltenem Kopf und direktem Blickkontakt von seiner rechten Seite aus. Sie fühlt sich für das Wohl ihrer kleinen Schwester Ella verantwortlich.

Der Dalmatiner-Rüde möchte mit dem Züngeln signalisieren, dass er keine „bösen Absichten" hegt und er möchte Arwens Anspannung in der Annäherung herausnehmen.

Arwen züngelt ihrerseits nun auch während des kurzen Kontakts mit ihm, um sich dann gemeinsam mit Ella zu entfernen.

Man beachte Ellas selbstbewusste Körperhaltung im Beisein ihrer großen Schwester!

Bei weniger Anspannung

In weniger angespannten Situationen wird Züngeln zur Begrüßung gezeigt und ist eher als eine Höflichkeitsgeste zu deuten.

Bei wenig Anspannung

- Züngeln

Weitere Zeichen für Entspanntheit:

- Ohren seitlich gedreht
- Kopf kaum über Rückenhöhe gehalten
- Mund etwas geöffnet
- Rute liegt rassebedingt über dem Rücken

Der Eurasier-Mischlingsrüde mit den Stehohren (links) nähert sich mit entspannter Körpersprache. Im oberen Foto setzt er zur Kommunikation das Züngeln ein, im unteren Foto während der direkten Kontaktaufnahme zusätzlich das Pföteln. Sein Körperschwerpunkt ist von dem anderen Hund wegverlagert, er respektiert dessen Individualdistanz.

- Pföteln
- weiteres Absenken des Kopfes

Bei respektvoller Annäherung

Golden Retriever-Hündin Amy lernt den imposanten Landseer-Rüden Anatol kennen. Ihre tief geduckte Körperhaltung und die tief wedelnde Rute drücken ihren Respekt aus, unterstrichen von der angehobenen rechten Vorderpfote.

Als es in großer Nähe zu einem direkten Blickkontakt kommt, zeigt sie Anatol gegenüber das Züngeln. Der souveräne Rüde wendet den Kopf ab, um seine Neutralität zu signalisieren.

Zur Verhinderung von Eskalation bei unbeabsichtigter Nähe

Der Elo hängt in der Leine und kommt so unbeabsichtigt in eine Körperposition über dem Dackel. Dieser züngelt deutlich nach oben in Richtung des Elo, um aufkommende Missverständnisse auszuschließen.
Natürlich könnte er ihn auch einfach im Mundbereich lecken wollen, aber anhand der straff gespannten Leinen und der Gesamtsituation ist hier eher an ein Züngeln zu denken.

Züngeln

Züngeln zur eigenen Beruhigung

Hier wird das Züngeln weniger zur Deeskalation eingesetzt, sondern dient eher der eigenen Beruhigung.

Bei hoher Anspannung

Luke, der erwachsene Border Collie (rechts im Bild), hatte Familienzuwachs bekommen – Jake, der zu diesem Zeitpunkt ca. vier Monate alt war. Man sieht Luke deutlich an, dass er nicht begeistert ist und mit den Avancen des jungen Hundes nichts anzufangen weiß. In der räumlichen Enge der Wohnung der Halterin ohne Ausweichmöglichkeiten zeigt er massives Drohverhalten. In meiner weitläufigen Übungshalle zeigte Luke trotz der Drohgebärden immer wieder auch das Züngeln und Kopfabwenden und nutzte die Möglichkeit, ausweichen zu können.

Während der Zeit in der Halle werden die Drohgebärden weniger und Luke kann sich beruhigen und Jake sogar über die Nase lecken. In den folgenden Wochen sind die beiden dann als Team zusammengewachsen.

Bei unbeabsichtigter Nähe

Arwen wollte auf Katjas Hundeplatz den gerade angekommenen York begeistert begrüßen und rempelt dabei fast in ihn hinein. Sie bewegt sich recht schnell frontal auf ihn zu. Eine solche Konstellation führt bei vielen Hunden oft zu Missverständnissen.

Arwen stoppt knapp vor ihm und es gelingt ihr gerade noch, ihm auszuweichen.
Dabei setzt sie das Züngeln ein, um ihm zu bedeuten, dass sie friedliche Absichten hatte und ihn nicht provozieren wollte. Das Züngeln ist hier eher ein deutlicher Zungenschlag, vielleicht wäre hier ein kurzes Züngeln zu wenig gewesen.

Als sie weiterläuft, ist der Zungenschlag noch sehr deutlich zu sehen und wird hier selbstberuhigend eingesetzt.

Züngeln im Zwiespalt

Züngeln wird bei den unterschiedlichsten Emotionen eingesetzt, das reicht von Freude über Unsicherheit bis zum Drohen.
Um einzuschätzen, wie sich der Hund emotional fühlt, wenn er züngelt, ist immer auch die Gesamtsituation und die Beziehung der Hunde zueinander zu beachten.

Bei unbeabsichtigter Nähe bei freudiger Grundstimmung

Sally hatte gerade begeistert Nachbarshund Olli begrüßt *(siehe auch Teil 3, Emotionen, Kapitel Freude, Seite 612)* und möchte die fast 15-jährige Quivive genauso enthusiastisch begrüßen. Sie legt sich dazu immer erst einmal auf den Boden. Quivive aber möchte Abstand und hat vielleicht ganz kurz gewarnt, denn Sally schaut zu ihr hin und züngelt. Sally wusste gerade nicht, wie sie mit der Situation umgehen sollte, denn in ihrer Begeisterung hatte sie Quivives Körpersprache und ihre Signale nicht gleich beachtet und war ihr unbeabsichtigt sehr nahe gekommen.

Zwischen Ärger und Respekt

Hier wird das Züngeln gleichzeitig mit dem Drohen eingesetzt.

Die graue Berger-Hündin Verveine ist mit dem schwarzen Rüden Laguiole groß geworden und wurde vierjährig abgegeben. Kurz nach ihrer Hitze trafen Verveine und Laguiole wieder aufeinander.
Laguiole bekundet erstmalig Interesse an Verveine und bedrängt und belästigt sie. Sie droht deutlich mit den Zähnen. Da sie eigentlich sehr großen Respekt vor dem Rüden hat, mildert sie die Drohung durch Züngeln ab. Ihre Erregung ist immer noch gut an ihren entblößten Zähnen zu erkennen, ihr Zwiespalt über ihre massive Vorgehensweise am gleichzeitig gezeigten Züngeln.

Züngeln zur Beschwichtigung

Welpen und junge Hunde haben manchmal nicht nur Respekt, sondern tatsächlich Angst vor erwachsenen Hunden. Die Gründe dafür sind unterschiedlicher Natur, sollten aber für einen Welpen beachtet und respektiert werden. Souveräne erwachsene Hunde, die dem Welpen gegenüber dosiert reagieren und Kommunikationssignale zeigen, sind sehr hilfreich, um einem jungen Hund diese Ängste zu nehmen.

Bei Souveränität des älteren Hundes

Der tunesische Wildhund-Welpe reißt furchterregend den Mund auf, bellt und zeigt seine Zähne. Wahrscheinlich ist er nur so mutig, weil sich andere Hunde seiner Familie um ihn herum aufhalten. Der erwachsene Husky-Mix-Rüde züngelt, um ihm zu bedeuten, wie unnötig sein wildes Gekläffe ist. Er schaut den Welpen kurz an, um sich dann von ihm abzuwenden.

Züngeln bei der Bitte zur Spielpause

Wenn ersichtlich wird, dass einer der spielenden Hunde um eine Pause bittet, die aber nicht von dem anderen respektiert wird, darf man gerne die Hunde auseinander bitten und somit für eine Spielpause sorgen.

Nach wildem Spiel mit ihrem Wurfbruder wird das Züngeln von der Rottweiler-Hündin als eine Bitte zur Spielpause eingesetzt.

Im Kontakt mit Menschen

Viele Hunde mögen es nicht, angefasst zu werden. Hier wird das Züngeln sehr oft beobachtet – eine höfliche Art zu sagen, wie unangenehm dies empfunden wird. Meist lehnen sie sich zusätzlich weg oder machen sich klein.

Gerade kleine Hunde werden sehr oft manipuliert und ihre individuelle Empfindsamkeit wird leicht übersehen und übergangen. Das ist auch besonders beim Hochheben zu beobachten.

Bei dem Bedürfnis nach Distanz

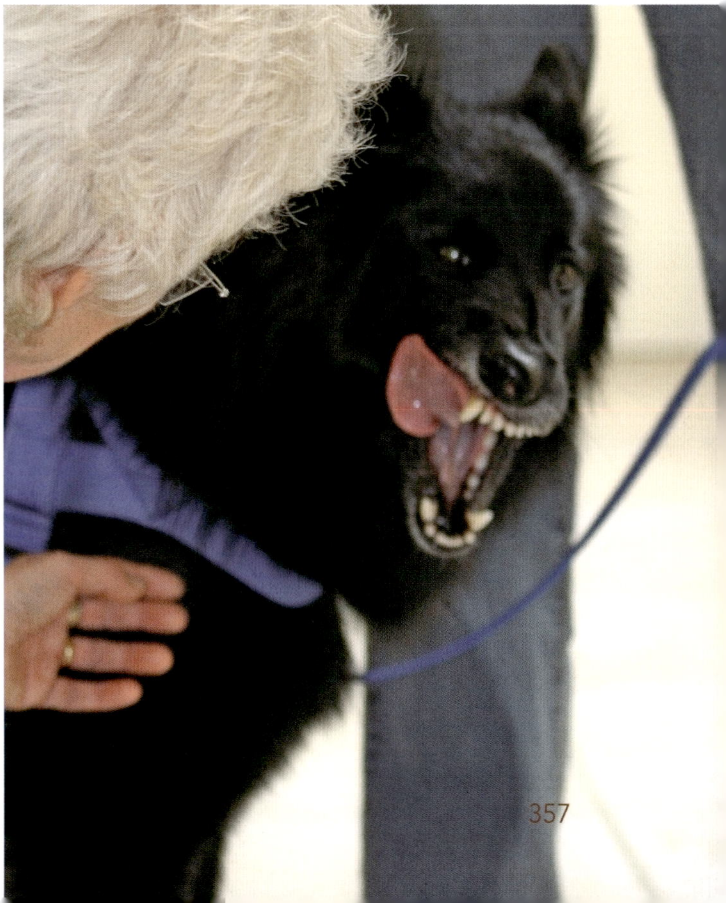

Gabi ttoucht die Groenendael-Hündin Kira, die sich normalerweise von fremden Menschen nicht anfassen lässt. Gabi arbeitet mit langem Arm, um ihr Bedürfnis nach Distanz zu respektieren. Außerdem benutzt sie für den TTouch® die Außenseite der Finger, die eine weniger persönliche Abstrahlung hat als die Handinnenseite. Ihr Blick geht in Richtung der Hand, um einen direkten Blickkontakt zu Kira zu vermeiden.
Kira kann die Berührung zulassen, ihr deutlicher Zungenschlag zeigt jedoch, wie schwer ihr das fällt.

Im Zwiespalt der Gefühle

Dieser Hund lebt in einer Tierherberge in der Nähe von Berlin. Liebevolle Körperkontakte hat er erst in Deutschland bei den dortigen Pflegerinnen wirklich kennengelernt. Einerseits fühlt er sich mit der Nähe, dem Handkontakt und dem Darüberbeugen noch nicht ganz wohl, andererseits hat er schon gelernt, die Zuwendung zu genießen – hier wird Züngeln im Zwiespalt der Gefühle gezeigt.

Bei Zug über Halsband oder Leine

Eine von außen zugeführte Anspannung wie der Griff oder Leinenzug am Halsband oder Geschirr ist für einen Hund oft eine stark einschränkende Erfahrung und kann als sehr unangenehm empfunden werden. Sehr häufig ist Züngeln als Reaktion darauf zu sehen.

Die zurückgelegten Ohren und die Augen (Blinzeln, Walaugen) zeigen zusätzlich zum Züngeln, wie unwohl sich ein Hund bei Zug am Halsband fühlen kann.

Achtsames Ableinen – begleitet von Züngeln

Der Elo wird in dieser Fotosequenz abgeleint. Diese Handlung wird von der Halterin sehr achtsam ausgeführt, mit langem Arm und ohne sich über den Hund zu beugen. Trotzdem scheint es für ihn unangenehm zu sein, er züngelt.

Wir wissen nicht, ob der Elo ein Problem mit der Hand im Halsbandbereich hatte, plädieren aber grundsätzlich für Achtsamkeit beim An- und Ableinen eines Hundes.

Bei Schmerzen

Züngeln kann auch ein Ausdruck von Schmerzgeschehen sein, vor allen Dingen dann, wenn es gehäuft gezeigt wird.

Tiber ist bis fast zum Ende seines Lebens auf den Spaziergängen dabei gewesen. Während er zuhause bei Schmerzen eher viel gegähnt hat, zeigt er unterwegs vermehrt Züngeln.

Bei Freude

Hier wird das Züngeln eindeutig in einer sehr freudigen Grundstimmung eingesetzt.
Dabei kann natürlich individuell auch ein anderes der Kommunikationssignale gehäuft benutzt werden.

- deutliches Züngeln
- gerundete Rückenlinie
- Rute tief gehalten und in Bewegung

Freudige Begrüßung, als Gabis Tochter zu Besuch kommt. Quivive gerät dann vor lauter Begeisterung oft ein bisschen außer sich – hier wird das Züngeln zur Selbstberuhigung eingesetzt.

Züngeln in der nonverbalen Kommunikation

Diese beiden Hunde leben in einer Tierherberge nahe Berlin. Sie kennen sich gut, da sie in einer der Gruppen zusammenleben.

Der Hündin mit den Stehohren wird gerade ein Geschirr angezogen. Sie kann dem sich nähernden älteren Hund (Oskar), der direkten Blickkontakt zu ihr aufbaut, nicht ausweichen. Sein Blick ist durch seine Gesichtszeichnung sehr eindrücklich. Sie beantwortet seine Annäherung mit Züngeln und Kopfabwenden. Oskar hat die zunehmende Anspannung der Hündin bemerkt und reagiert mit weichem Blick und ebenfalls mit Züngeln. Er möchte die Situation entspannen.

2. Blinzeln

Blinzeln aus unterschiedlichen Gründen

Blinzeln wird, wie viele der benutzten Kommunikationssignale, in unterschiedlichen Situationen und auch oft in Kombination mit anderen Signalen wie dem Abwenden des Kopfes, Züngeln, sich Kleinmachen oder Pföteln gezeigt. Es kann von einer Verkleinerung des Auges bis hin zum Schließen, vom wirklichen Blinzeln bis hin zum Zusammenkneifen der Augen variieren.
Blinzeln kann auch asymmetrisch gezeigt werden, zum Beispiel, wenn auf einer Seite ein Hund vorbeiläuft.

Mehrmaliges Blinzeln zum Unterbrechen von direktem Blickkontakt

Höfliche und souveräne Hunde benutzen dieses Signal sehr häufig, aber es wird auch von unsicheren Hunden gezeigt. Manchmal sieht man auch, dass gleich im Anschluss der Kopf abgewendet wird.

Dieser Hund lebt in einer Tierherberge und kommt vermutlich aus Osteuropa. Jedes Mal, wenn er direkten Blickkontakt zu uns aufnimmt, blinzelt er sofort. Das ist eine übliche Art von Hunden, aufkommenden Blickkontakt zu unterbrechen, damit kein Fixieren daraus entsteht.

Blinzeln in der Kommunikation

Blinzeln wird durchaus in der Kommunikation auch mit dem Menschen gezeigt, nicht nur gegenüber anderen Hunden.

Blinzeln aus Zuneigung:
Banzai blinzelt seinen Menschen, Gabis Schwester Ursula, liebevoll an.

Blinzeln in der Begegnung:
Der Sloughi benutzt das asymmetrische Blinzeln, weil rechts von ihm ein anderer Hund vorbeiläuft.

Entspannt in großer Nähe

Diese beiden Hunde kommen wahrscheinlich aus Osteuropa und leben in einer Tierherberge.

Viele Straßenhunde beherrschen diese Art der Kommunikation perfekt, sie haben es auf der Straße quasi von Geburt an gelernt. Das fällt vielen Hunden, die in unserer heutigen Gesellschaft aufwachsen und meist angeleint sind, deutlich schwerer. Auch manche ehemalige Straßenhunde zeigen in der Begegnung mit Hunden Probleme an der Leine. Diese aufgezwungene Nähe zu Menschen und anderen Hunden haben sie in ihrem Straßenleben in Freiheit nicht kennengelernt und hier brauchen sie unsere Unterstützung, wenn wir sie bei uns aufnehmen.

Die helle Hündin (rechts stehend) wendet den Kopf von dem dicht neben ihr stehenden Greyhound ab und blinzelt. Sie signalisiert damit ihre friedliche Gefühlslage.

Entspannt bei souveränem Verhalten

Auch wenn Hunde sich gut verstehen, kann Blinzeln Situationen noch weiter entspannen.

Der erwachsene Spot ist am Trinken, als sich der kleine Robbie zögerlich nähert. Spot hebt den Kopf und blinzelt Robbie an, der daraufhin nähertritt und auch zu trinken beginnt.

Der souveräne Spot wendet zusätzlich den Kopf von Robbie ab und signalisiert ihm, dass er gerne näherkommen und trinken darf.

Entspannt in der Kommunikation

Blinzeln, ob mit einem oder mit beiden Augen, ist ein sehr häufig gezeigtes Zeichen in der Kommunikation.

Hier findet Kommunikation statt: Der gestromte Sloughi möchte an dem hellbraunen Hund vorbeigehen, aber höflich sein. Beide Hunde leben miteinander in einer Sloughi-Großfamilie.

Der gestromte Sloughi zeigt mit Kopf und Körper eine leichte Ausweichbewegung. Der hellbraune Sloughi signalisiert ihm mit Blinzeln und Abwenden des Kopfes, dass er in dieser Distanz passieren kann.

Blinzeln im Spiel

Während eines Spiels kann es schnell zu unbeabsichtigter Nähe kommen. Hier werden immer wieder sehr schnell Kommunikationssignale angewendet, damit es ein Spiel bleibt und die Situation nicht wegen eines Missverständnisses eskaliert.

Bei Anspannung durch zuviel Nähe

Diese beiden Sloughis spielen miteinander. Dabei ist der jüngere (dunkles Halsband) der beiden mit den Vorderpfoten auf den Rücken des älteren (orangenes Halsband) geraten. Der Ältere fühlt sich in dieser Situation unwohl und beginnt, dies mit dem Bloßlegen der Zähne zu zeigen. Es sind nur die Spitzen der oberen Zahnreihe zu sehen, das Zahnfleisch selbst ist durch das Hochziehen der Lefzen nicht entblößt, die unteren Lefzen hängen locker herab.

Den direkten Blickkontakt zu dem unter ihm stehenden Hund vermeidet der jüngere Sloughi, indem er blinzelt. Die Ohren sind dabei flach nach hinten gehalten. Er möchte auf jeden Fall eine Eskalation vermeiden.

Bei sich steigernder Anspannung im Spiel

Die beiden Hunde trafen sich an einem Hundestrand und begannen ein Spiel.
Während des Spiels kam es zu einer sehr vehementen Annäherung des größeren Hundes (rechts). Der kleinere Hund bittet mit Blinzeln um Verlangsamen oder um eine Pause. Er macht sich klein, sein Rücken ist gerundet.

Vermehrte Anspannung, um eine Provokation zu vermeiden

Hier wird Blinzeln zusammen mit dem Kleinmachen gezeigt, um die ungewollte Nähe abzumildern.

Arwen hat sich sehr klein gemacht; sie ist, soweit es möglich war, seitlich ausgewichen und setzt das Blinzeln ein, auch um einen direkten Blickkontakt erst gar nicht aufkommen zu lassen. Ihre Ohren hat sie flach nach hinten am Kopf liegen. Man sieht ihr an, wie unwohl sie sich fühlt.
Hier ist zwischen dem Weißen Schäferhund Darko und Arwen ungewollt große Nähe entstanden.

Bei menschlicher Beeinflussung

Wir bringen unsere Hunde häufig zum Blinzeln, wenn wir uns ihnen unbedacht nähern und die Signale, wann es ihnen zu nahe oder zu eng wird, nicht wahrnehmen.

Dieser Hund ist ein bisschen „eingepfercht" zwischen den beiden Kindern – mit wenig Spielraum, um ausweichen zu können. Das fast frontal vor ihm sitzende Mädchen greift zudem ins Halsband. Die Anspannung des Hundes zeigt sich in den sehr flach nach hinten gelegten Ohren, der Anspannung der geschlossenen Mundspalte und den fast zusammengekniffenen Augen. So sieht ein Hund aus, der nett und höflich ist und das Ganze erträgt, sich aber dabei nicht ganz wohlfühlt.

Blinzeln

Äußere Gegebenheiten, die das Blinzeln optisch verstärken

Hier ist das Blinzeln durch die dunkel pigmentierten Lidränder und die weiße „Brille" besonders deutlich zu sehen.

Äußere Gegebenheiten, die das Blinzeln schwerer erkennen lassen

Bei Hunden mit langer Gesichtsbehaarung ist das Blinzeln nicht immer gut wahrnehmbar, wie hier bei Eve.

Blinzeln aus anderen Gründen

Lichtverhältnisse oder Reizungen und verschiedene Erkrankungen des Auges können ebenfalls zu Blinzeln führen.

Auch Quivive blinzelt – allerdings, weil sie von der tiefstehenden Sonne geblendet wurde, als Gabi sie für das Foto ansprach.

Wenn man sich das Fell in dem Bereich um die Augen betrachtet, kann man Krusten und Fellverfärbung wahrnehmen. Es ist also durchaus möglich, dass dieser Hund tränende Augen hat, die jucken oder brennen. Das kann auch Blinzeln auslösen.

3. Kopf abwenden

Kopf abwenden aus unterschiedlichen Gründen

Das Abwenden des Kopfes wird oft als ein deutliches Signal der Neutralität, des Desinteresses oder als eine Bitte nach mehr Distanz eingesetzt. Dieses Signal wird sehr oft in Kombination z. B. mit Blinzeln oder Züngeln gezeigt und ist unserer Erfahrung nach eines der meist benutzten Signale in der Kommunikation, um eine bestimmte Distanz weiter einzuhalten oder zu vergrößern. Das kann sehr subtil geschehen oder sehr deutlich gezeigt werden. Sich von einem anderen Hund oder aus einer Situation abwenden zu können, haben viele reaktive Hunde verlernt.

Angespannt und subtil

Wenn eine Situation in großer Nähe sehr angespannt ist, wird als kleinste Möglichkeit des Kopfabwendens das Wegdrehen des Augapfels gezeigt, das Verkürzen des Blicks.

Zu sehen ist es hier bei Rex (rechts stehend), als Püppi an ihm vorbeiläuft und sich zu ihm hinwendet. Seine Blickrichtung zeigt von Püppi weg, das ist an dem Walauge zu erkennen.

Entspannt und subtil

Hier wird das Abwenden des Kopfes sehr subtil eingesetzt. Beide Hunde verändern ihren Standpunkt dabei nicht. Die Situation ist entspannt, die hohe Ruten- und Kopfhaltung des rechts stehenden Hundes ist durch die nach vorne gerichtete Aufmerksamkeit entstanden.

Der Jack-Russel-Mix schaut mit nach vorne gehaltenen Ohren und hoch getragener Rute aufmerksam nach vorne. Sein Kopf ist über Rückenhöhe gehalten.
Der Dackel kommt zu dem Jack Russell-Mix hinzu und hält einen Abstand zu ihm ein, während er trinkt.

Dieser Abstand verringert sich, weil der Jack-Russell-Mix ihm den Kopf zuwendet. Er senkt dabei den Kopf und seine Ohren sind weniger aufgerichtet. Daraufhin wendet der Dackel seinen Kopf ein wenig von dem anderen Hund weg und bewahrt damit die zuvor gewählte Distanz.

Entspannt bei Desinteresse

Auch bei souveränen Hunden ist das Abwenden des Kopfes sehr häufig zu sehen und wird zum Beispiel eingesetzt, um Desinteresse zu zeigen.

Welpe Arwen möchte unbedingt Kontakt zu dem erwachsenen York und ihm ihre Zuneigung bezeugen (Welpenavancen).

Der erwachsene York macht Welpe Arwen rein körpersprachlich klar, dass er gerade seine Ruhe haben möchte. Neben dem Abwenden des Kopfes zeigt er eine Körperschwerpunktverlagerung weg von Arwen.

Arwen hat gut gelernt und wendet ihrerseits nun auch diese Signalsprache an – in diesem Fall als Ermutigung für den kleinen Yorkshire Terrier-Welpen, der etwas Bedenken hat, sich ihr zu nähern.

Entspannt und neutral

In einem Hundeauslaufgebiet kommt es täglich zu einer Vielzahl von Hundebegegnungen.

In dieser Fotoserie möchte die Weimaraner-Hündin (links) keinen Kontakt zu dem Rhodesian Ridgeback-Rüden. Der Rüde möchte neutral bleiben und nicht provozieren. Neben dem Abwenden des Kopfes blinzelt er und unterbricht somit den direkten Blickkontakt.

Rhodesian Ridgeback-Rüde

- Kopf abgewendet und ohne direkten Blickkontakt
- Ohren nach hinten gehalten
- Mund geschlossen
- Rute etwas unter Rückenhöhe gehalten

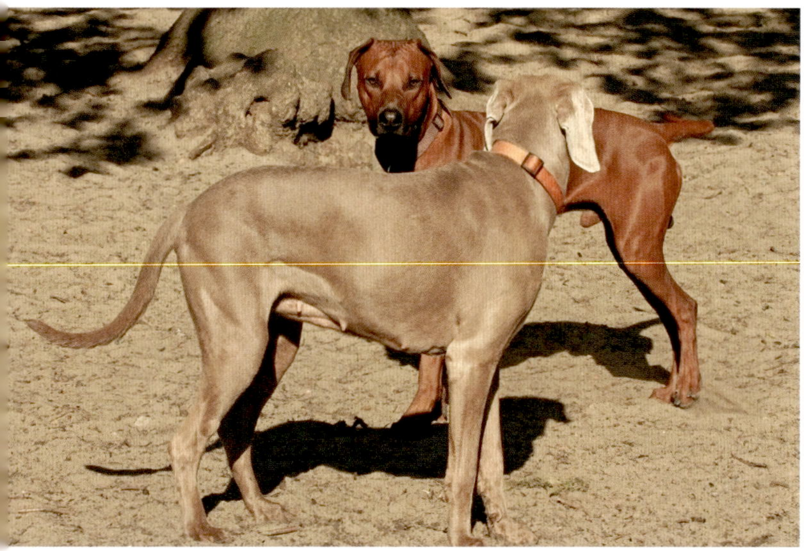

Rhodesian Ridgeback-Rüde

- Zuwenden des Kopfes
- Kopf höher gehalten
- Rute etwas mehr angehoben

Rhodesian Ridgeback-Rüde

- wieder Abwenden des Kopfes
- Augen schmaler
- Rute etwas über Rückenhöhe gehalten und in Bewegung

Rhodesian Ridgeback-Rüde

- weiteres Abwenden des Kopfes
- Ohren mehr nach vorne gehalten

Beide Hunde schauen nun in die exakt entgegengesetzte Richtung. Sie haben den seitlichen Abstand und ihre Körperpositionen während der ganzen Fotosequenz nicht verändert.

Aus dieser Perspektive sieht man sehr schön, wie weit der Abstand der beiden Hunde in der Begegnung war.

Entspannt und höflich in der Annäherung

Bei der Annäherung lässt sich oft beobachten, dass einer der beiden Hunde den Kopf abwendet, um sein Desinteresse an einem Kontakt zu zeigen oder im Falle des Vorbeilaufens seine friedliche Absicht zu signalisieren.

Hier zeigt Pixel, die rechts stehende Silken Windsprite Hündin, ihr Desinteresse durch Abwenden des Kopfes, während der sich nähernde Hund durch seine abgesenkte Kopfhaltung mit Blick in Bewegungsrichtung seine Neutralität unterstreicht.
Seine locker zur Seite getragenen Ohren, die mandelförmigen Augen und der leicht geöffnete Mund zeigen seine entspannte Stimmung. Er zeigt ein leichtes Walauge von Pixel weg, er möchte der Hündin auf keinen Fall zu nahe treten.

Erst, als er an Pixel fast vorbeigelaufen ist, bekundet er Interesse und wendet seinen Kopf, ohne sie direkt anzuschauen. Seine Ohren sind nun im Ansatz aufgerichtet und in „Flirtstellung" *(siehe auch Kapitel Das Ohr, Seite 76)*.
Seine Augenbrauen sind jetzt leicht angehoben und der Mund ist fast geschlossen, das sind Zeichen seiner beginnenden Aufmerksamkeit. Pixel wendet ihren Kopf nun leicht zu ihm hin, ein Zeichen, dass sie für eine Kontaktaufnahme bereit wäre.

Entspannt und höflich, um den Blickkontakt aufzuheben

Diese Bilder sind auf einem Hundespaziergang entstanden. Die beiden Hunde kennen sich nicht und für die Briard-Hündin Chocolat war das Gelände völlig unbekannt.

Hier wird neben dem leichten Abwenden des Kopfes eine dosierte Schwerpunktverlagerung nach hinten gegenüber Chocolat (rechts im Bild) gezeigt. Der im linken Foto bestehende Blickkontakt wird abgebrochen.

Angespannt und höflich, um Distanz zu wahren

Beim Strandspaziergang trafen Quivive (links) und Gabi auf Taylor, einen Pyrenäenberghund, mit seiner Halterin. Für ein Foto sollten sich die beiden Hunde nebeneinandersetzen.

Zu mehr Nähe ist Quivive angesichts des imposanten Rüden nicht bereit, sie wendet deutlich ihren Kopf ab und lehnt sich von ihm weg, um das klarzumachen. Sie ist ein bisschen aufgeregt, das ist an ihrer langen Mundspalte zu sehen Taylor – ganz Gentleman – wendet sich mit deutlichem Blinzeln von ihr ab und respektiert ihre Bitte nach Distanz. Sein Körperschwerpunkt ist nur sehr wenig weg von ihr verlagert.

Angespannt bei Einschränkung und direktem Blickkontakt

Das Abwenden des Kopfes unterbricht nicht nur Blickkontakt, sondern signalisiert auch „das ist mir zu nah".

Der Hund, der auf dem Arm gehalten wird, hat außer dem Abwenden des Kopfes keine Möglichkeit, den untenstehenden Hund um Wahrung der Distanz zu bitten und um den direkten Blickkontakt zu unterbrechen.

Angespannt bei Einschränkung und zu viel Nähe

Besonders bei gestellten Gruppenfotos sieht man das Kopfabwenden häufig.

Gabi wollte gerne ein Foto mit Quivive und Tiber. Tiber hatte sich gerade etwas auf Quivive zubewegt. Quivive wollte ausweichen und Gabi hat versucht sie zu rahmen, damit sie nicht aufsteht und weggeht. Dadurch bleibt ihr nur, den Kopf abzuwenden, um zu sagen, dass Tiber ihr zu nahe kommt. Sie baut dadurch etwas Distanz zu Tiber auf, außerdem lehnt sie sich mit dem Körper von ihm weg.

Zur Verdeutlichung der Spielabsicht

Das Kopfabwenden in Spielsituationen verdeutlicht die friedliche Spielabsicht, auch wenn es gerade recht wild ausschaut.

Tamika (links) wendet mit weit geöffnetem Mund den Kopf von Arwen ab, um ihre Spielabsicht zu verdeutlichen.

Eine Situation, wie sie im Spiel häufig vorkommt: Spot steht obendrüber, Rani liegt untendrunter. Durch das Abwenden des Kopfes beugt er jeder Fehlinterpretation vor.

Angespannt bei zu viel menschlicher Nähe

Beide Hunde weichen der Hand durch Abwenden des Kopfes aus. Manche Hunde zeigen dieses Verhalten nur fremden Menschen gegenüber, aber es gibt auch Hunde, die bei bekannten Personen ausweichen.

Neben dem Abwenden des Kopfes ist eine deutliche Schwerpunktverlagerung zur Seite zu sehen.

Hier wird zusätzlich zum Abwenden des Kopfes noch Blinzeln mitbenutzt.

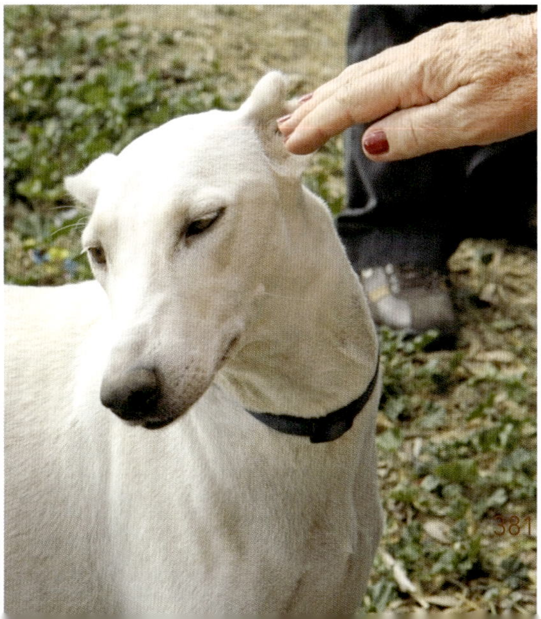

Eingesetzt zur Kommunikation in der Nähe

In den beiden folgenden Fotosequenzen ist zu sehen, dass das Abwenden des Kopfes gegenüber der schwarzen Hündin keine Zufallsbewegung des Rüden ist, sondern bewusst eingesetzt wird.
Beide Hunde kommunizieren fortwährend miteinander, wenn eine entstandene Situation das erfordert.

Hier ist eine Konstellation entstanden, in der sich die beiden Hunde frontal aufeinander zu bewegen. Der schwarz-braune Rüde ist im Trab. Da er zu wenig Wegstrecke zum Ausweichen hat, wendet er sehr deutlich den Kopf von der schwarzen Hündin im Vordergrund ab. Damit zeigt er deutlich seine friedliche Absicht.

Der schwarz-braune Rüde bewegt sich im Schritt auf die schwarze Hündin zu. Sein Kopf ist tief gehalten, die Rute ist in Rückenhöhe getragen und in Bewegung. Mit zunehmender Annäherung senkt er den Kopf tiefer und wendet ihn ab. Er geht an ihr vorbei, ohne sie anzuschauen. Seine Ohren sind nach hinten gehalten, Kopf- und Rutenhöhe haben sich kaum verändert. Die schwarze Hündin hält den Kopf in Rückenhöhe, ihre Ohren sind nach hinten gehalten. Ihre Rute ist nicht zu sehen. Sie blinzelt und bleibt bewegungslos stehen.

Erst als der Rüde vorbeigegangen ist, verändert sich die Ohrhaltung der Hündin, sie werden jetzt mehr nach vorne und nicht mehr so flach am Kopf gehalten. Die Hündin bleibt während der ganzen Fotosequenz an der gleichen Stelle stehen.

4. Körper abwenden

Körper abwenden aus unterschiedlichen Gründen

Das Abwenden des Körpers und in Folge das Weggehen oder aus einer Situation hinausgehen wird zur Distanzvergrößerung eingesetzt, zum Beispiel, wenn das Abwenden des Kopfes nicht ausreichend ist.

Es wird häufig durch ein Weglehnen, also einer Körperschwerpunktverlagerung, oder das Abwenden des Kopfes eingeleitet. Das Abwenden wird entweder selbst angewendet oder als Reaktion auf die Bitte eines anderen Hundes gezeigt, Distanz zu wahren, bei Desinteresse, auf das Stoppsignal eines anderen Hundes oder in der höflichen Annäherung. Wenn es von beiden sich begegnenden Hunden benutzt wird, mündet es oft in das Bogenlaufen, mit dem man neutral – ohne Kontaktaufnahme – aneinander vorbeigeht oder von der Seite her Kontakt aufnimmt.

Aus Respekt

Hier wird das Abwenden des Körpers eingesetzt, um selbst mehr Distanz zwischen sich und einem anderen Hund zu schaffen.

Der kleine Yorkshire Terrier Rüde Champs möchte mit der English Bulldog-Hündin Lola rumturteln.

Bei Interesse (Yorkshire Terrier Champs)

- Körper zugewendet
- Ohren in Flirtstellung
- Rute unter Rückenhöhe gehalten und heftig in Bewegung

Als sie sich ihm zuwendet, dreht er sich ab. Der direkte Blickkontakt von Lola ist ihm, womöglich ausgelöst durch Lolas Gesichtsfalten, etwas zu viel.

Um Distanz zu wahren (Yorkshire Terrier Champs)

- Körper abgewendet
- Ohren weit nach hinten gelegt
- Rute unverändert
- Walauge

Um Distanz zu wahren

Der Pudel Marley ist zwar interessiert an dem Spaniel Edward, aber diesem war das Interesse von Marley etwas zu viel und er hatte sich abgewandt. Edward ist zu diesem Zeitpunkt schon recht alt und wollte etwaigen Unannehmlichkeiten aus dem Weg gehen.

Hier nimmt Edward deutlich Kontakt zu Marley auf. Marleys Ohren sind etwas nach hinten genommen. An der angehobenen linken Vorderpfote ist zu erkennen, dass er seinen Schwerpunkt von Edward weg verlagert hat. Sein Mund ist fast geschlossen.

Es scheint Marley allerdings zu viel an Nähe zu sein, vielleicht auch, weil der zuvor verdeckte Yorkshire Terrier Champs ebenfalls sehr dicht bei ihm stand.
Sein Mund ist nun etwas mehr geöffnet.

Er wendet sich von Edward ab und geht.
Sein Mund ist deutlich geöffnet, was einen etwas entspannteren Eindruck vermittelt.

In der Kommunikation und aus Höflichkeit

Diese Sloughi Familie lebt in Tunesien bei einem Züchter, dazu gehört auch der weiße Herdenschutzhund ganz links im Bild. Hier findet Kommunikation zwischen mehreren Hunden statt, um die untereinander entstandene Nähe am Tor aufzulösen. Besonders deutlich zeigt sich dies beim Abwenden des Herdenschutzhundes und des gestromten Sloughis.

Dadurch, dass der Herdenschutzhund sich gleichzeitig mit der gestromten Sloughi-Hündin vom Tor wegbewegt, entstehen ungewollt Nähe und Blickkontakt.

Beide Hunde vermeiden einen frontalen Blickkontakt, indem sie ihre Köpfe abwenden. In der Vorwärtsbewegung beginnen sie außerdem, auch ihre Körper voneinander abzuwenden. Beide Köpfe bleiben dabei weiter abgewendet vom jeweils anderen Hund. An der Schrittfolge beider Hunde ist gut zu sehen, wie aus dem Abwenden der Köpfe in der Bewegung ein Abwenden der Körper wird. Dieses Verhalten signalisiert Neutralität und vermeidet unnötige Provokation oder ein Missverständnis unter den Familienmitgliedern.

5. Bogen laufen

Bogen laufen aus unterschiedlichen Gründen

Einen Bogen zu laufen bedeutet, den seitlichen Abstand zu einem anderen Hund, einem Menschen oder einem Objekt zu vergrößern. Hunde zeigen dieses Verhalten sehr häufig. Das kann geschehen, weil man neutral bleiben möchte, aus Höflichkeit und aus Ehrerbietung oder aus Respekt einem anderen gegenüber.
Das Verhalten wird gezeigt, wenn man sich bedrängt oder bedroht fühlt oder wenn die Einhaltung einer Distanz von dem Gegenüber eingefordert wurde. Einen Bogen zu laufen hat deeskalierenden Charakter.

Aus Höflichkeit

Die kleinste Form eines Bogens bei einem höflichen Kontakt bilden die nach außen gebogenen (konvexen) Wirbelsäulen dieser beiden Sloughis. Dieser Abstand wird während des ganzen Kontaktes beibehalten. Der Kontakt der beiden Hunde ist sehr entspannt.

Bei beiden Hunden
- Konvex gebogene Wirbelsäulen
- Rute (gestromter Sloughi) in Rückenhöhe und sachte in Bewegung
- Köpfe vorgereckt

Um einen Hund herum, der Distanz einfordert

Hier ist deutlich die Distanzforderung des stehenden Golden Retriever zu sehen.
Er möchte aber neutral bleiben und vertraut auf seine Ausstrahlung, die auch nicht missverstanden wird.

Rani (unten rechts) nähert sich einem Retriever-Rüden, der unbeweglich stehenbleibt und mit hoch erhobenem Kopf ohne Blickkontakt über sie hinwegschaut. Seine Rute ist in Rückenhöhe gehalten und in Bewegung.

Noch bewegt Rani sich auf den weiter unbeweglich stehenden Rüden zu. Ihre Rute schwingt in Rückenhöhe, ihre Ohren sind flach am Kopf gehalten. Sie würde wohl gerne einen Kontakt machen, zögert aber wegen der Körperhaltung des Rüden.

Als Rani sich in frontaler Linie auf ihn zu bewegt, bewegt er den Kopf und baut Blickkontakt auf. Seine Körperhaltung bleibt weiter unverändert. Rani leitet das Bogenlaufen ein. Sie wendet zuerst den Kopf, dann auch den Körper von dem Rüden ab und senkt den Kopf.
Der Rüde steht weiter unbeweglich, bis sie sich in einem weiten Bogen in den Wald zurückgezogen hat.

Um auszuweichen

Das Bogenlaufen erzeugt immer eine seitliche Distanz, um Konflikten aus dem Weg zu gehen.

In dieser Bildfolge ist sehr schön das Bogenlaufen von Weimaraner-Hündin Deluxe (rechts laufend) zu sehen, als der rot-braune Rüde sich ihr zuwendet.

Weimaraner-Hündin Deluxe

- Schwerpunktverlagerung vom anderen Hund weg
- Rute über Rückenhöhe gehalten und in Bewegung
- Ohren locker hängend

Der Rüde baut Blickkontakt zu ihr auf und wendet sich ihr zu. Ihr Ausweichen wird jetzt deutlicher. Als er ihr Ausweichen bemerkt verlangsamt er.

Weimaraner-Hündin Deluxe

- Rute höher und fester gehalten
- subtile Kopfdrehung zum Rüden hin

Er wendet sich wieder von ihr weg und unterbricht den Blickkontakt. Nun schaut Deluxe zu ihm hin. Ihr Körperschwerpunkt ist wieder fast neutral.

Sein höfliches Verhalten ermutigt Deluxe, doch noch Kontakt zu ihm aufzunehmen.

Um neutral zu bleiben bei Annäherung an eine Gruppe

Eine Annäherung an eine Gruppe oder an Hunde, die aneinander sehr interessiert sind, kann eskalieren, wenn die Annäherung zu frontal und/oder zu schnell erfolgt.

In dieser Bildfolge wird die schwarze Taschka (mittig stehend) von einem fremden Rüden (im Vordergrund) intensiv beschnuppert. Australian Shepherd-Mischling Spot, der sehr oft mit Taschka zusammen ist, naht vom hinteren linken Bildrand. Er möchte vielleicht abklären, ob für Taschka eine Bedrohung besteht.

Spot nimmt Blickkontakt zu ihr auf. Hier ist schon deutlich zu sehen, dass er nicht geradewegs auf die beiden zuläuft, sondern zu einem Bogen ansetzt.

Als Spot um Taschka und den Rüden herumläuft, hebt der fremde Rüde den Kopf. Er zeigt ein leichtes Walauge, seine Mundspalte ist langgezogen und seine Ohren sind flach am Kopf gehalten.

Spot erweitert den Bogen und damit den Abstand zu dem Rüden. Auch Spots Ohren sind nun nach hinten getragen und seine Mundspalte ist etwas langgezogen. Erst als Spot im Bogen an den beiden vorbeigelaufen ist, richtet er die Ohren wieder nach vorne auf. Sein Blick ist in Laufrichtung nach vorne gerichtet, der fremde Rüde schaut ihm mit weichen Augen hinterher.

Entspanntes Miteinander

Eine ganz alltägliche Szene: Zwei kommunizieren miteinander und der dritte (der Greyhound) läuft einen kleinen Bogen, um nicht zu stören.

Diese Hunde leben miteinander in einer Tierherberge. Gerade findet ein Kontakt statt, der von dem vorderen (älteren) Hund etwas stürmisch ausgeführt wird. Der hintere bewegt sich sehr entspannt auf den anderen zu, das ist an seiner Ohrenhaltung zu sehen.

Beide Hunde

- Ruten hoch erhoben
- direkter Blickkontakt

Mischlingsrüde (rechts)

- Ohren locker und mehr seitlich gerichtet gehalten
- Augen klein
- Mund leicht geöffnet

Während die beiden kommunizieren, kommt von hinten der mit dabei lebende Greyhound an. Er beginnt sofort einen Bogen zu laufen.
Er wirkt angespannt wegen seines geöffneten Mundes, den zurück gelegten Ohren, der gerundeten Wirbelsäule und dem tief gehaltenen Kopf. Aber der Anschein täuscht: Es war sehr heiß an diesem Tag und er war am Hecheln. Seine Körperhaltung entspricht eher dem rassetypischen Bild, er ist hier recht entspannt an den beiden stehenden Hunden vorbeigelaufen.

Um einen Konflikt zu vermeiden

Hier ist der ältere der beiden Rüden aus der vorherigen Fotoserie in Kontakt mit einem weiteren Hund aus seiner Gruppe.

Zwischen den beiden Hunden ist eine angespannte Stimmung entstanden.
Sie fixieren sich, allerdings deutet der Körper des Schäferhund-Mischlings schon einen leichten Bogen an.

Schäferhund-Mischling

- Ohren nach vorne ausgerichtet
- direkter Blickkontakt
- Mund geschlossen

Beide Hunde

- Ruten hoch erhoben
- Köpfe abgesenkt und nach vorne gereckt

Als der grau-weiße Rüde sich seitlich auf ihn zubewegt, weicht er deutlich aus. Er schaut dabei vor sich und erwidert den Blickkontakt nicht, den der andere noch ausübt.
Seine Rute ist jetzt etwas tiefer getragen und seine Ohren sind zur Seite gedreht.
Damit zeigt er deutliche deeskalierende Signale dem grau-weißen Rüden gegenüber.

Als Sicherheitsaspekt

Hier wird das Laufen eines Bogens eingesetzt, um die eigene Sicherheit zu gewährleisten. Die eingenommene Distanz kann von Situation zu Situation wechseln.

Dieser tunesische Straßenhund trägt sein Futter im Mund, als er Katja begegnet. An den Markierungen auf der Straße kann man gut erkennen, dass er einen Bogen läuft, um Katja gerade soviel auszuweichen, dass er sich mit seinem Futter sicher fühlt. Im Vorbeilaufen beschleunigt er leicht und setzt dann weiter seinen Weg fort.

!!!

Abstände beziehungsweise das Einhalten von Abständen spielen bei Hunden eine größere Rolle, als wir uns das vorstellen. Die meisten der körpersprachlichen Signale dienen dazu, einen gewünschten Abstand gewahrt zu wissen.

Das Bogenlaufen wird sehr oft so genutzt, damit ein Sicherheitsabstand gewahrt bleibt. Wie groß dieser Abstand ist, richtet sich nach den individuellen Erfahrungen eines Hundes oder orientiert sich an dem, was ein entgegenkommender Hund signalisiert.

Für einen Hund ist es eine wichtige Erfahrung, sich durch die Einhaltung benötigter Abstände beschützt und sicher zu fühlen. Das trifft auch für Hunde mit Leinenaggression zu. Der Ursprung einer Leinenaggression ist in der Regel in der Unsicherheit wegen zu viel Nähe zu anderen Hunden zu finden. Eine Leine oder eine räumliche Begrenzung (wie zum Beispiel ein Türrahmen oder andere Engstellen) beschränken die Möglichkeit des Ausweichens sehr stark und können bei Hunden zur Leinenaggression führen. Das frontale Aufeinanderzuführen, wie wir es beim Spaziergang mit unserem Hund gerne machen oder wie es oft auf Hundeplätzen erwartet wird, ist in den Augen von Hunden kein höfliches Verhalten und kann zu entsprechenden Reaktionen führen.

Auch das unkontrollierte frontale Draufzuspringen eines jungen Hundes, der im Lesen der Signale noch nicht genug Erfahrung hat, kann zur Aggression des anderen Hundes führen. Laufen Sie mit Ihrem Hund an der Leine in Begegnungen mit anderen Hunden einen Bogen, auch wenn Ihr Hund keine Probleme mit Frontalbegegnungen hat. Sie lehren Ihren Hund höfliches Verhalten. Loben Sie ihn dafür und viele andere Hunde werden es Ihnen danken. Wenn Ihr Hund unsicher in der Begegnung mit anderen Hunden ist, können Sie ihm viel Sicherheit vermitteln, wenn Sie mit ihm einen Bogen laufen und soweit seitlich ausweichen, wie es die jeweilige Situation erfordert. Manchmal bedeutet das, die Straßenseite zu wechseln oder abzuwenden und in eine andere Richtung zu gehen.

Wenn Ihr Hund in der zu nahen Situation kein Leckerchen annehmen konnte, wäre die Fähigkeit, wieder Futter anzunehmen, eine Richtlinie für den gerade benötigten Abstand.

Um einem Menschen auszuweichen

Das Bogenlaufen wird auch Menschen gegenüber angewandt.
Wenn ein Hund Angst vor unbekannten Personen hat, kann die Leine seine Möglichkeit, die seinem Sicherheitsbedürfnis entsprechende Distanz zu wahren, einschränken. Dann kann es eine sehr vertrauensbildende Maßnahme sein, mit ihm gemeinsam einen Bogen zu laufen. Dieser Bogen muss dem individuellen Bedürfnis des Hundes nach Distanz in dieser Situation entsprechen.

Golden Retriever-Hündin Rani kommt hier gerade aus dem See und wird von dem Halter des braunen Labradors angesprochen. Entgegen ihrem sonstigen Verhalten, auch fremde Menschen sehr freundlich zu begrüßen, läuft sie auf den Labrador zu und zeigt ein Walauge in Richtung der Person.

Sie nimmt Kontakt zu dem Labrador auf, behält aber den Menschen im Auge. Als sich der Mensch vornüberbeugt und sie wahrscheinlich aus dieser Körperposition anspricht, zeigt Rani deutliches Meideverhalten und springt von ihm weg.

Sie läuft einen deutlichen Bogen um den Menschen, der ihr aus irgendeinem Grund nicht geheuer war.

Bei Ungewissheit

Hier ist gut zu sehen, wie schnell auch äußere Einflüsse die Kommunikation der Hunde erschweren oder einfach verändern. Schlechte Lichtverhältnisse führen durchaus auch bei gut sehenden Hunden zu Unsicherheiten.

Katjas Hundefamilie ist im Nebel unterwegs. Im Vordergrund stehen Dhanyi und die kleine Ella, in einiger Entfernung steht ihnen Jean gegenüber, die zögert, sich weiter zu nähern. Jean und Dhanyi schauen sich an. Jean ist sich wohl nicht ganz sicher, ob Dhanyi sie als Familienmitglied erkennt.

Jean hat ihren Kopf von Dhanyi abgewendet und zeigt damit deutlich, dass sie sich nicht weiter annähern möchte.

Dhanyi wendet ihren Kopf und schaut Katja an. Dhanyi fragt um Rat und mit einem solchen Blickkontakt erschließt sich für den Hundehalter die Möglichkeit, den Hund beispielsweise zurückzurufen.

Jean beschließt, sich langsam und in einem Bogen zu nähern. Dhanyi schaut hinterher, bleibt aber weiter unbeweglich stehen.

Da Jean den Bogen weiter läuft, kann Dhanyi den Kopf abwenden.

Dhanyi hat sich ganz abgewendet und springt auf Katja zu. Jean bewegt sich schnüffelnd weiter. Sie ist jetzt deutlich entspannter.

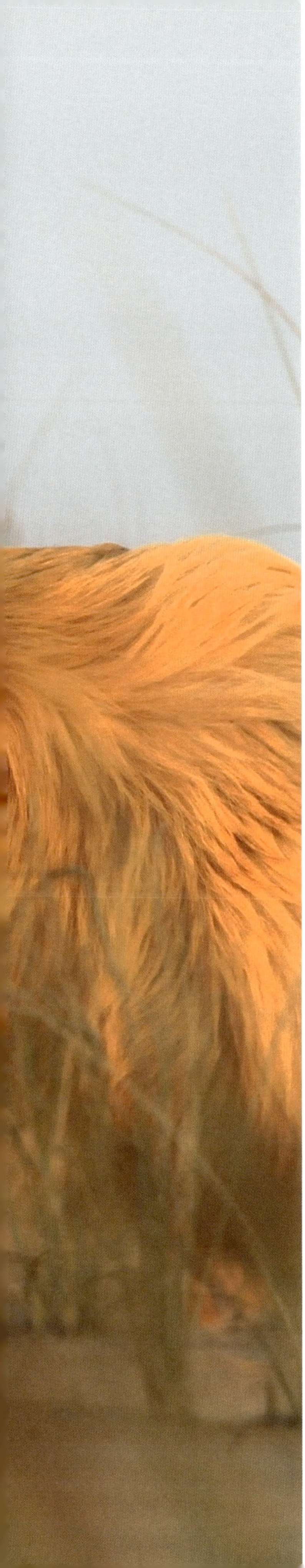

6. Verlangsamen und langsame Bewegungen

Langsame Bewegungen aus unterschiedlichen Gründen

Das Verlangsamen ist oft zu beobachten, wenn Hunde sich begegnen. Einer stürmt vehement auf einen anderen zu und beginnt ab einer gewissen Nähe, die Geschwindigkeit zu reduzieren. Das ist eine höfliche Geste unter Hunden oder es wurde ein Signal gegeben, die Geschwindigkeit zu reduzieren oder sich nicht weiter zu nähern. Es kann zu einem freundlichen Kontakt kommen, verbunden mit langsamen Bewegungen oder seitlicher Annäherung. Dabei können auch weitere Kommunikationssignale wie Blinzeln, Kopfabwenden oder Züngeln gezeigt werden.
Baut sich zwischen den Hunden Spannung auf, lässt sich das an der zunehmenden Langsamkeit der Bewegungen ablesen. Je angespannter die Situation, desto langsamer die Bewegungen bis hin zu einem Stillstand. Dabei sehen wir eher steife Bewegungen mit durchgedrückten Gelenken, meist hoch gehaltenen Ruten, die kaum oder aber sehr heftig in Bewegung sind und oft nur im Bereich der Rutenspitze. Junge Hunde, die diese Signale erwachsener Hunde übersehen oder noch nicht so gut deuten können, zeigen oft kein Verlangsamen im direkten Aufeinanderzulaufen und erfahren eine deutliche Zurechtweisung. Mancher Hundehalter wundert sich, dass sein lieber und gut verträglicher Hund immer wieder von anderen Hunden scharf zurechtgewiesen oder Opfer von Beißattacken wird. Einer der Gründe ist diese fehlende Höflichkeitsform des Verlangsamens.
Auch Menschen würden ein solches Verhalten, ungebremst auf Einzelpersonen oder auf eine Gruppe zuzulaufen, als unhöflich und distanzlos empfinden.
Hunde zeigen dieses Verlangsamen auch gegenüber Menschen und dann häufig mit beschwichtigendem Charakter. Wenn wir unseren Hund mit strengem Ton und einer entsprechenden Körpersprache zu uns rufen, kann es sein, dass er zuerst schnell zum Kommen ansetzt, in größerer Nähe aber zu verlangsamen beginnt. Unsere Stimmlage und Körpersprache signalisieren ihm, besser nicht zu kommen und Abstand zu halten.

Verlangsamen

Bei der Annäherung an andere Hunde

Es gibt Hunde, die auf eine schnelle Annäherung gezüchtet sind wie zum Beispiel der Cattle Dog als Hütehund. Dieses ungestüme Verhalten kann bei anderen Hunden zu Missverständnissen führen. Deswegen ist es wichtig, dass diese Hunde jederzeit gut abrufbar sind.
Ballspiele sollten so gestaltet sein, dass keine frontalen schnellen Annäherungen an entgegenkommende Hunde statt finden.

Der Jack-Russell-Terrier Mix kommt in flottem Galopp auf Katjas Hundefamilie zugelaufen. Die Ohren sind nach vorne aufgerichtet und seine Rute ist über Rückenhöhe gehalten und in Bewegung. Er sieht sehr unternehmungslustig aus mit seinem Ball im Mund.

Angesichts der Gruppe von sechs Hunden verlangsamt er beim Näherkommen das Tempo bis zum Stillstand. Sein Schwerpunkt ist nach hinten verlagert.
Rute und Ohren bleiben weiter aufgerichtet, er beobachtet jetzt die näherkommenden Hunde.

Bei Wahrnehmung eines anderen Hundes

Das Verlangsamen kann gezeigt werden, wenn eine Situation suspekt erscheint und der Hund eine vorsichtige Annäherung für angebracht hält.

Der Dalmatiner kommt im zügigen Trab. Er schaut nach vorne.

- Rute hoch aufgerichtet mit wenig Bewegung
- Hals aufgerichtet
- Kopf etwas nach vorne gehalten

Als er seine Blickrichtung ändert in Richtung der Kamera, beginnt er zu verlangsamen. Seine Rute wird etwas steifer gehalten und sein Kopf senkt sich ein wenig ab.

Als der Dalmatiner sich seitlich zur Kamera befindet, verlangsamt er weiter, bis er zum Stillstand kommt.

- Rute hoch aufgerichtet mit wenig Bewegung
- Hals aufgerichtet

- Kopf leicht nach vorne gereckt und in Folge angehoben

Er wirkt jetzt steif in seiner Haltung. Es ist kein entspanntes Stehenbleiben, sondern er scheint etwas gesehen zu haben, was ihn stoppen lässt.

Nach offensiver Annäherung an eine unbekannte Person

Die hellbraun gestromte Sloughi-Hündin kam Katja in Tunesien in einem großen Familienverband mit weiteren geschätzten dreißig Sloughis entgegengelaufen. Die meisten waren sehr freundlich und interessiert, doch dieser jungen Hündin war Katja erst ein wenig unheimlich. Dazu ist zu sagen, dass diese Hunde auf einem Hof gehalten werden und eigentlich nur zur Jagd den Hof verlassen.

Die Junghündin (Mitte) bellte Katja bei der Annäherung zuerst an. Auf diesem Foto ist bereits zu erkennen, dass sie beginnt ihr Tempo zu drosseln, was gut an dem rückwärts verlagerten Oberkörper zu erkennen ist.

Sie reduziert ihre Geschwindigkeit weiter und verlagert ihren Schwerpunkt weit nach hinten.

Nun ist sie bereits im Schritt und bekommt dadurch auch eine bessere Möglichkeit der Wahrnehmung.

Nach stürmischer Annäherung

Besonders jungen Hunden fällt die langsame Annäherung an andere Hunde oft schwer.

Rani (links stehend) trifft auf eine junge Golden Retriever-Hündin, die sich zügig auf sie zubewegt. Rani bleibt stehen, ihr Kopf ist hoch getragen, genauso wie ihre Rute.

Angesichts von Ranis unbewegter Körperhaltung verlangsamt die stürmische Junghündin jetzt ihr Tempo. Die Form ihrer Mundspalte hat sich verändert und sie hat die Haare über dem Rücken aufgestellt. Sie wird jetzt etwas unsicher, ob sie sich Rani weiter nähern soll.

Rani bleibt unbeweglich stehen und hat wahrscheinlich auch direkten Blickkontakt aufgebaut. Nur ihre Rute ist in Bewegung. Die Junghündin verlangsamt jetzt deutlich ihr Tempo, je näher sie Rani kommt.

Der Mund der Junghündin ist jetzt geschlossen, im Gesicht haben sich Falten gebildet. Die Rute wird tiefer gehalten. Ihre Ohren sind flach am Kopf und nach hinten gehalten. Während Rani ihren Schwerpunkt tendenziell nach vorne verlagert, wandert der Schwerpunkt der Junghündin nach hinten.

Um einer Situation auszuweichen

Im Vordergrund sind Taschka und ein dreifarbiger Rüde sehr interessiert aneinander. Von hinten kommt ein Jack Russell-Terrier angetrabt.

- Kopfhaltung hoch
- Rute hoch aufgerichtet
- Ohren nach vorne gestellt

Als er die beiden im Weg stehend wahrnimmt, verlangsamt er sofort.

In größerer Nähe zu den beiden Hunden im Vordergrund wendet er sich ab.

- Kopf etwas abgesenkt
- Rute in Rückenhöhe gehalten
- Ohren nach hinten gehalten

Seine Körperhaltung hat sich verändert. Möglicherweise hat die schwarze Taschka, die ihm zugewendet steht, über Blickkontakt gesagt: „Bleib weg! Stör mich nicht!"

Er läuft zurück und damit auf Spot zu, der im Hintergrund links oben auftaucht. Der Rücken des Jack-Russell-Terriers ist gerundet, Kopf und Rute sind tief gehalten. Er fühlt sich in dieser Situation nicht mehr wohl.

7. Kleinmachen

Kleinmachen aus unterschiedlichen Gründen

Üblicherweise wird das Kleinmachen gerne als ‚submissiv' bezeichnet (Demutshaltung). Die Steigerungsform ist das Hinlegen, das nach allgemeiner Ansicht vorwiegend einen Angriff abwenden soll.
Unserer Erfahrung nach hat es nicht immer damit zu tun. John Bradshaw beschreibt in seinem Buch ‚Hundeverstand', dass beobachtet wurde, dass dieses Verhalten auch nicht immer sicher zu dem Ausbleiben eines Angriffs führt.
Diese Körperhaltung wird bei Unsicherheit gezeigt, mit stark gebeugten Gelenkwinkelungen und einer zum Kopf hin abfallenden Rückenlinie.
Viele Hunde zeigen diese Körperhaltung in der Begegnung mit einem geliebten Lebewesen. Dann wird von Zugehörigkeitsgesten gesprochen. Es ist auch eine Form der höflichen Annäherung. Das erscheint uns in vielen Situationen zutreffender. Viele Hunde zeigen dieses Verhalten beispielsweise in der Begrüßung mit einem geliebten Menschen.
Jüngere Hunde können diese Körperhaltung im Zusammentreffen mit älteren Hunden sehr überschwänglich zeigen, wenn sie gut miteinander bekannt sind (Welpen- und Junghundavancen).
Es gibt Hunde, die dieses Kleinmachen sehr häufig anwenden, andere zeigen es kaum oder nur in wirklich beängstigenden Situationen. Das ist sicherlich abhängig von dem individuellen Wesen des einzelnen Hundes, kann aber auch abhängig sein von der Anatomie und dem körperlichen Zustand (zum Beispiel bei Schmerzen oder in fortgeschrittenem Alter).

Bei Respekt dem Älteren gegenüber

Auch wenn dieses Kleinmachen eine Respektbezeugung ist und bekannten Hunden gegenüber gezeigt wird, kann es zu bedrängend gezeigt werden und den anderen Hund nerven.

Arwen (links, im Welpenalter) nähert sich dem älteren Ronnie. Sie kennt Ronnie von klein auf und möchte eine Annäherung. Sie zeigt ihren Respekt, indem sie sich kleinmacht und mit tiefer Rute wedelt.

Bei respektvoller, freundlicher Annäherung eines Welpen an einem bekannten Hund

Sollte der erwachsene Hund Unmut zeigen, sollte man den Welpen oder Junghund möglichst rasch freundlich zurückrufen.

Auch dem erwachsenen York nähert sich Arwen in geduckter Körperhaltung (Welpenavancen), sie macht sich klein und züngelt, um nicht den Unmut des erwachsenen Rüden zu erzeugen. Ihr Körperschwerpunkt ist weit nach hinten verlagert. York erwidert Arwens Blickkontakt nicht. Er zeigt mit seinem weggelehnten Körperschwerpunkt und den nach hinten gehaltenen Ohren deutlich, was er von der Annäherung hält – er möchte seine Ruhe haben!

Bei respektvoller Annäherung (Arwen):

- starke Beugung von Knie- und Sprunggelenk
- starke Beugung des Ellenbogens
- Rute tief gehalten
- Rücken gerundet nach vorne abfallend
- Körperschwerpunkt nach hinten verlagert
- Kopf nach vorne gereckt
- Ohren nach seitlich-hinten hängend
- Züngeln

!!!

Viele Hundehalter sind immer noch der Meinung, dass Welpen einen besonderen Schutz in allen Situationen in der Begegnung mit fremden Hunden genießen und beziehen auch halbwüchsige Hunde mit ein. Das ist leider so nicht korrekt. Hundemütter können mit ihren Welpen sehr langmütig und sanft erziehend sein, solange sie mit ihrem Wurf zusammen leben. Auch andere Hunde der Familie, sofern sie von Beginn an mit dem Wurf zusammen sind, können sich gegenüber „ihren" Welpen ähnlich verhalten. Es gibt allerdings auch Hundemütter, die grob und unangepasst mit ihren Welpen umgehen.
Dieses geduldige Verhalten bringen nur wenige erwachsene fremde Hunde auf, die mit Welpen zusammengebracht werden. Hier hängt es sehr von den vorherigen Erfahrungen der Hunde ab, wie sie sich Welpen gegenüber verhalten.
Manche erwachsene Hunde schnappen durchaus auch vehement nach ungestümen Welpen, was bei kleineren oder sehr jungen Welpen auch zu stärkeren Verletzungen führen kann.

Zur Beschwichtigung einem erwachsenen Hund gegenüber

Das Kleinmachen zeigen viele Hunde, die noch jung sind oder sich zumindest jung fühlen.

In dieser Fotoreihe hat der etwas tollpatschig ankommende junge Labrador-Rüde (rechts) das Missfallen der erwachsenen Weimaraner Hündin erregt. Er stoppt ab, als die Weimaraner-Hündin deutlich zeigt, dass er nicht näherkommen soll. Sein Schwerpunkt verlagert sich nach hinten, er macht sich klein. Seine Ohren sind nach hinten getragen, die Rute ist tief gehalten und in Bewegung.

Er möchte die Hündin wohl beschwichtigen und versucht, ihre Mundwinkel zu erreichen, um zu lecken. Das ist ihr eindeutig zu aufdringlich. Die Augenbrauen der Hündin sind angehoben, der Blick wirkt starr. Ihre Ohren sind nach hinten gehalten und im Nasenbereich ist Faltenbildung zu sehen. Sie weicht dem Junghund durch Schwerpunktverlagerung nach hinten aus. Ihre Rute ist tief gehalten und sie ist sehr angespannt.

Beobachtet haben wir bei der Hündin, dass lange Speichelfäden aus ihrem Mund hingen und dass ihr Gangbild steif war, mit festgehaltenem und aufgezogenem hinterem Rücken. Es ging ihr gesundheitlich wahrscheinlich nicht gut und dies könnte ein Grund für die abwehrende Haltung gegenüber dem ungestümen Jungrüden gewesen sein.

Bei Unsicherheit in neuen Situationen

Die bunte Kuh in der Berliner Innenstadt kommt Rani etwas suspekt vor. Um ihr zu zeigen, dass die Figur ungefährlich ist, streut Katja Leckerchen um die Kuh herum aus.

Bei Unsicherheit

- geduckte Körperhaltung
- starke Beugung der Gelenkwinkel
- Körperschwerpunkt nach vorne verlagert
- nach vorne abfallende Rückenlinie
- Rute dicht am Körper gehalten
- Kopf und Hals vorgereckt

Rani nähert sich langsam der Figur, Leckerchen für Leckerchen mit weit vorgestrecktem Hals. Deshalb liegt ihr Körperschwerpunkt weit vor den Vorderpfoten. Ihre geduckte Körperhaltung drückt ihre Unsicherheit und Fluchtbereitschaft aus, sollte die Kuh doch einen Angriff ausführen wollen. Mit Tellington TTouches® könnte hier auch die Angst reduziert werden.

Rani erlebt zum ersten Mal Pferde. Die großen Tiere verunsichern sie, aber sie ist so neugierig, dass sie sich nahe an sie herantraut.

Bei Unsicherheit

- geduckte Körperhaltung
- Rücken stark gerundet
- Rute dicht am Körper gehalten
- Kopf tief gehalten
- Augen gerundet
- Ohren etwas nach hinten gehalten

Im Meideverhalten

Körpersprachlich können Menschen sehr massiv auf einen Hund einwirken und damit das Kleinmachen auslösen.

Dieser Hund wurde von seiner Halterin sehr beschimpft und bedroht, weil er weggelaufen war und nicht gleich gehört hatte. Hier ist ein eher seitliches Wegducken des Vorderkörpers zu sehen, ausgelöst durch den seitlichen Leinenzug und das Weglehnen des Hundes.

Später hat sie ihn dann auch noch mit einem Handtuch geschlagen. Wahrscheinlich wusste er um die übliche kommende Bestrafung und hatte sich deswegen an der Leine schon klein gemacht und nachziehen lassen.
Dieses Verhalten wird oft „als Ausdruck eines schlechten Gewissens" oder „er weiß jetzt ganz genau, was er falsch gemacht hat und warum er bestraft wird!" fehlinterpretiert. Das seitliche Weglehnen entsteht auch durch den Leinenzug, der den Oppositionsreflex auslöst *(Zug erzeugt Gegenzug, mehr dazu in dem Kapitel Schwerpunktverlagerung, Seite 247)*.

Bei Angst

Leider kommt es im Freilauf immer wieder zu solchen vehementen Annäherungen von unangeleinten Hunden, die zwar ohne körperlichen Schaden ablaufen, aber dennoch für einen Hund sehr stark beeindruckend und beängstigend sind.

Während eines Spaziergangs kommt dieser Schäferhund vehement auf Rani zugeschossen. Rani knickt in den Vorderbeinen ein und macht sich klein, um eventuell ausweichen zu können. Ihre Ohren sind nach hinten gehalten, der Mund ist geschlossen und die Augen sind gerundet. Sie ist sehr angespannt. Der Schäferhund konnte nicht mehr wirklich bremsen, sein Körperschwerpunkt ist aber deutlich von Rani wegverlagert.

Rani ist ihm ausgewichen, sie hat sich weggeduckt und ihr Rücken ist stark gerundet.
Ihre Rute ist bis unter den Bauch gezogen. Die Situation hat ihr Angst gemacht.

Bei Zudringlichkeit eines anderen Hundes

Eurasier-Junghündin Diana (links) fordert auf einem Spaziergang vehement zum Spielen auf. Die erwachsene Hündin Quivive will sich nicht auf ein Spiel einlassen und versucht weitgehend, Dianas übermütiges Verhalten zu ignorieren. Auf diesem Foto zeigt sie Anzeichen von Unsicherheit gegenüber Diana, die ihr körperlich überlegen war. Wahrscheinlich hat sie auch beschwichtigend gepfötelt.
Hier spielen neben dem Altersunterschied auch die unterschiedliche Größe der beiden Hunde und das jugendliche Temperament Dianas eine Rolle bei Quivives Entscheidung, die Spielaufforderungen nicht zu beantworten. Junge Hunde können sehr überschäumend und mit viel Körpereinsatz spielen und sind dann manchmal von den erwachsenen Hunden nur noch schwierig zu beeinflussen. Das sind Situationen, in denen wir als Halter helfend eingreifen sollten. Diana wurde beispielsweise immer wieder an die Leine genommen, um Quivive eine Pause zu geben.

Quivive rechts

- geduckte Körperhaltung
- Rücken stark gerundet
- Rute tief und dicht am Körper getragen
- Kopf tief gehalten
- Ohren nach hinten gehalten
- linke Vorderpfote angehoben

Als Bitte zur Pause

Rani (links) und Spot haben sehr ausgelassen miteinander gespielt. Rani bittet hier gerade um eine Verschnaufpause. Vielleicht hat das wilde Spiel sie auch ein bisschen verunsichert.

Bei Unsicherheit im Spiel

- Rücken stark gerundet
- Kopf tief gehalten
- Rute tief gehalten und in Bewegung
- starke Gelenkwinkelungen

Spot beginnt, seinen Körperschwerpunkt nach hinten zu verlagern und hat eine Vorderpfote angehoben, um zu signalisieren, dass er Ranis Bitte verstanden hat.

Aus Respekt (vor der Körpergröße und der Präsenz des anderen Hundes)

Golden Retriever-Hündin Amy lernt den großen Landseer Anatol in Gabis Übungshalle kennen. Sie ist sehr beeindruckt von dem mächtigen Rüden, der sich ihr gegenüber distanziert und souverän verhält.

Amy nähert sich mit tief gehaltenem Kopf und tief gehaltener Rute. Sie wedelt vorwiegend mit der Rutenspitze. Ihre Mundspalte ist langgezogen und ihre Ohren sind flach nach hinten gehalten. Sie ist unsicher und möchte Anatol nicht provozieren.

Nach einer vorsichtigen, seitlichen Annäherung mit direkterem Blickkontakt zu Anatol wagt sie dann auch eine eher frontale Annäherung. Dabei behält sie ihre geduckte Körperhaltung bei. Anatol strahlt Gelassenheit und Neutralität aus.

Als Wesenszug von Geburt an

Cookie ist ein sehr unsicherer Hund mit vielen Ängsten, vor allen Dingen unter freiem Himmel. Die geduckte Körperhaltung hatte er schon bald nach seiner Geburt angenommen und dann nicht mehr abgelegt.

Bei Unsicherheit

- geduckte Körperhaltung
- Rücken stark gerundet
- Schwerpunkt nach hinten verlagert
- Rute tief und dicht am Körper gehalten
- Hals etwas aufgerichtet
- Kopf abgesenkt und nach vorne gestreckt
- Ohren nach hinten gehalten
- gerundetes Auge

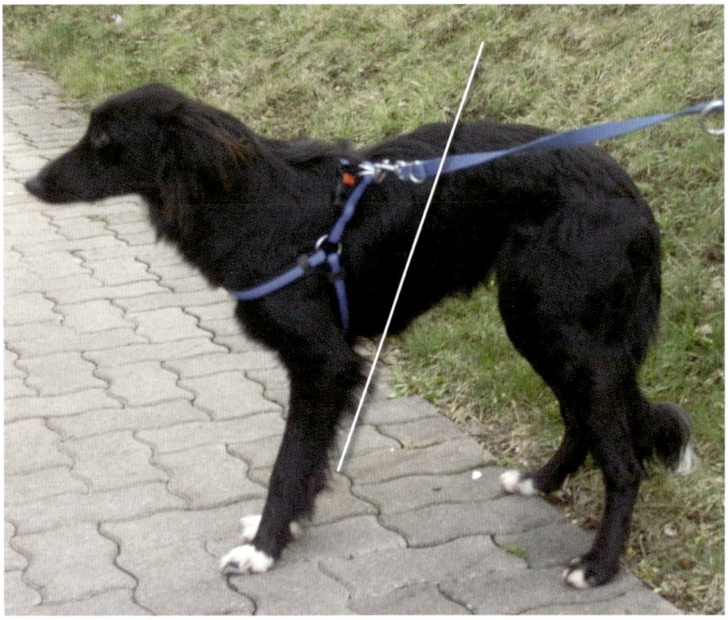

Cookie trägt ein Tellington-Körperband, das bei der Tellington-Methode gerne für ein besseres Körpergefühl verwendet wird.

Mit Tellington-Körperband

- Rücken weniger gerundet
- Rute angehoben und in Bewegung
- Hals und Kopf aufgerichtet
- Ohren nach vorne gestellt

Manchmal kann eine Körperhaltung auch aus Gewohnheit eingenommen werden und beeinflusst dann die Psyche oder die emotionale Stimmung. Cookies Körper erhielt durch den Berührungskontakt mit dem Tellington-Körperband andere Informationen und er konnte sich aus der gewohnheitsmäßig geduckten Haltung lösen.

Bei Annäherung der menschlichen Hand

Auch wir können das „Kleinmachen" des Hundes auslösen, zum Beispiel durch eine von oben kommende Bewegung der Hand in Richtung Kopf. Viele Hunde, auch wenn sie eigentlich keine Probleme mit Anfassen haben, mögen diese Form der Annäherung nicht.

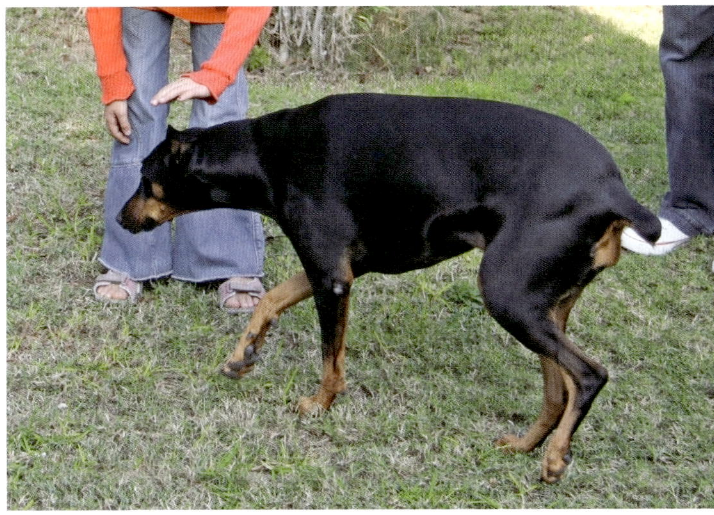

Kleinmachen, verbunden mit abgesenktem Kopf, tiefer Rutenhaltung und zurück genommen Ohren, lässt sich sehr häufig in solchen Kontakten beobachten. Oft kommen weitere Signale wie Blinzeln, Pföteln, Kopf oder Körper abwenden hinzu.

Bei zu viel menschlicher Nähe

Dieser Golden Retriever fühlt sich sichtlich unwohl in dem Menschengetümmel.

- Hinterhand bis auf den Boden abgesunken
- geduckte Körperhaltung
- Rute zwischen den Beinen
- Ohren flach nach hinten gezogen
- Kopfdecke straff
- Augenbrauen angehoben
- lange Mundspalte
- lange Zunge mit eingerollten Rändern der Zungenspitze

Dieser Hund zeigt deutliche Anzeichen von großem Stress. Außerdem war es sehr heiß. Er bräuchte dringend eine Pause und sollte an einen ruhigeren Ort gebracht werden, damit sein gestresstes Nervensystem wieder zur Ruhe kommt.

8. Hinsetzen

Hinsetzen aus unterschiedlichen Gründen

Hinsetzen und Hinlegen sind starke Signale, die auch in entsprechend bedrängenden Situationen angewandt werden. Beide Signale werden aber nicht von allen Hunden gleich angewandt; es gibt Hunde, die sie nie zeigen und Hunde oder bestimmte Rassen, bei denen diese Signale häufiger beobachtet werden, auch schon in weniger bedrohlichen Situationen. In sehr bedrohlichen Situationen können sie eine Tendenz zum „Freeze-Zustand", dem Einfrieren, beinhalten.
Neben der Beschwichtigung dienen diese Signale auch der Bitte um Distanz, sie werden von souveränen Hunden gezeigt, um die Ungefährlichkeit einer Annäherung zu demonstrieren.

Angesichts der vielen Hunde, die sie umringen, hat Rani sich hingesetzt. Sie fühlt sich nicht wohl in dieser Situation. Der Hund vor ihr hat viel Nähe aufgebaut mit direktem Blickkontakt, den sie durch ein leichtes Kopfabwenden und das seitliche Wegdrehen des Augapfels (Walauge) zu unterbrechen versucht. Doch auch von hinten-seitlich kommt ihr ein Hund sehr nahe. Die Situation stellt sich für Rani so beengend dar, dass sie nicht einfach aufstehen und weggehen kann. Sie wirkt fast wie erstarrt.

Mit der Tendenz zum Einfrieren

Rani wird hier in der Welpengruppe als Neuankömmling gleichzeitig von mehreren anderen Welpen in Augenschein genommen.

Bei Anspannung
- Hinsetzen

Weitere Anzeichen für Anspannung:
- Schwerpunktverlagerung nach hinten
- Ohren nach hinten genommen
- Mund geschlossen
- Barthaare aufgerichtet
- Walauge

!!!

Das ist eine Situation, in der ein Hund leicht erstarren oder einfrieren kann, um einem eventuellen Angriff der ihn umringenden Hunde vorzubeugen. Gerade bei erwachsenen Hunden sollte man sehr vorsichtig agieren und dem eigenen Hund keinen Ungehorsam unterstellen, weil er in dieser Situation nicht kommt, wenn er gerufen wird. Er darf sich erst wieder bewegen, wenn die anderen Hunde ihm das erlauben. Hilfreich ist es, die anderen Hunde dazu zu bringen, sich abzuwenden und wegzugehen.

Zur Beschwichtigung des anderen Hundes

Die kleine Sloughi-Hündin Chemsi erlebt den ersten Tag in ihrem neuen Heim und mit ihrer zukünftigen Lebenspartnerin, der Dobermann-Hündin Inca.

Chemsi kommt aus einer größeren Zuchtgruppe mit vielen erwachsenen Tieren und ist in diesem Fall die Souveränere. Inca ist verunsichert und zeitweise völlig irritiert von dem Welpen. Ihre Aufregung ist auch an der Schaumbildung am Mund zu ersehen. Chemsi versucht mit ganz vielen Aktionen, Inca zu beruhigen und benutzt hier mehrere Signale gleichzeitig.

Zur Beschwichtigung (Chemsi)

- Hinsetzen
- Körper abwenden
- Kopf abwenden
- Blinzeln

Mit der Bitte um Pause

Diese Szene hat Katja in einer Hundetagesstätte in Dubai beobachtet. Die kleine Cocker-Hündin wurde immer wieder durch den jungen schwarzen Mischlingsrüden zu einem wilden Spiel aufgefordert. Doch manchmal wurde es der doch viel kleineren Hündin etwas zu wild und dann versuchte sie, das Spiel durch Hinsetzen zu unterbrechen. Wie an den Händen zu erkennen ist, hat das den jungen Rüden noch nicht wirklich stoppen können, sodass der Pfleger der Hunde liebevoll, aber konsequent eingeschritten ist und der kleinen Hündin zu ihrer Auszeit verholfen hat.

Die Ohren hat die Hündin zurückgelegt, die Augen sind weit geöffnet, die Mundwinkel sind zurückgezogen und der Mund ist leicht geöffnet. Sie hat ihren Kopf recht weit aufgerichtet, da sie den Blick des Rüden zu erwidern sucht.
Die Cocker-Hündin zeigt sich nicht ängstlich, doch sie ist etwas aus der Puste und braucht nun einfach eine kurze Verschnaufpause, die sie sich durch ihr Hinsetzen zu bekommen erhofft *(siehe auch Kapitel Splitten, Seite 477)*.

Mit der Bitte um Distanz

Das Hinsetzen signalisiert häufig die Bitte um mehr Abstand.

Der Retriever-Rüde (links) hat großes Interesse an der Hündin. Er hält zwar eine gewisse Distanz und hat seinen Schwerpunkt von der Hündin weg verlagert, aber er schiebt sogar ihre Rute zur Seite. Die Hündin fühlt sich nicht wohl. Ihr Rücken ist gerundet und ihr Kopf ist in Höhe der Rückenlinie gehalten. Sie pfötelt, ihre Ohren sind nach hinten gehalten und ihre Mundspalte ist kurz.

Sie hat sich gesetzt und versucht, dem Rüden über direkten Blickkontakt klarzumachen, dass sie diese Form der Kontaktaufnahme nicht wünscht. Sie möchte aber auch keine Konfrontation. Vielleicht war sie vor kurzem heiß gewesen oder ihre Hitze steht bevor. Sie scheint für den Rüden schon sehr interessant zu riechen.

- Hinsetzen
- Körperhaltung unverändert
- Kopf abwenden

Er kommt jetzt ihrer Bitte nach und geht weiter. An ihrer unveränderten Körperhaltung ist zu erkennen, dass sie immer noch sehr angespannt ist. Lediglich ihre Ohren sind etwas lockerer nach vorne gehalten.

Diese Art von Hinsetzen sieht man oft bei Hündinnen, die von einem Rüden zu sehr bedrängt werden und kein Interesse haben und wegen der großen Nähe, die von dem Rüden aufgebaut wird, auch sehr angespannt sind. Sie setzen sich wahrscheinlich auch, um ihren Genitalbereich zu schützen. Hier ist es Sache des Rüdenhalters, seinen zudringlichen Hund zu sich zu rufen und, wenn es nicht anders möglich ist, ihn zum Schutz der Hündin anzuleinen. Rüden mit einem sehr ausgeprägten Sexualtrieb machen oft vor keiner Hündin halt! Als Halter einer Hündin sollte man diese vor Zudringlichkeiten schützen. Viele Halter wissen nicht, dass durch die hormonelle Umstellung schon Wochen vor der eigentlichen Hitze bestimmte Duftstoffe freiwerden, die für einen Rüden sehr verlockend sein können.

Aus Unsicherheit und zur Beschwichtigung

Terrier-Mischling Micky bewegt sich recht stürmisch auf den Golden Retriever-Rüden Daniel zu. Micky ist eigentlich ein unsicherer Hund im Kontakt mit anderen Hunden und versucht dies durch besonders forsches Auftreten zu kaschieren *(siehe auch Kapitel Der Körper, Seite 210)*.

In der Begegnung mit Daniel zeigt Micky immer wieder sehr aufdringliches Verhalten.

Hier steigt er seitlich an Daniel hoch. Der Retriever-Rüde ist ein sehr netter Hund und reagiert erst mal sehr gelassen. Seine Rute ist in Rückenhöhe gehalten und in Bewegung.

Als Daniel seinen Schwerpunkt kurz nach vorne verlagert, setzt Micky sich sofort hin und verlagert seinen Schwerpunkt von Daniel weg.

Als dieser sich bewegt, zeigt Micky zusätzlich Züngeln und Pföteln.

9. Hinlegen

Hinlegen aus unterschiedlichen Gründen

Das Hinlegen ist ein noch deutlicheres Signal. Es wird, wie schon beschrieben, von manchen Hunden und bestimmten Rassen individuell bevorzugt angewandt, während andere Hunde es nicht zeigen.

In der Annäherung von anderen Hunden

Viele Hunde legen sich bei jeder Annäherung anderer Hunde zuerst einmal hin und warten ab.

Diese Golden Retriever-Hündin ist angesichts von Katjas siebenköpfiger Hundefamilie stehengeblieben.

Dann hat sie sich hingelegt und auch den Kopf mit abgelegt.

Sie richtet Kopf und Oberkörper wieder auf, als Dhanyi sich nähert. Während Ella intensiv ihr Gesicht erkundet, bleibt sie unbeweglich liegen.

Auch als alle Hunde aus Katjas Hundefamilie sich wieder entfernt haben, dauert es noch eine Weile, bis die Hündin sich wieder bewegt. Sie war sicherlich sehr beeindruckt von der Anzahl der Hunde, die auf sie zukamen. Sie war nicht vor Schreck erstarrt, hat aber wohl beschlossen, in der Liegeposition zu bleiben – vielleicht, um keinen Angriff zu riskieren.

Schutzmaßnahme

Wenn keine direkte Gefahr droht, ist es sinnvoll, abzuwarten, bis sich die anderen, wahrscheinlich fremden Hunde wieder entfernt haben oder abgerufen werden, bevor man seinen Hund aus dieser Liegeposition selbst abrufen möchte. Unter Umständen darf er sich nicht bewegen und könnte demnach auch nicht gehorchen. Das ist dann kein Ungehorsam, sondern eine Schutzmaßnahme.
Während unserer Vorträge hören wir öfter von Hundehaltern, dass sich ihr Hund bei der Annäherung eines anderen Hundes einfach hinlegt und sich nicht dazu bewegen lässt, wieder aufzustehen. Manchmal zeigt ein fremder Hund dieses Verhalten, wenn Sie mit dem eigenen Hund auf diesen zugehen. Wenn beide Hunde auf gleicher Höhe sind, kann es passieren, dass der liegende Hund aufspringt und aggressiv wird.
Es ist die Bitte des liegenden Hundes um Distanz und entspringt in der Regel der Unsicherheit und nicht der Aggression!
Wenn die Distanz zu gering wird und Flucht nicht mehr möglich ist (eine Leine schränkt diese Möglichkeit entscheidend ein), wechseln manche Hunde in den Verteidigungsmodus. Dabei hängen die Distanz und deren Unterschreitung von den individuell gemachten Erfahrungen des jeweiligen Hundes ab. Manche Hunde bleiben auch einfach liegen und „harren der Dinge“, die auf sie zukommen.

Dieses Verhalten ist nicht mit Spiellauern oder Beutelauern zu verwechseln!

Lösungsmöglichkeiten:

- *Man kann den eigenen Hund bitten, sich seitlich hinzusetzen, wenn möglich, abgewandt von dem liegenden Hund. Damit löst sich die Frontalsituation auf und das reicht meist aus, dem anderen Hund das Weitergehen zu ermöglichen.*
- *Man kann auch einen Bogen um den liegenden Hund laufen und schafft so eine seitliche größere Distanz, die auch für den eigenen Hund hilfreich ist. Dadurch wird der eigene Hund nicht in eine unhöfliche frontale Konfrontation hineingebracht, die er – an der Leine geführt – nicht selbst auflösen könnte.*
- *Wenn es sehr eng wird, kann man auch abwenden und eine Stelle suchen, die mehr Distanz ermöglicht.*
- *Wenn der eigene Hund dieses Verhalten zeigt, wendet man am sinnvollsten ab, bevor der Hund liegt und zieht sich mit ihm etwas zurück. Damit sorgt man in den Augen des Hundes für seine Sicherheit und schafft eine Basis für mehr Vertrauen.*

Zur Ermutigung

Souveräne Hunde legen sich hin, um einen unsicheren Hund zu ermutigen, näher zu kommen. Oft vermeiden sie dabei direkten Blickkontakt, der eher bremsend wirken würde.

Hier zeigen die beiden Sheltie-Rüden Jack und Calypso eine sehr höfliche und nette Annäherung der jungen und etwas unsicheren D'Alegria gegenüber, die ihnen entgegenkommt.

Die Hunde begegnen sich zum ersten Mal. Während Jack und Calypso sich recht ruhig bewegen, sucht D'Alegria ihr Heil erst einmal in wilder Flucht.

Gabi hat den Spaziergang mit den beiden Shelties zusammen fortgesetzt, um D'Alegria die Möglichkeit zu geben, die beiden sehr netten Rüden kennenzulernen.

Kurz danach kommt es zu der folgenden Szene:

Oben: D'Alegria ist mutig ein Stück vorausgelaufen und möchte nun zu Gabi zurück. Jack und Calypso kommen ihr entgegen und sie stoppt sofort. Daraufhin setzt Calypso sich hin.
Unten: Er wendet seinen Kopf von ihr ab und Jack legt sich hin. D'Alegria läuft in einem weiten Bogen durchs Gras an den beiden vorbei. Jack und Calypso haben die beiden Signale Hinsetzen und Hinlegen benutzt, um D'Alegria zu signalisieren, dass sie gerne kommen darf.

Zum Signalisieren friedlicher Absichten

Shokran, die Golden Retriever Hündin, wurde hier von Katjas Hunden begrüßt. Sie hatte sie zu diesem Zeitpunkt schon viele Monate nicht mehr gesehen und war damals noch sehr jung gewesen. Es ist nicht davon auszugehen, dass die Hunde sich sogleich erkannten.

Shokran legt sich in geduckter Körperhaltung hin. Sie hält den Kopf gesenkt und ihr Mund ist geschlossen. Sie schielt zu der herannahenden Arwen (Ausschnitt Walauge). Sie bewegt sich nur langsam und sehr wenig.

Sie ist kurz aufgestanden, um sich sofort wieder hinzulegen, als sie von Tamika und Ella intensiv beschnüffelt wird.
Shokran ist eine Hündin, die das Hinlegen häufig als Kommunikationssignal benutzt, wenn sie sich in einer Situation nicht ganz wohl fühlt.

Diese Szene ging dem Hinlegen voraus: Shokran wird erst von Arwen und danach von ihrer Mutter Rani und Tamika begrüßt, wobei diese Begrüßung eher wie eine Musterung ausfällt.Sie versucht, die für sie schwierige Situation durch Hinsetzen zu entschärfen.

Oben: Shokran hat sich mit abgesenktem Kopf hingesetzt. Sie pfötelt mit der linken Vorderpfote. Ihre Ohren sind nach hinten gehalten.
Unten: Ihre Rückenlinie ist gerundet und ihr Schwerpunkt ist deutlich nach hinten verlagert. Das sichtbare Ellenbogengelenk ist stark gewinkelt. Ihre Rute liegt gerade nach hinten weg, was dafür spricht, dass sie nur kommuniziert und nicht wirklich ängstlich ist.

Zur Beschwichtigung anderen Hunden gegenüber

Diese Hunde begegnen sich in einem Freilaufgebiet und sind einander unbekannt.

Der am Boden liegende Schäferhund sieht sich einer „Übermacht“ anderer Hunde gegenüber, die sehr offensiv in ihrer Körpersprache wirken. Hier wird das Hinlegen benutzt, um die anderen Hunde zu beschwichtigen.

Der Schäferhund macht sich während der „Begutachtung“ durch den Boxerrüden klein, die Rute ist zwischen die Beine geklemmt. Er zeigt ein Walauge, die Ohren sind eher nach hinten gezogen, der Mund ist geschlossen.

Der junge Schäferhund hat eine Atempause, denn der Boxer-Rüde wird von etwas abgelenkt. Er bleibt zwar unverändert liegen, bewegt aber nun den Kopf und öffnet den Mund.

Als Respekterweisung

Hunde haben vielfältige Arten, dem Gegenüber Respekt zu erweisen. Das Hinlegen ist eine Möglichkeit, die aber nicht alle Hunde anwenden.
Hunde, die das Hinlegen zeigen, benutzen auch häufiger das Hinsetzen in der Kommunikation.
Die beiden Hündinnen Luna (links) und Foxi (rechts) leben sehr frei in Kanada auf dem Pferdehof von Gabis Schwester. Luna lebte zu diesem Zeitpunkt schon länger bei ihr als Foxi und verstand sich mit allen Tieren des Hofes sehr gut. Sie verhielt sich Foxi gegenüber sehr respektvoll.

Foxis Mund ist geschlossen und ihre Rute ist hoch über den Rücken getragen. Ihre Ohren sind leicht zur Seite gedreht. Die Vorderbeine sehen steif aus. Es lässt sich aus dieser Perspektive nicht genau sehen, ob sie sich „größer" macht. Das ist eine subtile Demonstration ihrer bestehenden mentalen Überlegenheit, die von Luna verstanden wird. Foxi wirkt selbstbewusst im Gegensatz zu Luna, deren Rute tief gehalten wird und deren Ohren flach nach hinten gezogen sind. Luna blinzelt, sie hat ihren Körperschwerpunkt leicht nach hinten verlagert und ihre hintere Rückenlinie ist leicht aufgezogen.

Luna hat sich „von selbst" hingelegt, wurde also nicht körperlich von Foxi dazu gedrängt. Ein direkter Blickkontakt, verbunden mit der entsprechenden Körpersprache, kann – obwohl sehr subtil und für Menschen oft nicht wahrnehmbar oder missverstanden – dazu führen, dass der andere Hund ein solches respektvolles oder unmissverständliches Verhalten zeigt, um Auseinandersetzungen aus dem Weg zu gehen.

Aus Unsicherheit, gepaart mit Neugierde

Vorsichtige Welpen zeigen dieses Verhalten häufig bei ihnen unbekannten Objekten. Oft ziehen sie sich dabei auch weiter zurück, um die Distanz zu vergrößern. Diesem Bedürfnis sollte nachgekommen werden, bis genug Vertrauen und auch Selbstvertrauen gewachsen sind.

Der Golden Retriever Welpe Tristan hat Respekt vor den recht großen Hühnern und Enten, ist aber doch neugierig. Als Einzelfoto betrachtet, könnte es sich oben auch um ein Heranpirschen und Lauern handeln, aber er legt sich hin, als die Hühner sich weiter auf ihn zubewegen. Erst als sich das Huhn wieder von ihm wegorientiert, setzt er sich wieder auf, hält aber den Kopf abgewendet.

Vor Freude

In dieser Situation hat das Hinlegen weder mit Beschwichtigung noch mit Unsicherheit zu tun. *(Weitere Fotos zu diesem Thema finden Sie in dem Teil 3 Emotionen Kapitel Freude, Seite 612.)*

Die kleine Sally freut sich jedes Mal, wenn sie einen anderen Hund sieht und legt sich nach stürmischer Erstbegrüßung mit Hochspringen und Lecken sofort hin. Hier trifft sie ihren großen Freund, den Irish Wolfshound Olli.

Aus Unsicherheit und zur Beschwichtigung

Rani (als junge Hündin) hat großen Respekt vor Molly, die gerade sehr offensiv mit steil aufgestelltem Schwanz und laut miauend auf sie zugeht.

Als Rani deutlich zu Boden geht, bleibt Molly stehen.

Rani setzt hier das Hinlegen ein, um die offensichtlich schlecht gelaunte Katze, die sie verfolgt, zu besänftigen.

Ihre Strategie hat Erfolg: Molly verfolgt sie nicht weiter, sondern setzt sich ab und unterbricht auch den direkten Blickkontakt, indem sie den Kopf abwendet.

10. Pföteln

Pföteln aus unterschiedlichen Gründen

Das Pföteln (Anheben einer Vorderpfote im Stand oder im Sitzen) wird in unterschiedlichen Situationen gezeigt. Es dient der Kommunikation, zum Beispiel in der Annäherung, als Pausenzeichen im Spiel, zur Beschwichtigung und zur Bitte um Distanz oder zur Versicherung der guten Absichten in der Kontaktaufnahme.
Es ist nicht zu verwechseln mit dem Vorstehen, bei dem auch im Stand eine Vorderpfote angehoben wird. Das Vorstehen ist eine Eigenschaft, die bei bestimmten Jagdhunderassen selektiert wurde. Allerdings zeigen auch andersrassige Hunde, die jagdlich orientiert sind, das Vorstehen bei der Witterung oder Sichtung von Wild.
Es gibt auch ein Pföteln, das einerseits Vorsicht oder Neugier ausdrückt und andererseits eine Wachsamkeit oder erhöhte Aufmerksamkeit signalisiert und vielleicht emotional zwischen dem Pföteln und dem Vorstehen anzusiedeln ist.
Wie bei allen beschriebenen Kommunikationssignalen ist es wichtig, den gesamten körpersprachlichen Ausdruck in eine Einschätzung und Interpretation mit einzubeziehen.

Pföteln bei Welpen

Man kann es schon bei sehr jungen Welpen beobachten und es ist eine Bewegung, die sich aus dem Milchtritt ableiten könnte.

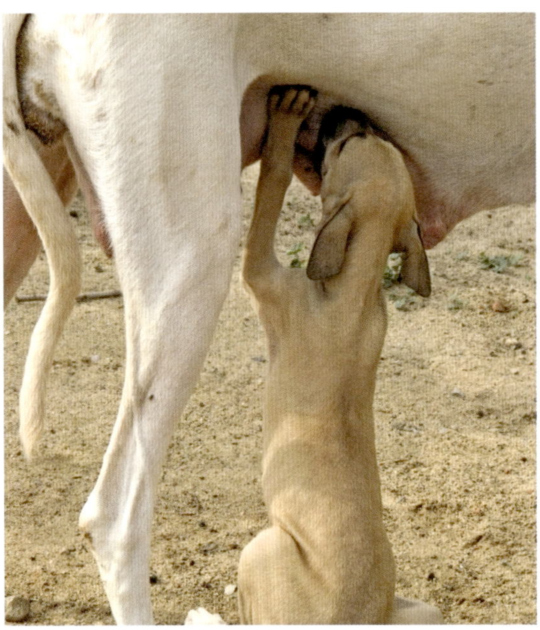

Auf dem Foto sieht man einen Sloughi-Welpen beim Milchtritt. Dabei wird der Milchfluss durch das rhythmische Treten angeregt.

Hier setzt Welpe Alani die angehobene Pfote als Kommunikationszeichen ein. Tristan begutachtet sie ausführlich. Sie ist ihrem Halbbruder freundlich zugewandt und sucht den Kontakt.

Bei Unsicherheit von Welpen

Hier wird das Pföteln als Bitte um Distanz gezeigt oder auch als Ausdruck des Zwiespalts, der bei der Annäherung empfunden wird.

Dieser Sloughi-Welpe zeigt Meideverhalten bei der Annäherung der menschlichen Hand. Er kann nicht weiter ausweichen, steht quasi mit dem Rücken zur Wand. Sein Gesicht ist angespannt, seine Ohren sind flach nach hinten genommen. Hier wird das Pföteln als Bitte um Distanz gezeigt oder auch als Ausdruck des Zwiespalts, der bei der Annäherung empfunden wird.

Zur Beruhigung bei Welpe und erwachsenem Hund

Hier benutzen beide Hunde das Pföteln mit unterschiedlicher Motivation.

Sloughi-Welpe Chemsi und Dobermann-Hündin Inca begegnen sich zum ersten Mal. Inca ist sehr aufgeregt, sie hat schaumigen Speichel im Mund. Auf diesem Foto sind sich beide sehr nahe gekommen und schauen sich an. Inca pfötelt mehr aus Unsicherheit, Chemsi pfötelt, um Inca zu beruhigen.

Inca zeigt jedes Mal Pföteln, wenn Chemsi direkten Blickkontakt zu ihr aufnimmt.

Zusätzlich zu dem Pföteln setzt Chemsi Blinzeln ein, um die aufgeregte Inca zu beschwichtigen.

Zur Beschwichtigung in der Annäherung

Selbst stürmische Hunde können im Frontalkontakt durch das Pföteln beschwichtigend wirken.

Arwen nähert sich dem Yorkshire Terrier, der deutlich eine Körperschwerpunktverlagerung nach hinten zeigt. Während Arwens Hinterhand noch in der Vorwärtsbewegung ist, hat sie mit der Vorhand schon abgestoppt und reagiert mit einem Anheben der Pfote, um ihre friedliche Absicht zu vermitteln und den kleinen Hund zu ermutigen.

Bei beidseits hoher Anspannung

Wenn die sich begegnenden Hunde sehr angespannt sind, kann das Pföteln zur Entspannung einer Situation beitragen.

Eine etwas angespannte Annäherung – beide Ruten werden sehr hoch getragen, Quivives (links) Körperschwerpunkt liegt eher hinten, die Rückenlinie ist aufgewölbt und sie ist im Begriff, sich von dem Pudel-Rüden abzuwenden. Ihre Ohren sind nach hinten gehalten. Es ist ihr zu nahe. Der Pudel-Rüde wünscht eigentlich einen Kontakt, er ist ihr zugewendet und setzt das Pföteln ein.

Als Mutmacher

Egal ob kleine oder große Hunde: Pföteln macht dem unsicheren Gegenüber Mut, sich weiter anzunähern.

Begegnung in einem Hundeauslaufgebiet: Die rehbraune Dackelmix-Hündin links im Bild macht eine sehr höflich-distanzierte Kontaktaufnahme mit dem jungen Dackel-Rüden. Sie ist sehr interessiert, ihre Rute trägt sie selbstbewusst und ihre Ohren sind aufmerksam nach vorne gerichtet. Sie pfötelt, bleibt auf der Stelle stehen und dringt so nicht weiter in die Individualdistanz des anderen Hundes ein. Als der Kleinere sich Mut fasst und auch Kontakt sucht, wendet sie den Kopf ab.

Die Dackelmix-Hündin bewegt sich weiter nicht von der Stelle, was an der Stellung ihrer Hinterbeine gut zu sehen ist. Der Blick bleibt abgewendet, als sich der kleine Dackel-Rüde weiter nähert und einen Poschnüffler wagt. Erst jetzt wendet sie sich ihm wieder zu. Das Pföteln und das Abwenden des Kopfes haben den etwas unsicheren Jungrüden ermutigt, die Kontaktaufnahme zu beantworten.

Als Bitte um eine Spielpause

Pföteln kann ein Spiel verlangsamen oder unterbrechen, wenn sich die Spielpartner gut verstehen.

Quivive (links im Bild) und ihre Freundin, Jack-Russell-Beagle-Mix Coco, treffen sich zu einem wilden Spiel im Schnee.

Als es Coco etwas zu viel wird, bittet sie mit dem Pföteln um Pause.

Als Bitte um Distanz

Auch Zudringlichkeit kann durch Pföteln unterbrochen werden.

Helge (links) nähert sich sehr stürmisch der jungen Mopshündin, der diese Annäherung deutlich zu vehement ist. Sie benutzt das Pföteln, um ihn um mehr Distanz zu bitten.

Als Respekterweisung

Auch Junghunde benutzen das Pföteln häufig.

Welpe Rani nähert sich respektvoll dem erwachsenen Rüden York. Mit ihrer Körperhaltung und dem Pföteln unterstreicht sie ihre absolut friedlichen Absichten.

Bei zu viel Nähe, freilaufend und angeleint

Das Pföteln wird bei zu viel Nähe durch andere Hunde sowohl freilaufend (links) wie auch angeleint (rechts) gezeigt.

Für den schwarz-weißen Jungrüden (links im Bild) ist der Poschnüffler sichtlich unangenehm. Er pfötelt, hat eine aufgezogene hintere Rückenlinie und die Hinterbeine sind gebeugt – als wolle er den Po einziehen.

Dem weißen Hund ist die Annäherung durch den braunen Hund sichtlich unangenehm. Der braune Hund geht sehr zielgerichtet auf den anderen zu. Dabei hat der braune Hund den Kopf etwas gesenkt, die Rute hält er in etwa auf Rückenhöhe und sein Körper wirkt etwas angespannt.

Kein Pföteln, sondern Vorstehen

Spezielle Jagdhunderassen (Vorsteher) zeigen durch die angehobene Vorderpfote (Vorstehen) Wild an. Aber auch andere jadglich orientierte Hunde zeigen dieses Verhalten.

Katja wollte Standfotos der Hunde machen und Taschka hatte wohl einen Hasen hinten im Feld entdeckt. Sie schwankte zwischen dem Stillhalten fürs Foto und dem Drang, dem Hasen hinterherjagen zu wollen. Auf den ersten Blick zeigt Taschka die typische Haltung beim Vorstehen – ihr Körperschwerpunkt ist eher mehr nach vorne ausgerichtet, der Kopf ist hoch erhoben. Aber ihre Rute ist sehr tief gehalten und in Bewegung. Ihre Ohren sind nach hinten gehalten.

11. Schnüffeln

Schnüffeln aus unterschiedlichen Gründen

Das Schnüffeln wird sehr vielseitig eingesetzt. Es kann in Hundebegegnungen Neutralität, Desinteresse, friedliche Absichten oder Höflichkeit signalisieren. Es wird zur Beschwichtigung, in angespannten Situationen oder in der Annäherung an Menschen oder Objekte eingesetzt, die verunsichern.
Es kann dabei so intensiv gezeigt werden, dass es tatsächlich schwerfallen kann, das Kommunikationssignal von Schnüffeln als Geruchsaufnahme zwecks Information zu unterscheiden.
Natürlich wird Schnüffeln auch bei einer echten Geruchsaufnahme eingesetzt. Das steht dann in keinem Zusammenhang mit dem Schnüffeln als Kommunikationssignal.

Bruno ist hier auf der Suche nach ausgelegten Leckerchen.

Hier ist nicht eindeutig zu sagen, ob Schnüffeln zum Lösen der ersten Anspannung eingesetzt wird oder ob es sich um eine Geruchsaufnahme handelt.

Hunde setzen das Schnüffeln auch gerne als Kommunikationsmittel innerhalb einer Gruppe ein wie hier bei Katjas Hundefamilie.

Um neutral zu bleiben

Schnüffeln wird sehr oft von Hunden eingesetzt, um die eigene neutrale Haltung zu bekräftigen.

Zwischen den beiden Hunden im Hintergrund ist eine gewisse Anspannung entstanden, wahrscheinlich aus einem zu wilden Raufspiel heraus. Rani im Vordergrund demonstriert ihre neutrale Haltung, indem sie intensiv den Boden beschnüffelt. Sie möchte auf keinen Fall in die Auseinandersetzung der beiden hineingezogen werden.

Sloughi-Welpe Chemsi versucht mit diversen Strategien, die aufgeregte Dobermann-Hündin Inca zu beschwichtigen. Hier schnüffelt sie intensiv an einem Baumstamm, vielleicht, um Inca ihre Neutralität zu signalisieren.

In der Kommunikation

Schnüffeln ist ein deutliches Kommunikationssignal, das sehr oft mit der gleichen Handlung beantwortet wird.

Rani und ein Sheltie (von links kommend) begegnen einem fremden Golden Retriever. Der Retriever senkt im direkten Blickkontakt den Kopf ab. In der weiteren Annäherung blinzelt er und wendet den Kopf ab. Während Rani sich weiter und zielstrebig mit erhobener Rute nähert, beginnt der andere Hund zu schnüffeln. Der Sheltie hat sich abgewendet, von links nähert sich ein weiterer Retriever.

Auch der neu hinzu gekommenen Retriever setzt Schnüffeln ein. Der fremde Retriever ist während der Fotosequenz im Bereich des Baumes stehengeblieben. Seine Rute ist jetzt ähnlich hoch getragen wie Ranis Rute.

Mit der Bitte um Pause

Wie Pföteln kann auch Schnüffeln die Bitte um eine Pause sein.

Die beiden Welpen haben sehr ausgelassen miteinander getobt, bis der kleine Bulldoggen-Rüde anfängt zu schnüffeln und damit um eine Pause bittet. Der andere Welpe hat die Bitte verstanden und antwortet ebenfalls mit Schnüffeln.

In der neutralen Annäherung

Manchmal wird das Schnüffeln als eine Anfrage genutzt.

Welpe Arwen hat es sich neben Retriever York, den sie anhimmelt, gemütlich gemacht. Tamika zieht schnüffelnd um die beiden ihre Runden. Sie würde gerne mit Arwen spielen und fragt nun an, ob auch Arwen Interesse hat. Arwen blickt zum Boden und es scheint, als würde sie Tamika nicht bemerken. Arwen setzt damit das Signal, dass sie gerade kein Interesse hat.

Tamika wendet sich der liegenden Arwen zu und fragt noch mal ganz genau nach …

Arwen möchte aber ihren Kuschelplatz neben York nicht aufgeben und Tamika zieht schnüffelnd weiter.

Um Neutralität zu demonstrieren

Hier geht es nicht nur um Neutralität, sondern auch um eine Annäherung, ohne den liegenden Hund zu stören. Die beiden Hunde leben in einer Tierherberge gemeinsam in einer Gruppe.

Die auf dem Foto stehende Hündin richtet sich in ihren Aktionen stark nach dem liegenden Rüden. Sie kommt hier schnüffelnd auf den liegenden Rüden zu.

Als er den Kopf zu ihr hinwendet, schnüffelt sie zwar weiter, ändert aber ihre Blick- und Körperausrichtung von dem Rüden weg.

Daraufhin wendet sich der Rüde auch wieder ab. Die Hündin entfernt sich langsam schnüffelnd. Hier wird das Schnüffeln zusammen mit dem Abwenden als eine respektvolle und höfliche Geste gegenüber dem Rüden gezeigt. Dass das Schnüffeln hier zur Kommunikation eingesetzt wird, kann man recht gut an dem Walauge der Hündin erkennen.

Zur Beschwichtigung eingesetzt

Wenn sich begegnende Hunde in der Annäherung Schnüffeln zeigen, hat dies oft mit Kommunikation zu tun.

Yorkshire Terrier-Hündin Eve ist eine sehr friedliebende Hündin und möchte jede Form von Eskalation vermeiden. Sie bewegt sich langsam und schnüffelnd auf den kleinen Robbie zu, der sehr impulsiv reagieren kann.

Robbie behält sie genau im Blick, während sie vorbeigeht.

Als sie an ihm vorbei ist, steht er auf und folgt ihr.

Robbie hat von Eve gelernt und wendet nun seinerseits das Schnüffeln an, das bei ihm sicherlich auch selbstberuhigenden Charakter hat.

In der vorsichtigen Annäherung an ein unbekanntes Objekt

Wenn sich Dinge in der Umgebung plötzlich ändern und dadurch eine Verunsicherung entsteht, lässt sich oft das Schnüffeln beobachten.

Wenn Hunde dieses Verhalten sehr ausgeprägt zeigen, kann es helfen, den Hund zu ttouchen, eine Leckerchenspur zu dem Objekt zu legen oder selbst hinzugehen und das Objekt zum Beispiel zu streicheln, möglichst, ohne es zu bewegen.

Rani hat diesen Stuhl im Wald bisher noch nicht gesehen, er wurde wohl wild entsorgt und stand nun plötzlich da. Sie ist neugierig, aber vorsichtig. Ihre Strategie der vorsichtigen Annäherung ist Schnüffeln.

Nachdem der Stuhl weder auf ihre Annäherung reagiert und nicht gefährlich zu sein scheint, nähert sie sich bis zum Nasenkontakt, um das seltsame Ding zu erkunden.

In der vorsichtigen Annäherung an einen unbekannten Menschen

Dieser tunesische wildlebende Hundewelpe hat eine große Scheue gegenüber Menschen, ist aber trotzdem neugierig und sucht eine Annäherung.

Hier ist das Schnüffeln nicht dem Erkunden der Umgebung gewidmet, sondern hilft, sich neutral bis zu einer gewissen Distanz anzunähern, die nicht unterschritten wird. Selbst wenn es nach intensiver Beschäftigung mit dem Boden ausschaut, bleibt die Aufmerksamkeit bei dem, was vor ihm ist – in diesem Fall Katja mit ihrer Kamera. Das ist auch an dem Walauge erkenntlich.

Schnüffeln wird nachgeahmt

Außerdem kann es ebenfalls sehr gut Kommunikation sein, um sich unauffällig zu nähern.

Welpen ahmen sehr gerne nach, auch wenn Hängebauchschwein Hotte wahrscheinlich eher am Grasen ist.

Welpe Rani schnüffelt mit Kater Heller …

… und Junghündin Quivive antwortet Katze Nina mit Schnüffeln.

Eine ganz alltägliche Begegnung

Manchmal ist es wirklich nicht einfach, Schnüffeln als Form der Kommunikation vom Schnüffeln als „Zeitunglesen" zu unterscheiden und oft mischen sich die beiden Formen auch, so wie in dieser Fotosequenz.

Der Große Französische Laufhund (links) schnüffelt intensiv an einer Stelle im Sand. Er lässt sich durch den sich nähernden Golden Retriever nicht ablenken. Der Retriever läuft zuerst an ihm vorbei, wendet dann aber und nähert sich von hinten.

Der Große Franzose markiert diese Stelle und wendet sich dann ab.

Während er an dem Retriever im Laufschritt vorbeizieht, schnüffelt dieser nun intensiv an der markierten Stelle.

Der Große Franzose überlegt es sich, wendet und kehrt zu dem Retriever-Rüden zurück.

Dann wendet er sich allerdings wieder von dem weiter intensiv schnüffelnden Retriever ab und geht an ihm vorbei. So sehr interessiert ist er nun doch nicht, er hatte ja zuvor diese Stelle schon ausgiebig untersucht.

Der Retriever Rüde ist bei der Annäherung des Großen Franzosen in seiner Körperhaltung unverändert geblieben. Er behält ihn während des Schnüffelns im Blick.

12. Pinkeln

Pinkeln aus unterschiedlichen Gründen

Wir haben uns für dieses Kapitel lange überlegt, ob wir uns für das Wort „Pinkeln“ entscheiden oder „Urinieren“ benutzen. Auch wenn „Urinieren“ sicherlich die korrektere Bezeichnung ist, wird „Pinkeln“ im Allgemeinen selbstverständlicher benutzt.
Sehr oft wird das Pinkeln als Kommunikationssignal mit dem Markieren verwechselt und leider wird auch von vielen Hundehaltern das Markieren, gerade bei Rüden, immer noch als eine „dominante“ Geste angesehen. Markieren zu müssen hat aber eigentlich eher etwas damit zu tun, dass man sehr viel Wert darauf legt, wahrgenommen zu werden und es ist oft einfach ein Ausdruck von gesundem oder übersteigertem Selbstbewusstsein. Pinkeln wird auch benutzt, um Anspannung zu lösen, entweder die eigene oder die einer Gesamtsituation. Wie immer, ist das Pinkeln im Kontext mit der allgemeinen Körpersprache in der entsprechenden Situation zu sehen.
Auch wenn wir hier überwiegend Hündinnen fotografiert haben, benutzen Rüden das Pinkeln genauso zum Spannungsabbau wie Hündinnen.

Im Alter

Ältere Rüden wie Ronnie können sich oft zum Pinkeln nicht mehr auf drei Beinen stabilisieren und bevorzugen eine fast hockende Haltung.
Auch sehr junge Rüden pinkeln in dieser Haltung, wie sie das bei ihrer Mutter sehen. Je nach Selbstbewusstsein und Körpergefühl bzw. Körpergröße der Hunde beginnen sie mit zunehmendem Alter, ein Bein anzuheben.

Zum Lösen der eigenen Anspannung

Die kleine braune Hündin hatte sich schon zuvor in einer größeren Gruppe freilaufender Hunde sehr unsicher gezeigt. Ihre Stimmung schwankte zwischen Neugierde, Kontakt aufzunehmen und fast panikartigem Verhalten.

Hier baut sie die entstandene Spannung durch Pinkeln ab. Als sich ein anderer Hund ihr frontal nähert, blinzelt sie. Der helle Rüde rechts im Bild nähert sich weiter, während die Hündin noch absitzt. Da sie sich nun nicht schnell zurückziehen kann, schnüffelt sie konzentriert an ihrer eigenen Pinkelpfütze, ohne Blickkontakt zu dem Rüden aufzunehmen. Ihr Fell über dem Rücken ist aufgestellt und zeigt ihre Erregung.

Der Rüde hebt nun das Bein und pinkelt auch, ohne sich ihr weiter zuzuwenden – wir wissen nicht, ob er markiert oder der kleinen Hündin bedeuten möchte, dass er ihr nicht zu nahe kommen wird. Wenig später siegt ihre Neugier und sie traut sich einen direkten Kontakt mit dem hellen Rüden zu.

Bei Anspannung im Erstkontakt

Maxi ist eine sehr nette, aber im Kontakt mit anderen Hunden etwas unsichere Weimaraner-Hündin. Hier begegnet Quivive ihr auf einem Spaziergang. Obwohl die beiden Hündinnen sich kennen, ist Maxi immer ein bisschen aufgeregt im Erstkontakt.

Maxis aufgestellte Rückenhaare, vor allen Dingen im Schulterbereich und auf der Hinterhand, sind gut zu sehen. Quivive züngelt und verlagert ihren Körperschwerpunkt von Maxi weg. Sie weicht Maxis direktem Blickkontakt durch leichtes Abwenden des Kopfes aus.

Maxis Ohren sind im Ansatz aufgerichtet, dadurch bilden sich Falten auf der Kopfdecke. Aber ihre Ohren sind nicht nach vorne gerichtet, sondern werden leicht nach hinten gezogen, die Rute wird in Rückenhöhe gehalten.

Nach dieser ersten Kontaktaufnahme geht Maxi ein Stück abseits und setzt sich zum Pinkeln hin. Danach nimmt sie wesentlich entspannter wieder Kontakt zu Quivive auf. Ihre Ohren werden jetzt mehr nach vorne gehalten und weniger aufgerichtet – die Kopfdecke ist glatter. Ihre Haare auf dem Rücken sind weniger gesträubt.

Zur Revierkennzeichnung

Das bewusste Absetzen von Urin hat oft mit (dem sogenannten) Markieren zu tun.

Berger-Hündin Verveine ist zum ersten Mal bei Gabi und bewegt sich nach langer Autofahrt sehr selbstbewusst im Garten. Quivive steht sehr steif mit hoch erhobener und unbeweglicher Rute und beobachtet Verveine.

Als Verveine sich nach der langen Reise gelöst hatte, suchte Quivive nach dieser Stelle und markierte kurz darüber. Dass sie letztendlich nicht direkt die Stelle getroffen hatte, führt Gabi zurück auf ihre große Abneigung, verpinkelte Bereiche mit den Pfoten zu berühren.
Quivive hat erst nach einigen Jahren begonnen, auf den Spaziergängen zu „markieren“. Sie tat dies vorwiegend in fremden Gebieten oder auf Wegen, die sie schon länger nicht mehr gelaufen war. Gabis Eindruck war, dass sie einfach damit dokumentieren wollte, dass sie da gewesen war.

Als Verlegenheitsgeste

Pinkeln wird wie Kratzen und Gähnen als eine Verlegenheitsgeste angesehen, wenn man sich in einer Situation nicht ganz sicher ist, wie man sich verhalten soll.
Pinkeln wird auch zum Splitten eingesetzt.

Diese beiden Hündinnen treffen aufeinander und stehen sich nun dicht und mit direktem Blickkontakt gegenüber. Unserer Beobachtung nach war die links stehende Hündin die ältere, die an diesem Tag von vielen anderen Hunden respektiert wurde. Körperlich schien es ihr nicht gut zu gehen, sie bewegte sich mit steifem Rücken und speichelte stark. Hier scheint sie der rechts stehenden Hündin vermittelt zu haben, dass ihr der Abstand zu nahe ist. Ihr eigener Schwerpunkt ist zu der anderen Hündin hin verlagert.

Die andere Hündin zieht sich daraufhin zurück und setzt sich zum Pinkeln hin. Die beiden schauen sich dabei nicht an.

Dann beginnt sie sich zu kratzen. Hier sind sowohl das Pinkeln wie auch das Kratzen als Verlegenheitsgesten anzusehen. Die stehende Hündin hat ihren Schwerpunkt wieder zurückverlagert und bleibt unbeweglich in dieser Position stehen.

Kombiniert mit Scharren, um eine Örtlichkeit zu kennzeichnen

Das Scharren in Verbindung mit dem Pinkeln wird häufig von Rüden gezeigt.

Quivives Vater Laguiole, ein sehr selbstbewusster Rüde, markiert einen Grasbüschel. Den hat er zuvor genau inspiziert und bemüht sich auch sehr, ihn möglichst von allen Seiten zu treffen.

Diese Handlung wird verstärkt durch ausgiebiges Scharren mit den Hinterbeinen und auch mit den Vorderbeinen.

Kombiniert mit Scharren bei der Hündin

Das Scharren mit den Hinterbeinen nach dem Pinkeln wird auch von Hündinnen gezeigt.

So ausgiebig wie bei dieser Hündin ist es eher selten zu sehen.

Kombiniert mit Scharren, um zu flirten

Warum Hunde scharren, ist nicht wirklich geklärt. Es gibt viele Ansichten darüber. Da Wölfe dieses Verhalten auch zeigen, könnte es eine genetisch fixierte Handlung sein. Eine weitere Möglichkeit ist das weite Verteilen der individuellen Geruchsmarke, da Hunde an den Pfoten Duftdrüsen besitzen.

Dieser Mittelschnauzer setzt neben dem Pinkeln Scharren sowohl mit den Hinter- als auch mit den Vorderbeinen ein.

Er wollte wohl flirten, das ist an der Haltung seiner Ohren zu erkennen. Aber durch seine beeindruckende Gesichtsbehaarung hat er Rani und auch Tamika sehr irritiert. Er wendet den Kopf ab und geht.

Zur Beschwichtigung

Katjas Hundefamilie war zu diesem Zeitpunkt am Start des Spazierganges und daher noch recht aufgeregt. Diese erste Aufregung mündete dann teilweise darin, dass die schwarze Taschka versuchte, alle etwas einzubremsen.

Man kann erkennen, dass Arwen sich vor ihr hinlegt und Tamika sehr bedachtsam auf dem Boden schnüffelt. Tamikas Nase schwebt dabei ein wenig über dem Boden und ihre Augen sind fast geschlossen, da sie sich frontal zu Taschka befindet. Rani im Hintergrund wählt eine weitere Strategie, um die Stimmung zu entspannen. Sie setzt sich hin und pinkelt. Hier zeigt sich wieder die Unterschiedlichkeit bei den einzelnen Individuen. Jazzman, der kleine Yorkshire Terrier im Vordergrund, schnüffelt an einem Grashalm. Alle vier Hunde rund um Taschka versuchen mit einer individuellen Strategie, die Situation zu entspannen. Taschka selbst hat den Kopf von Arwen abgewendet und scheint Rani anzublicken.

Wussten Sie, dass auch Hündinnen beim Pinkeln das Bein heben?

Das Pinkeln mit einem angehobenen Hinterbein ist eine Eigenart von Quivive. Es lässt sich auch bei vielen anderen Hündinnen beobachten.

13. Splitten

Splitten aus unterschiedlichen Gründen

Splitten wird meist eingesetzt, um zu große Nähe zwischen zwei oder mehreren Hunden aufzulösen. Der splittende Hund ist erst einmal unbeteiligt.

Die Beweggründe dafür können unterschiedlich sein: Es kann als Schutz für einen der beteiligten Hunde erfolgen oder aus der Verantwortung heraus, für die Sicherheit eines Hundes zu sorgen, zum Beispiel, wenn ein Spiel kippt oder für einen der Hunde zu grob wird. Leider wird es von uns Menschen oft als Eifersucht missdeutet – wobei es das Empfinden der Eifersucht durchaus auch bei Hunden geben kann (siehe Bildserien mit Taschka). Je nachdem, wie souverän ein Hund ist oder wie emotional die Situation ist, kann das Splitten sehr ruhig und souverän oder aber auch sehr vehement erfolgen.

Um beschützen zu wollen

Yorkshire-Terrier-Hündin Eve nimmt bei einem Spaziergang Kontakt zu einem ihr unbekannten Collie auf.

Da Eve selten Kontakt auf diese Weise sucht, fühlte Arwen sich verpflichtet, nach dem Rechten zu sehen. Die Art der Annäherung in leicht geduckter Haltung und zurückgelegten Ohren ist sehr typisch für Arwen und eine Mixtur aus Demut, Freude und in diesem Fall auch Aufpassen.

Sie bringt Distanz zwischen den Collie und Eve, indem sie sich zwischen ihnen hindurch drängelt. Dass sie dabei nicht sehr selbstsicher auftritt, ist an ihrer Rute zu erkennen, mit der sie etwas eingekniffen hin- und her wedelt.

Eve ging es bei dieser Begegnung recht gut und Katja hatte auch nicht den Eindruck, dass von dem Collie irgendeine Gefahr ausgegangen wäre, doch Arwen wollte diesen Kontakt einfach unterbrechen.

Um für eine Pause zu sorgen

Manche Hunde fühlen sich berufen, für andere einzutreten und splitten dann, um stressige oder vermeintlich stressige Situationen zu unterbrechen und eine Pause herbeizuführen.

Der schwarze Labrador (rechts) möchte der kleinen Cocker-Hündin beistehen, die sehr wild von dem jungen schwarzen Mischlings-Rüden bespielt wird und immer wieder Auszeiten braucht. Er bringt sich immer wieder zwischen die beiden Hunde.

Er passt weiter auf die kleine Cocker-Hündin auf, die dem jungen Mischlings-Rüden gegenüber zeigt, dass sie weiterhin eine Pause benötigt.

Um souverän beschützen zu wollen

Beim Splitten machen die meisten Hunde keinen Unterschied zwischen ihnen bekannten oder fremden Hunden.

Die schwarze Taschka kommt unvermittelt angestürmt.
Spot macht auf der Stelle kehrt.

Auf diesem Foto ist ersichtlich, warum er so schnell kehrt gemacht hat. Er möchte die Junghündin vor Taschkas vehementer Annäherung schützen.

Er drängt sich zwischen Taschka und die deutlich besorgte Junghündin.
Sein Gesichtsausdruck der Junghündin gegenüber ist freundlich. Sein Körperschwerpunkt ist von der Hündin weggelehnt, er blockt Taschka ab.

Nachdem er Taschka ausgebremst hat, bleibt er nahe am Geschehen und behält die Situation im Auge.

Splitten ist eine Aktion, die auch wir als Halter unserer Hunde ausführen können, um entweder für ihren Schutz zu sorgen oder um einen anderen Hund zu schützen. Wenn sich unser Hund bei uns sicher fühlt, ist eines der elementarsten Bedürfnisse, nämlich das nach Sicherheit, befriedigt und schafft unendlich viel Vertrauen und Bindung.
Wenn ein Hund zwischen seinem Menschen und einem anderen Hund splittet, kann es zu Problemen kommen – genauso wie beim Splitten eines Hundes zwischen seinen Bezugspersonen. Hier kann der Beistand eines Trainers hilfreich sein.

Impulsiv beschützen und trennen wollen

Dieser Badesee ist ein beliebtes Hundeauslaufgebiet. Es kommt gehäuft zu Begegnungen zwischen Hunden, die sich untereinander nicht kennen. In dieser Szene kennen sich Taschka, die schwarze Hündin rechts im Bild und die helle Arwen im Vordergrund, die beiden leben in Katjas Hundefamilie zusammen.

Mit welcher Absicht die Rhodesian Ridgeback-Hündin angestürmt kommt, ist nicht ganz ersichtlich, aber Arwen fühlt sich in dieser Situation nicht mehr wohl.

Während Arwen zunehmend in Bedrängnis gerät, scheint sich Taschka erst einmal für den schwarzen Labrador im Wasser zu interessieren.

Arwen weicht ins Wasser aus. Die Rhodesian Ridgeback-Hündin stoppt und verlagert ihren Körperschwerpunkt weit nach hinten. Als Taschka wahrnimmt, dass Arwen sich bedrängt fühlt, ändert sie ihre Laufrichtung und stürmt nun auf die Hündin zu.

Arwen macht gerade eine vorsichtige Annäherung und die Rhodesian Ridgeback-Hündin zeigt mit Abwenden des Kopfes, dass sie keine Auseinandersetzung möchte.

Taschka lässt sich aber nicht mehr ausbremsen. Sie möchte wohl einen weiteren Kontakt zwischen Arwen und der Hündin verhindern und geht vehement gegen die fremde Hündin – aber dann auch in Richtung Arwen – vor.

Taschka ist erst zufriedengestellt, als Arwen sich ganz von der fremden Hündin abwendet und sich entfernt. Hier könnte auch ein bestimmtes Bedürfnis Taschkas mit hineinspielen: Arwen gehört zu ihrer Familie und hat keinen Kontakt zu fremden Hunden aufzunehmen! Obwohl Taschkas Aktion sehr bedrohlich wirkt und sich die Hündin beeindruckt zeigt, kommt es zu keiner Berührung zwischen den beiden sehr ungleich schweren Hündinnen. Taschka bleibt mit ihrem Körperschwerpunkt in ihrer eigenen Mitte. Die Rhodesian Ridgeback-Hündin hat ihren Körperschwerpunkt von Taschka weg verlagert.

Manche Hunde unterbrechen sehr häufig die Interaktionen zwischen anderen Hunden und haben sich das zur „Aufgabe" gemacht. Das wird nicht von allen Hunden wirklich gut gefunden und akzeptiert. Es kann dazu führen, dass solche Hunde dadurch selbst in Bedrängnis geraten. Oft hilft es, diese Hunde freundlich aus dem Geschehen herauszurufen. Andere Hunde splitten aus Unsicherheit und stoppen damit jedes Spiel, weil sie selbst in Hundebegegnungen nicht souverän sind. Gabis Fanny war eine solche Hündin und wurde öfter angeleint, wenn sie mit anderen Hunden unterwegs waren, damit diese die Möglichkeit hatten, miteinander zu spielen.

Subtile Einmischung durch Blickkontakte und Kontaktaufnahme

Golden Retriever Treffen: In dieser Bildfolge ist aus dem wilden Raufspiel zweier Junghunde eine kleine Auseinandersetzung geworden. Einige der erwachsenen Hunde kommen näher, um das Geschehen zu beobachten.

Vor allen Dingen der über dem anderen stehende Junghund scheint sehr erregt zu sein. Der erwachsene Rüde (mit dem blaukarierten Halstuch) macht eine dosierte Annäherung mit einem Poschnüffler, er begibt sich nicht in die Nähe der Zähne des jugendlichen Raufboldes.

Der Junghund lässt kurz von seinem „Opfer“ ab und hat nun direkten Blickkontakt zu dem im Vordergrund stehenden Hund, der sofort den Kopf abwendet.
Der Junghund setzt in dieser Situation Züngeln ein. Dieses Züngeln könnte durch den Poschnüffler des erwachsenen Rüden ausgelöst worden sein.

Nun kommt noch ein zweiter erwachsener Rüde (mit dem roten Halstuch) hinzu. Der Rüde mit dem blaukarierten Halstuch setzt das Poschnüffeln intensiver fort und der kleine Rüpel lässt im Augenblick von dem unter ihm liegenden Hund ab.

Der erwachsene Hund mit dem karierten Halstuch zieht sich etwas zurück und beobachtet die Szene, der neu hinzu gekommene sucht aber den Blickkontakt zu dem kleinen Raufbold, als dieser seine Rüpelei fortsetzt. Der Junghund blinzelt.

Nun greift der Ältere subtil ein, da sich der Junghund nicht beruhigen will und immer wieder über den am Boden Liegenden herfällt.

Das subtile Eingreifen der beiden erwachsenen Hunde führt schließlich dazu, dass der sehr erregte Junghund zurücktritt und den anderen aufstehen lässt.
Die beiden erwachsenen Hunde haben souverän und sehr ruhig die Situation aufgelöst. Besser noch wäre es gewesen, der kleine Raufbold wäre schon vor Entstehen des Konfliktes von seinen Haltern abgerufen worden.

14. Die Vorderkörpertiefstellung

Vorderkörpertiefstellung aus unterschiedlichen Gründen

Allgemein wird diese Körperposition als Spielaufforderung und damit als eine freudige Handlung angesehen. In der Kommunikation wird die Vorderkörpertiefstellung allerdings auch aus anderen Gründen eingesetzt, die dann meist einen emotionalen Hintergrund haben. Sie könnte auch Ausdruck einer Unsicherheit sein oder einem unsicheren Hund gegenüber als Versicherung friedlicher Absichten gezeigt werden, ohne dass eine wirkliche Spielabsicht vorhanden ist. Wie bei allen Kommunikationssignalen ist auch hier die Gesamtsituation zu sehen, die zu dieser Körperhaltung führt.

In der Spielaufforderung

Zu der eindeutigen Spielaufforderung werden sehr lustige Spielgesichter gezeigt. Die Bewegungen wirken auch oft übertrieben.

Rhodesian Ridgeback-Mischlingshündin Nelly fordert die graue Maja zum Spiel auf. Maja antwortet, indem sie auch in die Vorderkörpertiefstellung geht.

Spielaufforderung kombiniert mit Bellen

Von der Seite gesehen:
Die Ohren sind locker nach hinten gehalten und leicht aufgerichtet. Der Blickkontakt ist direkt. Hier ist der Körperschwerpunkt weit nach hinten verlagert und die Gelenke der Hinterbeine sind stark gebeugt.

Von vorne gesehen:
Typische Haltung zur Spielaufforderung. Die Ohren werden lustig – flappig zur Seite gehalten. Das Auge ist weich, hier ohne direkten Blickkontakt zu dem anderen Hund. Das Gesicht ist entspannt. Die Vorderbeine sind gespreizt. Der Vorderkörper ist in der Regel tief am Boden mit stark angewinkelten Ellenbogengelenken gehalten. Die Hinterhand steht höher als der Vorderkörper. Die Rute ist meist heftig in Bewegung und wird nur leicht über Rückenhöhe gehalten.

Bei Interesse

Beim Flirten und bei Interesse an dem anderen Hund benutzen viele Hunde gerne die Vorderkörpertiefstellung.

Der kleine Yorkshire Terrier-Rüde Champs macht eine Spielaufforderung der angeleinten Lola gegenüber. Seine Ellenbogen berühren fast den Boden, die Hinterhand ist angehoben, der Körperschwerpunkt ist nach hinten verlagert. Seine Ohren sind im Ansatz seitlich weggedreht und werden aufgerichtet nach hinten gehalten, der Blickkontakt ist direkt.
Das ist ein typisches Flirtgesicht. Lola gefällt ihm offensichtlich und seine Spielaufforderung ist eher als Ausdruck seines Interesses zu sehen.

Zur Versicherung friedlicher Spielabsichten

Souveräne Hunde machen sich in der Spielaufforderung oft kleiner, um ihr Gegenüber zu ermutigen und um die Spielabsicht zu bekräftigen.

Spot macht sich bei der Spielaufforderung extrem klein, indem er sich seitlich ablegt. So möchte er den kleinen Robbie zum Mitspielen ermutigen und versichert ihm seine freundliche Spielabsicht.

Im Zwiespalt zwischen Klein und Groß

Manchmal zeigt die Vorderkörpertiefstellung den Konflikt zwischen Neugierde und Unsicherheit an.

Der kleine Rüde (links) und der große braun-weiße Rüde treffen auf Silken Windsprite-Hündin Emmie. Seine Vorderkörpertiefhaltung ist zwiespältig, die Ohren sind weit nach hinten gezogen und seine Rute ist sehr tief gehalten. Der Körperschwerpunkt ist sehr weit nach hinten und auch seitlich verlagert, als versuche er, den Abstand zwischen sich und der sich nähernden Emmie zu vergrößern. Er hält Blickkontakt zu Emmie. Emmie nähert sich ihm mit tiefer Kopfhaltung und in Rückenhöhe gehaltener Rute. Vielleicht ist sie auch ein bisschen irritiert von der markanten Gesichtszeichnung des kleinen Hundes.

Nun springen alle drei los, wobei der kleine Hund entsprechend Abstand zu Emmie hält, indem er sich weglehnt. Nur Hals und Kopf sind den beiden anderen zugewandt. Emmie selbst und der große Rüde wenden sich jetzt in der Bewegung einander zu.

Im Zwiespalt bei wildlebenden Hunden

Katja hat diese Welpen einer Wildhund-Familie in Tunesien am Rand der Wüste getroffen. Die jungen Hunde sind einerseits sehr zurückhaltend, andererseits neugierig, wie junge Lebewesen nun mal sind.

Die eingenommenen Spielpositionen auf den Fotos sind keine wirklichen Spielaufforderungen, sondern verdeutlichen die ambivalenten Gefühle der Welpen. Bei größerer Annäherung wird gebellt, bei zu viel Nähe wird ausgewichen. Auf dem Foto unten links sehen wir bei dem wegspringenden Hund ein Walauge, er behält Katja, die sich nicht vom Fleck bewegt, genau im Blick.

In dieser Serie ist sehr schön das emotionale Wechselspiel zu sehen: Neugierde mit Spielposition, Unsicherheit und ängstliches Ausweichen zur Seite, dann mutig werdend mit der Tendenz anzugreifen. Wieder Ausweichen, Kopf abwenden und zurück zur Spielposition …

Spielaufforderung ohne nachfolgendes Spiel – zur Beschwichtigung eingesetzt

Hier ist eine Mischung zwischen wirklicher Spielabsicht und Beschwichtigung bei der jungen Eurasier-Hündin Diana zu sehen.

Spielposition zur Beschwichtigung (von Diana ausgeführt)

Zur Beschwichtigung:

- Rute lustig zur Seite getragen
- Vorderkörpertiefstellung
- gespreizte Beinstellung

Diana bemüht sich sehr, Quivive zum Spielen aufzufordern und nimmt die Vorderkörpertiefstellung ein.

Quivive droht der vier Monate alten Diana deutlich mit den Zähnen, weil diese ihr zu wild und übermütig ist. Hier wird die Spielaufforderung angesichts der bloßgelegten Zähne und des harten Augenausdrucks von Quivive zur Beschwichtigung eingesetzt. Diana möchte ihre friedliche Spielabsicht deutlich machen.

Diana hält in der Spielaufforderung gebührenden Abstand zu Quivive. Sie macht sich klein, ihre Ohren sind zurückgenommen und ihr Körperschwerpunkt ist nach hinten verlagert.

Eigentlich dachte Gabi zu Beginn des Spaziergangs, dass Quivive bereit wäre, mit Diana zu spielen. Weit gefehlt – und im Nachherein eine kluge Entscheidung von Quivive!
Sie hätte der körperlich überlegenen und recht übermütigen Junghündin keinen Einhalt mehr gebieten können. So hat sie von Beginn des Spazierganges bis zum Ende auf Distanz bestanden und sich nicht auf die unzähligen Spielaufforderungen eingelassen. Weil Quivive hier so deutlich zeigt, dass sie kein Interesse hat, wurde Diana immer wieder mal angeleint, sehr positiv andere Dinge mit ihr gemacht. Nach einigen Malen des An- und Ableinens hat sie begonnen, mit Quivive zu schnüffeln und zu laufen und sich neutraler gegenüber Quivive zu verhalten.

!!!

Junge Hunde haben oft noch nicht das richtige Maß einer respektvollen Annäherung erwachsenen Hunden gegenüber und können in ihren Spielaufforderungen sehr ausdauernd sein. Oft sind sie noch nicht wirklich ausbalanciert und haben weniger Kontrolle über die Kräfte, die sie zum Einsatz bringen.
Erwachsene und ältere Hunde wissen aber auch aus Erfahrung, dass es mühevoll werden kann, einen jungen Hund, dem man zu viel Freiheit gelassen hat, wieder in seine Grenzen zu weisen und nicht überrannt zu werden. Sie haben ihre Gründe, nicht jeder Spielaufforderung eines jungen Hundes zu folgen. Das können körperliches Unwohlsein oder Probleme mit den Gelenken sein, eine chronische Erkrankung, Herzbeschwerden, Unsicherheit im Kontakt mit Hunden allgemein oder einfach das Bedürfnis nach Ruhe sein. Sie haben oft nicht mehr das große Spielbedürfnis wie junge Hunde – das geht uns ähnlich.
Es gibt nicht viele Hunde, die sehr gerne mit jedem anderen Hund bis ins hohe Alter spielen. Manche Hunde spielen zum Beispiel nur mit Hunden, die ihnen schon lange vertraut sind, also mit den Lebenspartnern oder mit Hunden, die sie seit ihrer Welpenzeit kennen.

Zur Ermutigung

Dosierte Spielaufforderungen mit weniger übertriebenen Bewegungen dienen etwas zurückhaltenden Hunden gegenüber zur Ermutigung.

Rani (rechts im Bild) trifft auf einen ihr unbekannten, etwas schüchternen Junghund, dessen Ohren nach hinten getragen werden. Sein Fell ist über dem Rücken aufgestellt. Rani leitet eine deutliche Spielaufforderung ein.

Als sie merkt, dass der Junghund positiv darauf reagiert, macht sie sich noch kleiner, springt also nicht gleich auf den anderen zu, sondern wartet ab. Der Junghund pfötelt und begibt sich dann auch in die Vorderkörpertiefstellung.

15. Verrücktes Wegspringen

Verrücktes Wegspringen aus unterschiedlichen Gründen

Dieses etwas verrückt oder albern aussehende Wegspringen wird sehr oft in Situationen gezeigt, die sehr angespannt sind. Es dient dazu, diese Spannung abzubauen. Das kann die eigene Anspannung sein, die das Verhalten auslöst oder es kann von einem Hund gezeigt werden, der die Anspannung anderer Hunde dadurch auflösen möchte. Manchmal sind es zwiespältige Gefühle, die das Verhalten auslösen. Es kann aber auch die Einladung zu einem Rennspiel sein.

Um eine angespannte Situation zu entspannen

In Tunesien gibt es sehr viele wildlebende Straßenhunde, die sich meist am Rande von Ortschaften aufhalten und oft bis in die angrenzenden Wüstengebiete ausweichen, wenn Menschen zu nahe kommen. Diese Hunde sind meist hochsozial und leben in Familienverbänden zusammen.

Dobermann-Hündin Inca, die als Familienhund lebt, trifft auf einem Spaziergang auf diese wildlebende Hundefamilie, die auch junge Welpen hat. Die erwachsenen Hunde warnen Inca deutlich, sich nicht weiter zu nähern.

Inca beginnt, zu der ganz hellen Hündin Blickkontakt aufzubauen. Deren Ohren sind seitlich und im Ansatz aufgerichtet getragen, ihr Mund ist geschlossen. Die hellbraune Hündin scheint den sich anbahnenden Konflikt zu spüren. Sie startet jetzt eine etwas albern aussehende Aktion, die zum Ziel hat, die entstandene Spannung wieder abzubauen.

Inca züngelt jetzt und zeigt ein Walauge. Die helle Hündin hat ihre Rute hoch aufgerichtet. Die hellbraune Hündin springt von Inca weg und die helle Hündin wendet sich mit ab.

Hier sieht man nochmal besonders gut das verrückte Wegspringen.

Als Inca sich ganz abwendet und ihren Weg fortsetzt, entspannt sich die Situation.

Um eigene Anspannung zu lösen

Der kniehohe Mischlings-Rüde Micky trifft hier zum ersten Mal auf den sehr gelassenen Golden Retriever-Rüden Daniel.

Micky springt nun auf Daniel zu, der unverändert in seiner Körperhaltung bleibt. Als Daniel eine kleine Bewegung macht, sprintet Micky zur Seite weg …

…um aus gebührendem Abstand wieder in Richtung Daniel zu rennen. Bevor er ihm ganz nahe ist, dreht er allerdings wieder ab.

Daniel löst jetzt mit dem etwas albernen Sprung die entstandene Spannung auf. Micky weicht seitlich zurück. Daniel hat seinen Standpunkt dabei kaum nach vorne verändert und er hat seinen Körperschwerpunkt, der im Sprung nach vorne gewandert war, sofort wieder nach hinten verlagert. Er möchte Micky bedeuten, dass er kein Interesse an einer Auseinandersetzung hat, aber auch keine Spielaufforderung machen wollte.

Bei vehementer Annäherung zum Beschwichtigen

Junge Hunde kommen manchmal sehr ungestüm auf einen anderen Hund zugerannt. Hier lenkt die Silken Windsprite-Hündin Emmie durch das Wegspringen in eine Aufforderung zum Rennspiel um.

Bei dieser Begegnung am Strand nimmt der Barsoi der kleineren, sich nähernden Emmie gegenüber eine deutliche Spielposition ein. Er richtet sich aber bei mehr Nähe wieder etwas auf. Den zuvor direkten Blickkontakt unterbricht der Barsoi. Allerdings ist an dem leichten Walauge (rechtes Foto) zu sehen, dass er die kleine Hündin, die vehement angesprungen kommt, im Blick behält.

Der Barsoi ändert seine Körperposition nicht bis auf den Kopf, der jetzt wieder deutlicher Emmie zugewandt ist. Damit wird der Blickkontakt wieder direkter. Der Körperschwerpunkt des Barsois liegt auf der Hinterhand.
Emmie erwidert den direkten Blickkontakt, die Ohren sind nach vorne und aufgerichtet getragen, die Vorderbeine sind wie in der typischen Spielaufforderung leicht gespreizt. Sie beantwortet die Spielaufforderung des Barsois mit einer Sprungbewegung zur Seite und fordert damit zu einem Rennspiel auf.

Nach angespannter überstandener Situation

Eine Begegnung, die bei einem der Hunde eine angespannte Stille hervorruft, kann zu dem verrückten Wegspringen führen, um die Körperspannung aufzulösen.

Die schwarze Taschka nimmt Kontakt mit dem braunen Labrador auf. Ihre Körperhaltung drückt Selbstbewusstsein aus. Der braune Labrador hält die Ohren flach am Kopf und zurückgenommen. Er wirkt fast ein bisschen erstarrt.
Der schwarze Labrador (rechts stehend) spürt die Anspannung und will neutral bleiben. Er schaut in eine andere Richtung und wendet sich dann von den beiden ab.
Der braune Labrador bleibt bewegungslos stehen, bis Taschka sich etwas weiter entfernt hat.

Erst dann kommt Bewegung in ihn. Das etwas verrückte Wegspringen hilft ihm, die entstandene Körperspannung abzubauen.

Nach einem Rennspiel mit zu viel Nähe

Bei empfundener zu starker Nähe im Spiel verschafft das verrückte Wegspringen diplomatisch Platz.

Zwischen dem Elo (links) und der kleinen braunen Hündin ist es zu einem Nachlaufspiel gekommen. Die Hündin hat die Rute geklemmt und ihr hinterer Rücken ist gerundet. Der Elo hat die Hündin gestoppt und jetzt entsteht viel Nähe zwischen den beiden.

Bild 2 und 3: Die Hündin entzieht sich der Situation, in dem sie mit einem etwas verrückten Sprung zur Seite ausweicht, während der Elo jetzt stehenbleibt und sie laufen lässt. Ihre Rute ist fast bis unter den Bauch gezogen.

Bei Erschrecken

Wegspringen ist auch eine häufige Reaktion auf Erschrecken.

Retriever Leonito und Weimaraner-Hündin Deluxe stehen gemeinsam am Ufer. Deluxe schaut zu Leonito hin, sein Kopf ist ihr zugewendet, aber seine Blickrichtung ist nicht zu erkennen.

Bild 2 und 3: Als Deluxe plötzlich losbellt, wirft Leonito sich mit einem Satz zur Seite und stürmt davon. Wir wissen nicht, warum Deluxe bellte, aber Leonito löste die plötzlich entstandene Anspannung mit seinem Riesensatz wieder auf.

Nach freudiger Anspannung mit viel Nähe

Auch bei Freude kann durch Wegspringen Aufregung abgebaut werden.

Briard-Hündin Chocolat (rechts im Bild) nimmt Kontakt zu dem Rüden auf. Die Ohren beider Hunde sind in „Flirtstellung“ gehalten. Ihre Distanz zueinander ist gering.

Bild 2 und 3: Dann kann Chocolat, die so viel Nähe nicht bei jedem Hund zulässt, die Anspannung wohl nicht mehr aushalten und springt zur Seite. Es wirkt zwar wie eine Spielaufforderung, aber an der Reaktion des Rüden ist abzulesen, dass er verstanden hat, wie es gemeint war. Er wendet den Kopf ab und bleibt stehen.

16. Schütteln

Schütteln aus unterschiedlichen Gründen

Das Schütteln wird von Hunden häufig nach angespannten Situationen benutzt, als wollen sie sich den Stress bzw. die Anspannung „abschütteln“. Das können durchaus auch freudige Ereignisse sein.
Es kann aus unterschiedlichen Gründen mitten in der Schüttelbewegung zum Abbruch kommen. Wenn keine direkten äußeren Bedingungen dazu führen und der Hund wiederholt das Schütteln nicht mehr vollständig ausführt, könnte zum Beispiel ein Schmerzgeschehen vorliegen.
Ältere Hunde, die nicht mehr so stabil auf den Beinen sind, zeigen das Schütteln oft nur unvollständig oder gar nicht mehr.

Das Schütteln erfolgt bei allen Hunden von vorne nach hinten. Meist ist der Kopf schon zum Stillstand gekommen und das Hinterteil wird noch geschüttelt.

Nach großer Aufregung

Das Schütteln dient oft dem Lösen von entstandener Körperspannung, wie hier nach einer Auseinandersetzung.

Während eines Retriever-Spaziergangs kommt es zu einer Begegnung der Gruppe mit einem fremden Rüden (zwischen den beiden Retrievern mit den roten Halstüchern). Es kommt zu einer Eskalation zwischen den drei potenten Rüden. Die Situation ist insgesamt sehr angespannt *(siehe auch Kapitel Die fünf Fs, Kampf, Seite 543).*

Die drei sondern sich in ihrer Auseinandersetzung von der großen Gruppe ab und können sich beruhigen.

Der fremde Rüde kommt auch auf den Weg zu der Halterin zurück und schüttelt sich nach überstandener Aufregung.

Um Anspannung zu lösen

Um Hundebegegnungen zu trainieren, können Stoffhunde zu Beginn sehr gute Dienste leisten, da sie von vielen Hunden als realer Hund angesehen werden.

Dieser Rhodesian Ridgeback-Rüde hat Schwierigkeiten in der Annäherung an andere Hunde. Hier wird er im Training mit einem Stoffhund konfrontiert, der in neutraler Position seitlich zu ihm steht. Er ist in der Annäherung sehr angespannt. Als er sich von der Neutralität des Stoffhundes überzeugt hat, schüttelt er sich, um diese Anspannung zu lösen.

Ein weiteres Beispiel, das häufig zu beobachten ist, zeigt das Schütteln, wenn ein Hund von einem anderen sehr bedrängt wird. Das kann auch unter sich bekannten Hunden geschehen.

Welpe Quivive drangsaliert übermütig den blinden Tiber, der sich kaum dagegen wehren kann.

Gabi ruft Quivive zu sich, um das Treiben zu unterbrechen.

Als Tiber merkt, dass sie ihn nun in Ruhe lässt, schüttelt er sich zuerst einmal ab.

Die Rüden begegnen sich im Wald. Beide sind augenscheinlich vom jeweilig anderen sehr beeindruckt. Zuerst ist Bruno (braun) mehr beeindruckt, doch dann stellt er sich dem schwarzen Labrador.

Die zurückgelegten Ohren, das aufgestellte Fell und die niedrig gehaltene Rute zeigen, dass Bruno sich nicht wohlfühlt.

Kaum ist der andere Rüde weitergegangen, schüttelt Bruno seine Anspannung ab.

Junghündin Rani hat einen etwas aufregenden Kontakt mit Kater Heller.

Sie hat sich vorsorglich hingelegt. Heller züngelt allerdings, er hat zu diesem Zeitpunkt schon viele Hunde erlebt und benutzt gleiche Signale. Als Heller an ihr vorbeigeht, steht sie wieder auf und schüttelt ihre Anspannung ab. Heller blinzelt im Vorbeigehen.

Auch bei weniger aufregenden Situationen wird Schütteln gezeigt.

Hier passiert der Weiße Schäferhund einen sitzenden Hund. Dessen Ohren sind seitlich flach am Kopf gehalten, er hält den Kopf leicht abgewendet und blinzelt. Der Schäferhund hält die Ohren seitlich gedreht und seine Augen sind klein. Seine Rute wird etwas über Rückenhöhe getragen und ist in Bewegung. Beide Hunde wirken etwas angespannt. Als der Weiße Schäferhund vorbeigegangen ist, bewegt sich der sitzende Hund. Er steht auf und beginnt, sich ausgiebig zu schütteln.

Nach Kontaktaufnahme

Schütteln wird in der Kommunikation oft von allen beteiligten Hunden gezeigt, meist nacheinander.

Hier kommt es zu einem vorsichtigen Kontakt zwischen zwei sich fremden Hunden. Das Schütteln geht hier in eine Kommunikation über, erst schüttelt sich der eine, dann der andere.

Während einer begeisterten Begrüßung

Dieses Verhalten gehört zu den so genannten „Zugehörigkeitsgesten“.

Quivive zeigt im Begrüßungsverhalten verschiedene Kommunikationssignale, unter anderem auch das Schütteln.

Nach einem Zusammenstoß

Hier kam es zu einem ungewollten Rempler durch den Rüden hinten am Holzzaun, der sich sehr aufregte und wild hin und her sprang. Der Rempler kümmerte ihn nicht, er war zu sehr auf den Hund jenseits des Holzzauns konzentriert. Die schwarze Hündin im Vordergrund, die voll gegen den Rüden geprallt war, schüttelte sich danach ab, um die entstandene Anspannung zu lösen.

Während kontrollierender Kontaktaufnahme

Nach kurzem Kontakt ist das Schütteln bei Hunden häufig zu sehen.

In dieser Fotosequenz entsteht bei der Rhodesian Ridgeback-Hündin etwas Anspannung durch den Poschnüffler der Weimaraner-Hündin. Noch während sie beschnüffelt wird, beginnt sie sich zu schütteln. Vielleicht ist das für sie eine Möglichkeit, defensiv zu bleiben. Dann entfernt sie sich mit hoch erhobener Rute.

In der Annäherung und im Zwiespalt

Auch vor einer Begegnung mit anderen Hunden kann das Schütteln zum Spannungsabbau dienen.

Dieser Bullterrier kam Gabi und Quivive auf einem Spaziergang entgegen. Seine Ohren sind hoch aufgerichtet und nach vorne gestellt. Seine Fortbewegung wirkte sehr angespannt. Quivive begab sich hinter Gabi und schnüffelte am Wegrand. Daraufhin begann er, sich während der Annäherung zu schütteln. Das könnte dem Spannungsabbau gedient haben.

17. Kratzen

Kratzen aus unterschiedlichen Gründen

Das Kratzen gehört zu den sogenannten Verlegensheitsgesten.
Da es auch bei Hautproblemen oder Parasitenbefall gezeigt werden kann, ist die Gesamtsituation, in der sich ein Hund befindet, mit zu berücksichtigen – ob er sich emotional „wohl fühlt in seiner Haut“. Emotional angespannte Situationen können aber auch den Juckreiz zum Beispiel bei Parasitenbefall verstärken.
Bei Welpen kann das ungewohnte Tragen von Geschirr oder Halsband ebenfalls zu Kratzen führen.

Im Zwiespalt

Die menschliche Annäherung bringt diesen Welpen immer wieder in Zwiespalt, den Kontakt zu suchen, obwohl er eigentlich scheu ist. Sicherlich könnte man hier auch Flöhe vermuten, aber die Hunde waren ungezieferfrei.

Bei Kontakt mit Unbekanntem

Welpe Arwen lernt Hängebauchschwein Lucia kennen. Lucia scheint ihr unheimlich zu sein.

Ihr Körper ist weggelehnt, sie kann den Blick nicht abwenden, sondern muss Lucia im Auge behalten

Als sich Lucia ihr zuwendet, beginnt sie sich abzusetzen.
Arwen beginnt sich zu kratzen – so lange, bis Lucia sich von ihr abwendet und weggeht.

Im Spiel

Beaglemix-Welpe Todt spielt mit Kater Honey.

Plötzlich scheint er Bedenken zu haben, weiter zu spielen – vielleicht hat er kurz Honeys Krallen gespürt.

Todt unterbricht das Spiel und beginnt sich zu kratzen. Er wendet sich dabei immer mehr von Honey ab, bis auch dieser sich abwendet.

18. Gähnen

Gähnen aus unterschiedlichen Gründen

Gähnen gehört ebenfalls zu den Verhaltensweisen, die wir gerne als Verlegenheitsgesten bezeichnen, obwohl auch diese Formulierung nicht ganz zutrifft. Unserer Erfahrung nach wird Gähnen ebenfalls zur Kommunikation genutzt und verstanden, vielleicht manchmal eher unbewusst.

Es wird oft gezeigt, wenn sich der Hund in einem emotionalen Zwiespalt befindet, wenn er sich selbst oder andere Hunde beruhigen möchte, in stressigen Situationen und bei Schmerzen.

Und natürlich gähnen Hunde herzhaft, wenn sie müde sind oder beim Wachwerden wie Eve in ihrer Hängematte auf diesem Foto.

Bewegung der Zunge beim Gähnen

Bei zwiespältigen Gefühlen

Dieser Hund lebt in einer Tierherberge. Als ehemaliger Straßenhund hat er möglicherweise nicht sehr viele positive Menschenkontakte gehabt, aber hier sucht er Gabis Nähe.

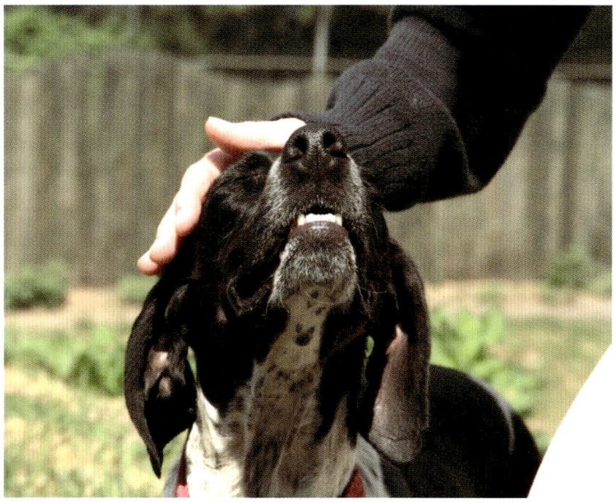

Die Berührung der Hand ist sichtlich nicht einfach für ihn, das zeigt sein Gähnen. Trotzdem bleibt er stehen und lässt sich berühren – denn andererseits genießt er auch die Zuwendung.

Bei Einschränkung durch schlecht sitzendes Geschirr

Insbesondere bei jungen Hunden im Wachstum sollte auf ein gut sitzendes Geschirr geachtet werden. Schlecht sitzende Geschirre oder zu enge Halsbänder können zu vermehrtem Gähnen oder Züngeln führen, da sie sich damit unwohl fühlen.

Dieses Brustgeschirr ist dem Hund unter das linke Schultergelenk gerutscht. Das stellt eine deutliche Bewegungseinschränkung für den Hund dar.

Bei Einschränkung durch den Menschen

Die Situation ist gerade etwas schwierig für den Hund durch die Einschränkung seiner Bewegungsfreiheit, während andere Hunde der Gruppe ihm sehr nahe kommen.
Er signalisiert dem Menschen den Konflikt, in dem er sich befindet, mit dem Gähnen. Trotzdem hält er still, obwohl ihm der Vorgang nicht ganz angenehm ist. Er wird sich dadurch sicherlich auch selbst etwas beruhigen, da das Gähnen beim Hund wahrscheinlich einen ähnlich beruhigenden Effekt hat wie das Gähnen beim Menschen.
Viele Hunde, auch diejenigen, die nicht auf der Straße aufgewachsen sind, fühlen sich beim Anziehen eines Geschirrs nicht wohl. Mögliche Ursachen können unbequemer, schlechter Sitz sein oder zum Beispiel ein Geschirr, das über den Kopf gezogen werden muss oder dessen Handhabung verlangt, dass die Vorderbeine einzeln angehoben werden müssen. Das kann für Hunde mit mangelndem Gleichgewicht oder Schmerzgeschehen im Körper schwierig sein.

Diese Sloughi-Hündin wird vom Pfleger festgehalten, damit der Welpe saugen kann. Unangenehm ist ihr der Griff ins Halsband, eventuell wegen der Einschränkung des Bewegungsspielraums oder der großen Nähe des Menschen, da die Hündinnen dieser Zuchtstätte (in Tunesien) wenig menschliche Kontakte haben. Möglich ist auch, dass sie das Gähnen wegen der fremden Menschen und der auf sie gerichteten Kamera zeigt oder einfach, weil ihr die spitzen Welpenzähne wehtun.

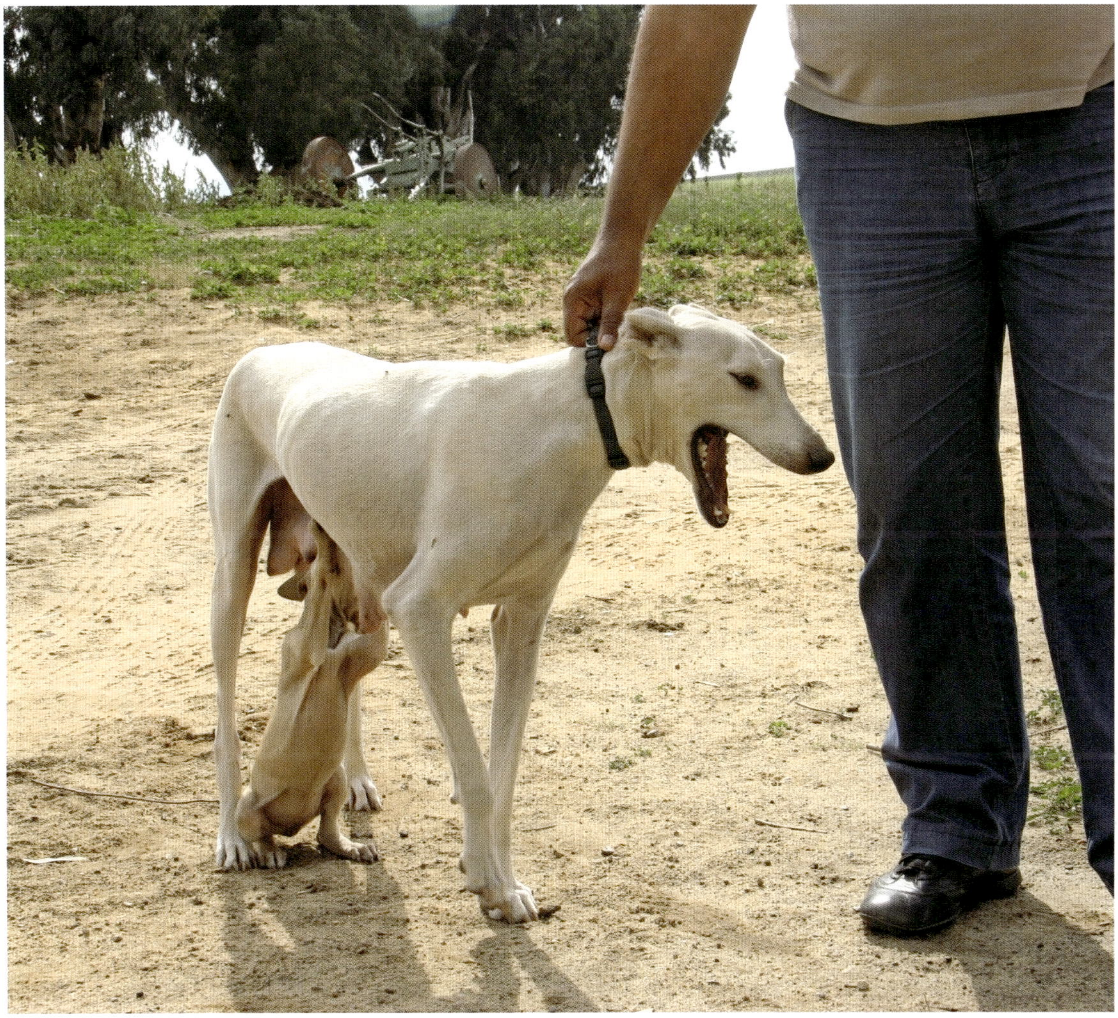

Wir beobachten auch bei Hunden, die in Familien leben, dass der Griff ins Halsband oder Geschirr oft als unangenehm empfunden wird und zu Ausweichverhalten führt oder das verschiedene Kommunikationssignale wie zum Beispiel Züngeln, Kleinmachen, Blinzeln oder Gähnen gezeigt werden.
Wenn man solche Verhaltensweisen beim eigenen Hund beobachtet, ist es hilfreich, solche Situationen positiv zu üben oder sie mit Hilfe der Tellington TTouch® Methode zu entspannen.

Bei Anspannung

Grundsätzlich entspannt ein Hund beim Gähnen nicht nur den Gesichtsbereich, sondern ein Stück weit den ganzen Körper.

Diese Hündin lebt in einer Gruppe in einer Tierherberge. Sie beginnt zu gähnen, als sich einige der anderen Hunde aus ihrer Gruppe nähern. Nach dem Gähnen tritt eine leichte Entspannung der Gesichtszüge ein, die Ohren werden nicht mehr so fest nach hinten gehalten. *(Um die emotionale Lage der Hündin besser zu verstehen, schauen Sie sich in Teil 1, Kapitel Der Mund, die Seite 134 an.)*

Gähnen

Natürlich gähnen Hunde, wenn sie müde sind – aber Gähnen gehört wie Kratzen oder Schütteln zu den sogenannten Verlegenheitsgesten von Hunden. Es kommt dabei auf den Kontext an, in welcher Situation es gezeigt wird. Wir haben das Gähnen beobachtet, wenn Hunde sich in einem gefühlsmäßigen Zwiespalt befinden, zum Beispiel im Kontakt mit anderen Hunden, oder wenn sie nicht verstanden haben, was von ihnen erwartet wird, zum Beispiel auf dem Hundeplatz. Oft führt ein unklares oder missverständliches Verhalten des Menschen zum Gähnen.

Hunde benutzen dieses Signal individuell unterschiedlich oder in Kombination mit anderen Signalen wie zum Beispiel dem Abwenden des Kopfes. Auch in einem anderen Bereich wird Gähnen gezeigt, und unsere Beobachtungen dahingehend wurden uns schon mehrfach durch Tierärzte und deren Diagnosen bestätigt: Gähnen wird auch gezeigt, wenn ein Hund Schmerzen hat. Dies sollte uns im Umgang mit unseren Hunden immer gegenwärtig sein.

Zur Selbstberuhigung

Gähnen dient nicht nur zur Beschwichtigung anderer, sondern auch zur eigenen Beruhigung.

Der erwachsenen Luke (rechts) hat große Probleme mit dem jungen Jake, der seit kurzer Zeit mit ihm zusammen lebt. Hier liegen die beiden sich frontal gegenüber und beide können wegschauen.

Als Jake seinen Kopf nun doch Luke zuwendet, beginnt dieser zu gähnen. Hier hat das Gähnen selbstberuhigenden Charakter.

Im Schmerzgeschehen

Gähnen wird auch sehr oft gezeigt bei körperlichen Schmerzen, das haben uns Tierärzte bestätigt. Dies kann bei körperlichen Einschränkungen durch Alter oder Verletzungen der Fall sein, aber auch, wenn man zum Beispiel mit der Hand einen Schmerzbereich berührt.

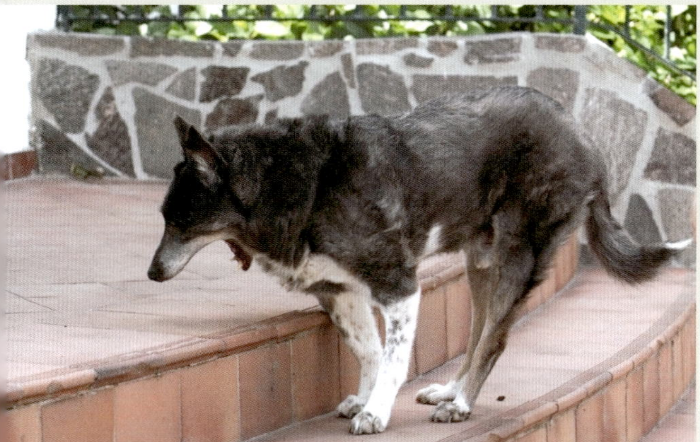

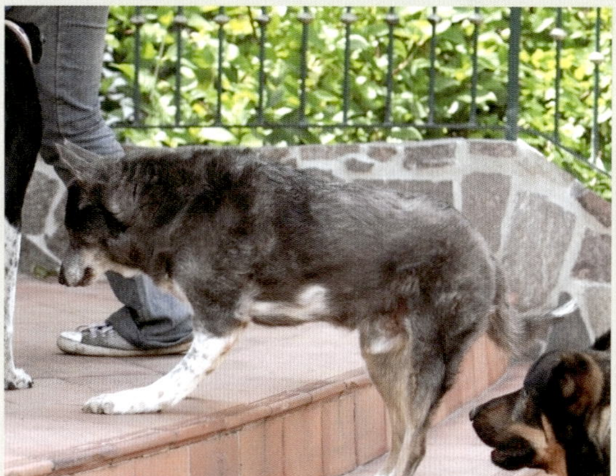

Dieser alte Hund lebt in einer Tierherberge. Er ist blind, außerdem ist seine Hinterhand extrem steif, er kann kaum die Gelenke beugen. Auch die Vorderläufe zeigen Fehlstellungen, möglicherweise durch schlecht verheilte Knochenbrüche. Es bereitet ihm große Mühe und offensichtlich auch Schmerzen, die Treppenstufen hinaufzusteigen. Er gähnt, während er sich die Stufen hochquält.

Teil III

Die Emotionen

Die Emotionen unserer Hunde

von Dr. med. vet. Daniela Zurr, Tellington-Instruktorin für Hunde und Kleintiere, Zusatzbezeichnung und Weiterbildungsermächtigung Verhaltenstherapie

Menschen sind oft sehr schnell darin, Beobachtungen bei Mensch und Tier zu interpretieren. Dabei gehen wir meist automatisch davon aus, dass andere Lebewesen unsere Wahrnehmungswelt und unsere Emotionen teilen. Wie unterschiedlich die Umwelt wahrgenommen wird, lässt sich leicht am Geruchssinn des Hundes verdeutlichen und ist jedem Hundehalter – zumindest theoretisch – klar.

Doch was ist mit den Emotionen?

Emotionen werden mit Körpersprache und Mimik zum Ausdruck gebracht. Sie haben sich im Verlauf der Evolution entwickelt und existieren artübergreifend. Im Gegensatz zu anderen Arten fassen Menschen diese in Worte und bilden Kategorien, zum Beispiel Furcht, Ärger, Schadenfreude, Freude, Traurigkeit und Ekel. Dies ist abhängig von individuellen Erfahrungen und dem Kulturkreis, in dem man aufwächst. Dementsprechend verwenden Menschen Sammelbegriffe – allerdings sinnvolle – für die unterschiedlichen Emotionen wie zum Beispiel „Furcht" oder „Ärger". Für jeden Menschen haben diese Begriffe aber eine etwas unterschiedliche Bedeutung und jedes Hineinversetzen in einen anderen Menschen kann daher nur eine Annäherung sein.

Wenn dies schon für Menschen gilt, müssen wir noch vorsichtiger mit der Interpretation bei anderen Säugetieren sein. Daher ist es so wichtig, immer erst eine objektive Beobachtungsgrundlage zu schaffen. Jeder Hundehalter erlebt tagtäglich, wie gut die Hunde darin sind, kleinste körpersprachliche Signale des Menschen zu bemerken und darauf zu reagieren.

In den vorangegangen Kapiteln haben Sie bereits geübt, Ihre eigene Wahrnehmung erheblich zu schärfen. Sie haben gelernt, die Mimik und Körpersprache von Hunden genau zu beobachten und zu beschreiben und den Kontext, in dem das Verhalten auftritt, zu beachten.

Ab wann eine Interpretation möglich wird, lässt sich daran messen, wie gut man mit der Zeit darin wird, das Verhalten eines Hundes in den nächsten Sekunden und Minuten vorherzusagen. Üben Sie sich bewusst weiter darin und versuchen Sie zu erahnen, was als Nächstes geschehen wird. Die Werkzeuge dazu haben Ihnen die Autorinnen dieses Buchs bereits an die Hand gegeben. Achten Sie aber immer darauf: Wenn Sie bei der Interpretation menschliche Kategorien für Emotionen benutzen, muss klar sein, dass diese nützlich für die menschliche Kommunikation sind, aber nur eine Annäherung an das Erleben des Hundes sein können.

1. Wieviele Gesichter hat mein Hund?

Beachten Sie bitte die Augenform, die Stellung der Augenbrauen, den Mund mit Mundwinkeln, die Form der Zunge und die Haltung der Ohren bei den unterschiedlichen Stimmungszuständen von Quivive.

Auf einem Spaziergang

Entspannt ausgeglichen
- Augen mandelförmig
- Augenbrauen neutral
- Ohren im Ansatz seitlich aufgerichtet
- Ohrspitzen locker fallend
- Mund leicht geöffnet
- Zunge locker im Mund liegend

In Warteposition

Sehr aufmerksam und ausgeglichen
- Augen leicht gerundet
- Ohren nach vorne aufgerichtet
- Ohrspitzen nach vorne fallend
- Mund geschlossen
- Oberlippe ohne Anspannung
- Haare im Mund-Nasenbereich anliegend

In einer depressiven Phase der Scheinträchtigkeit und kaum für irgendetwas zu motivieren

Traurig-depressiv
- Augen gerundet
- Augenlider hängend
- Augenbrauen nach unten zeigend
- Ohren nach hinten hängend
- Kopf- und Gesichtsbehaarung hängend
- Mund geschlossen

Zum ersten Mal mit Hängebauchschweinen zusammen und sehr verunsichert

Ängstlich

- Auge stark gerundet
- Ohren nach hinten festgehalten
- Haare im Kopfbereich fest anliegend – angespannte Kopfdecke
- Mund geschlossen
- Oberlippe angespannt

Tiefenentspannt nach einer Tellington TTouch® Session

Sehr entspannt

- Auge stark mandelförmig
- Ohren nach hinten genommen
- Ohrspitzen locker hängend
- Kopfbehaarung locker aufgerichtet – Kopfdecke ohne Spannung
- Mund geschlossen
- Haare um Nase und Mund anliegend

Totale Begeisterung über den Besuch von Gabis Tochter Tina

Freudig erregt

- Auge etwas gerundet
- Ohren flach nach hinten gehalten
- Mund geöffnet
- Mundspalte langgezogen
- untere Lippe locker hängend – Zähne sichtbar
- Zungenmuskel hochgewölbt
- Zunge im Mund liegend

Lächelnd im Kontakt mit Gabi

Liebevolle Zuneigung

- Augen gerundet
- Ohren im Ansatz nach vorne gehalten
- Ohrspitzen locker hängend
- Mund leicht geöffnet
- Oberlippe leicht angehoben
- untere Schneidezähne sichtbar
- Mundwinkel nach oben gezogen

Kuscheln und Zuwendung an der Schulter von Gabis Tochter

Liebevolle Zuneigung

- Auge fast mandelförmig
- Blick ins Leere (verträumt)
- Ohren locker zur Seite fallend
- Mund geschlossen
- Lippen entspannt

Müde – verträumt, ohne körperliche Beanspruchung

Müde

- Auge stark mandelförmig
- Blick nicht zielgerichtet
- Augenbrauenstellung neutral
- Ohren locker zur Seite hängend
- Haare im Gesichtsbereich anliegend

Zum ersten Mal mit Hängebauchschweinen zusammen und fast in Panik

Große Angst

- Augen groß gerundet
- Augenbrauen hochgezogen
- Ohren im Ansatz nach hinten aufgerichtet
- Ohrspitzen festgehalten
- Mund geschlossen
- Oberlippe angespannt
- Haare im Mund-Nasenbereich aufgerichtet

Steigerung der extremen Verärgerung über die Belästigungen eines Rüden

Zornig

- Augen gerundet
- Augenbraue nach innen zusammengezogen
- Ohren flach nach hinten gehalten
- direkter Blickkontakt, erstarrtes Auge mit festgehaltenen Lidrändern
- Mund geschlossen
- Bart- und Nasenhaare aufgerichtet

Sich steigernde Angst vor den Hängebauchschweinen

Gestresst

- Augen stark gerundet
- Augenbrauen nach oben gezogen
- Ohren nach hinten gerichtet
- Ohrenspitzen festgehalten
- Mund geschlossen
- Behaarung im Mund-Nasenbereich wie aufgeplustert

2. Die „Fünf F“ und andere Anzeichen für Stress

Wenn Hunde sehr angespannt sind, zeigen sie vermehrt Beruhigungssignale oder Verlegenheitsgesten wie Schütteln oder Kratzen. Wenn sie sich wirklich in Gefahr wähnen, werden Reaktionen gezeigt, die als die „Fünf F“ bezeichnet werden.

Die „Fünf F“ der Furcht

Von Lily Merklin, Diplom-Psychologin und Tellington-Instruktorin für Pferde

Flucht oder Kampf (englisch: flight or fight) – so heißen die beiden Angstreaktionen, die allgemein bekannt sind. Meist werden sie als Gegensatzpaar dargestellt, man geht also davon aus, dass es Tiere gibt, die auf Gefahr mit Kampf, und andere, die auf Gefahr mit Flucht reagieren. Das stimmt nur insofern, als dass jedes Lebewesen eine bevorzugte Tendenz besitzt. Dies ist zum Teil art- oder rassespezifisch, hat aber auch mit den Erfahrungen zu tun, die das Individuum in der Vergangenheit gemacht hat. So spricht man bei Pferden von Fluchttieren, die bei Gefahr eher wegrennen, während Hunden das Angreifen näher liegt.

Trotzdem besitzen alle Tiere genau wie wir Menschen sowohl die Fähigkeit zu fliehen als auch zu kämpfen. Doch damit nicht genug. Es gibt auch noch drei andere Mechanismen, die bei Gefahr/Angst zum Tragen kommen und im Englischen alle mit „F“ beginnen, weshalb man von den „five F of fear“ spricht. Das Erstarren, „starr vor Schreck werden“ oder einfrieren (englisch: freeze) kommt häufig in Krimis vor. Im Alltag kennen wir es bei besonders unheimlichen plötzlichen Schrecksituationen. Der Hund steht stocksteif, eventuell mit gesträubtem Nackenfell und lässt sich nicht mehr bewegen. Eventuell wird ihm in dieser Situation Dickköpfigkeit unterstellt – häufig zu Unrecht. Spätestens wenn der Hund dabei ganz fein zittert und jedes Futter verweigert, ist er nicht stur, sondern starr vor Angst. Hält dieser Zustand an, kommt als nächste Stufe das „Abschalten“, das Umkippen oder gar die Bewusstlosigkeit (englisch: faint). Zwischen dem Einfrieren und der Ohnmacht ist bei Tieren

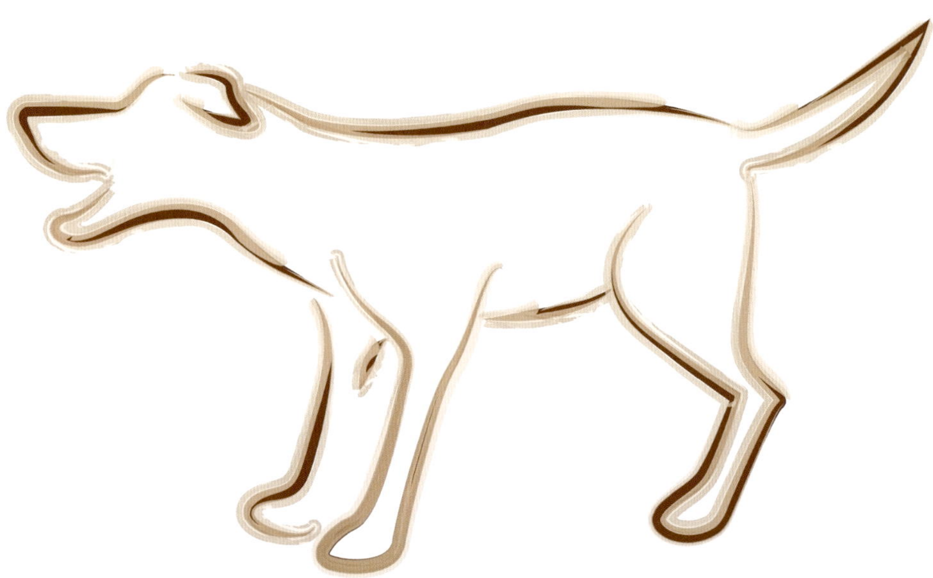

der Totstellreflex angesiedelt. Dieses Phänomen tritt eher bei typischen Beutetieren auf wie beim sprichwörtlichen „Kaninchen vor der Schlange".
Viel häufiger sieht man bei Hunden hingegen, dass sie bei Unsicherheit oder Überforderung plötzlich extrem unkonzentriert und fast albern werden. Diese letzte Reaktion, das „Herumblödeln" (englisch: fooling around), finden wir bei Tieren – und Kindern – recht häufig. Wenn sie unter Stress stehen, Angst haben oder unsicher sind, zeigen sie ein geradezu paradoxes Verhalten. Sie fangen an mit irgendetwas herumzuspielen, alle möglichen Tricks anzubieten (weshalb diese Reaktion zum Teil auch als „flirten" bezeichnet wird) oder mit dem Mund zu spielen.
Letzteres ist besonders deshalb so interessant, weil vom Mund eine direkte Verbindung zum Limbischen System besteht. Dieser Bereich des Hirns liegt wie ein Saum (Limbus) um den Balken (die Verbindung von rechter und linker Gehirnhälfte). Das Limbische System beeinflusst nicht nur zahlreiche vegetative Funktionen, sondern steuert auch emotionale Reaktionen wie Wut, Furcht oder Zuneigung und ist ganz wesentlich am Lernen und Erinnern beteiligt. Die Wirkung des Maul-TTouch aus der Tellington-Methode setzt genau hier an.

Die Fünf F:

Flight – Flüchten

Fight – Kämpfen

Freeze – Einfrieren

Faint – In Ohnmacht fallen

Fooling around – Herumalbern

Flucht (Flight)

Angst zu haben und fluchtbereit zu sein, ist – evolutionsbiologisch gesehen – ein Vorgang, der dem Überleben dient und die Weitergabe der eigenen Gene absichert. Es ist also in gewisser Weise sinnvoll, Angst zu haben.

Die meisten Hunde flüchten vor einer Gefahr, solange sie das Gefühl haben, flüchten zu können, also der angreifende Hund nicht schon zu nahe gekommen ist. Wenn sie allerdings negative Erfahrungen mit Artgenossen gemacht haben, kann dies dazu führen, dass sie direkt angreifen oder schon auf Entfernung auf den anderen Hund zustürzen nach dem Motto: Angriff ist die beste Verteidigung.

Im Spielgeschehen können Jagdspiele zu Fluchtverhalten des vorauslaufenden Hundes führen und das Spiel kann kippen, der vorauslaufende Hund wird zur Beute.

Wenn Sie die Hunde nicht gut kennen oder Sie nicht einschätzen können, wie gut der andere Hund sozialisiert ist, sollten die Körpersprache und das Ausdrucksverhalten beider Hunde gut beobachtet werden, damit Sie das Geschehen rechtzeitig unterbrechen können. Ansonsten sollten Sie sich gut überlegen, ob ein Jagdspiel angebracht ist.

Kampf (Fight)

Wählt der Hund die Strategie Kampf, dann hat der Mensch es meist soweit kommen lassen. Es geht dabei sehr oft um eine Ressource oder zu wenig Distanz.

Hier ist es zu einer Auseinandersetzung zwischen zwei Rüden gekommen. Die Retriever sind gemeinsam auf den grauen großen Langhaar-Rüden losgegangen, der wohl zu großes Interesse an den Retriever-Hündinnen zeigte. Die Nähe der anderen Hunde drumherum und die Unmöglichkeit auszuweichen haben eine eventuelle direkte friedliche Lösung verhindert.

Ganz anders stellt sich das für den Hund an der Leine dar. Flüchten ist unmöglich und oft wird eine Distanz unterschritten, in welcher der Hund entweder sich selbst sicher fühlt oder seine Menschen oder seine Hundefamilie in Sicherheit weiß. Dann bleibt nur noch der Angriff.

Erstarren / Einfrieren (Freeze)

Einfrieren kann durch alle möglichen Reize ausgelöst werden. Beispielsweise Geräusche oder Gerüche, auch wenn wir sie nicht wahrnehmen, können dazu führen, dass Hunde einfrieren. Um so wichtiger ist es, das Einfrieren des Hundes zu sehen, da sich die Situation für den Hund sehr bedrohlich anfühlt. Es kommt nicht häufig vor, dass Hunde wie die sprichwörtlichen "Salzsäulen" erstarren, daher ist es auch schwierig vorherzusehen, wie sie danach reagieren. Sie sollten vorsichtig angeleint werden, falls sie noch nicht an der Leine sind, um ihnen Sicherheit zu geben.

Dhanyi hat irgend etwas wahrgenommen, was sonst keiner wahrgenommen hat. Sie blieb plötzlich wie angewurzelt stehen und erstarrte über eine halbe Minute lang. Auf dem zweiten Bild ist gut zu erkennen, wie erschreckend diese Wahrnehmung für sie gewesen sein muss.

In Ohnmacht fallen (Faint)

Gabi hat bei ihrem Rüden Tiber erlebt, dass er in der Welpenzeit bei tierärztlichen Untersuchungen „eingeschlafen“ ist und nicht mehr ansprechbar war. Dazu muss man sagen, dass er als Welpe panikartige Angstzustände vor fremden Menschen und anderen Hunden hatte, die zunächst eine mangelhafte Sozialisierung von Seiten der Züchter vermuten ließen. Im Laufe der ersten eineinhalb Jahre stellte sich heraus, dass er Sehprobleme hatte, die wahrscheinlich schon in der Welpenzeit begannen. Deshalb hatte er wohl diese großen Unsicherheiten entwickelt. Mit drei Jahren war er vollständig erblindet auf Grund einer progressiven Retinaatrophie (eine erbliche degenerative Erkrankung der Netzhaut, die zur Erblindung führt). Heute ist sich Gabi sicher, dass dieses „Einschlafen“ eine gesteigerte Form des Einfrierens („Freeze“) war und sich in Richtung des Abschaltens („Faint“) bewegte.
Hier vielleicht noch eine kleine Ergänzung zu Faint – in Ohnmacht fallen, was bei Hunden nicht so oft beobachtet wird. Katja hat dieses Verhalten zum Beispiel leider häufig auf Hütewettkämpfen erlebt, wo Schafe durch den enormen Stress eines solchen Tages regelmäßig in Ohnmacht fielen.

Die Welpen haben zum ersten Mal ein Geschirr an und verfallen in einen „faint-ähnlichen“ Zustand. Offensichtlich ist die Information, die das Geschirr an das Nervensystem weiterleitet, fast zu viel und wird erst einmal mit völliger Starre von Seiten des Körpers beantwortet. Später haben alle Welpen im Geschirr gespielt.

Herumalbern (Fooling around, Flirt)

Das Herumalbern ist ein Verhalten, das uns zum Beispiel auch bei Kindern begegnet. Meistens hat es mit einer Überforderung in einer bestimmten Situation zu tun, mit der Abnahme der Konzentrationsfähigkeit oder mit dem Überspielen von Unsicherheit.

Hunde zeigen das Verhalten auch meistens Menschen gegenüber aus den gleichen Beweggründen. Manchmal wird es aber auch Hunden gegenüber angewandt und wirkt dann wie „Welpe spielen".

Herumalbern kann als höfliche Bitte um eine Pause, mehr Achtsamkeit oder das Verändern einer Situation betrachtet werden.

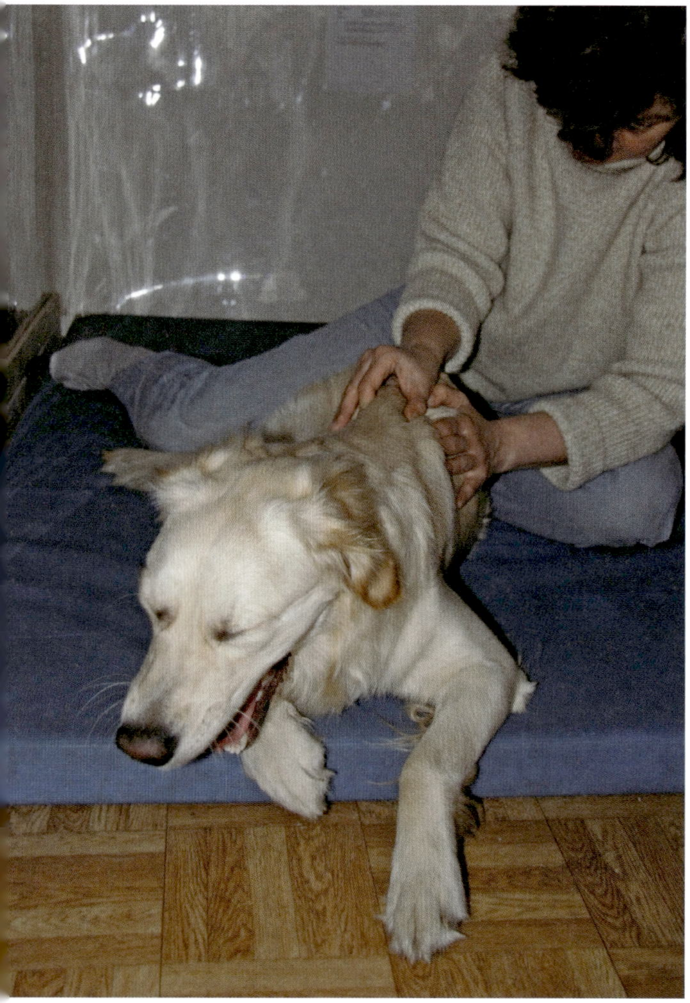

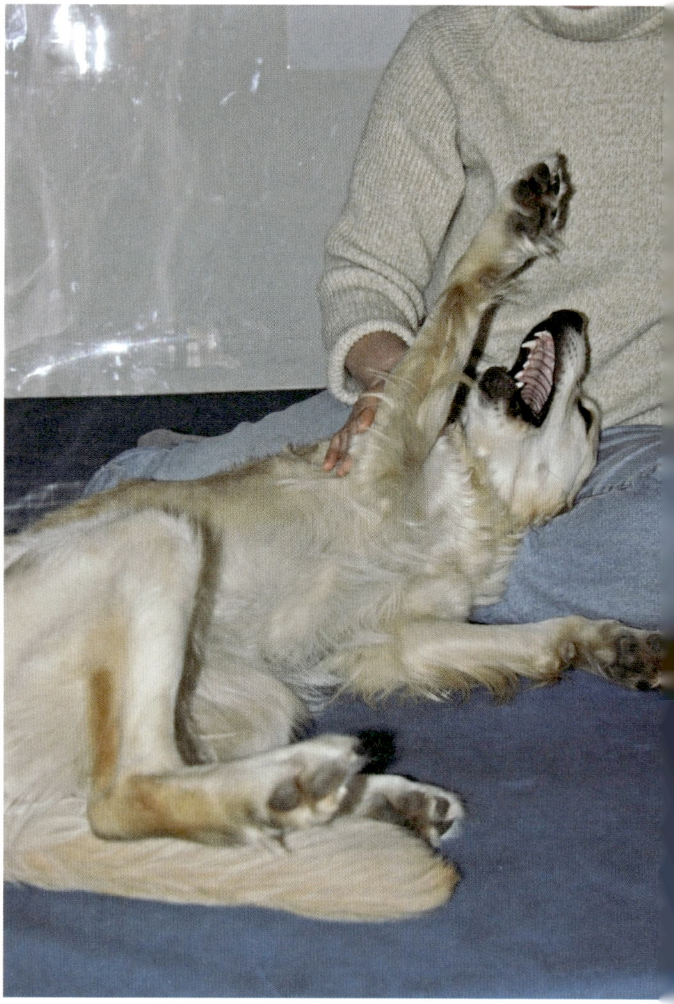

Rani war bereits als junger Hund schlecht im Finden ihrer Balance *(auch zu sehen in Kapitel Schwerpunktverlagerung, Seite 226-227)* und spürte ihren Körper nur wenig. Tierärztlich wurden keine besonderen Krankheiten diagnostiziert. Da sie eine extreme Unsicherheit zum Beispiel gegenüber leblosen Tierfiguren zeigte, wollten wir ihr durch Osteopathie und viel Tellington TTouch® etwas mehr in ihre Balance helfen. Zu Anfang der Osteopathie-Behandlung zeigte sie sich stets

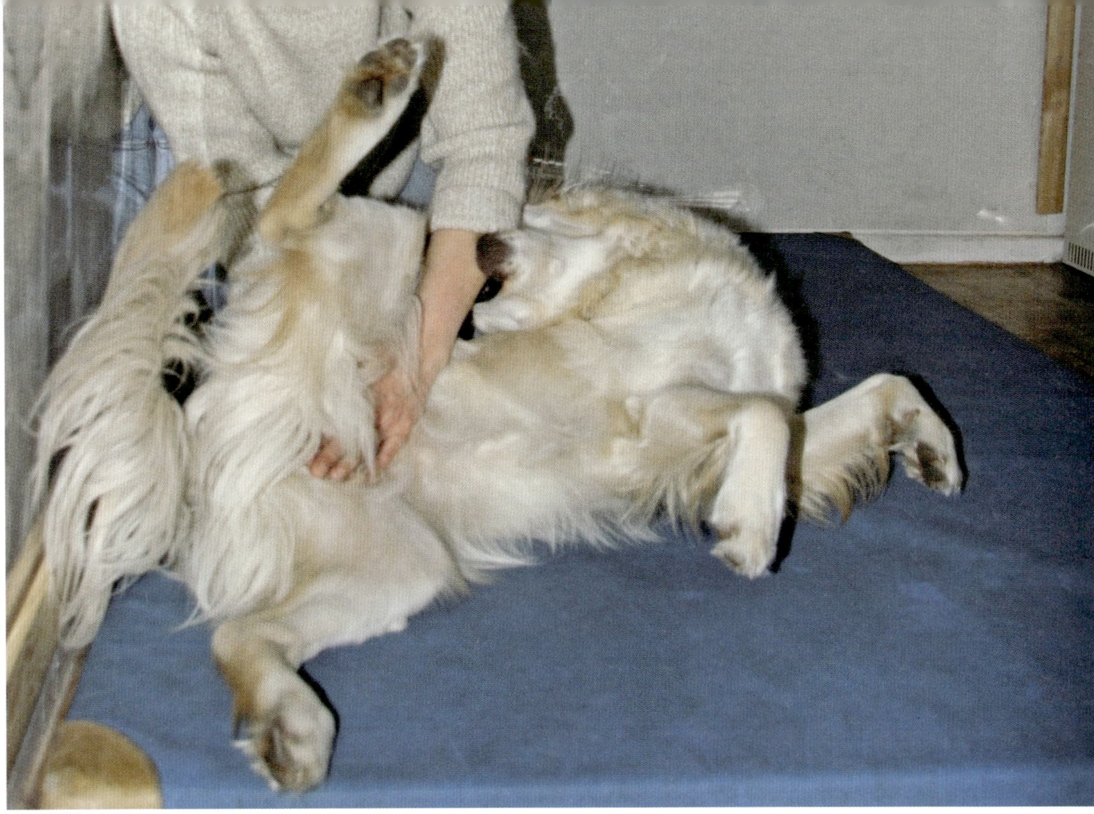

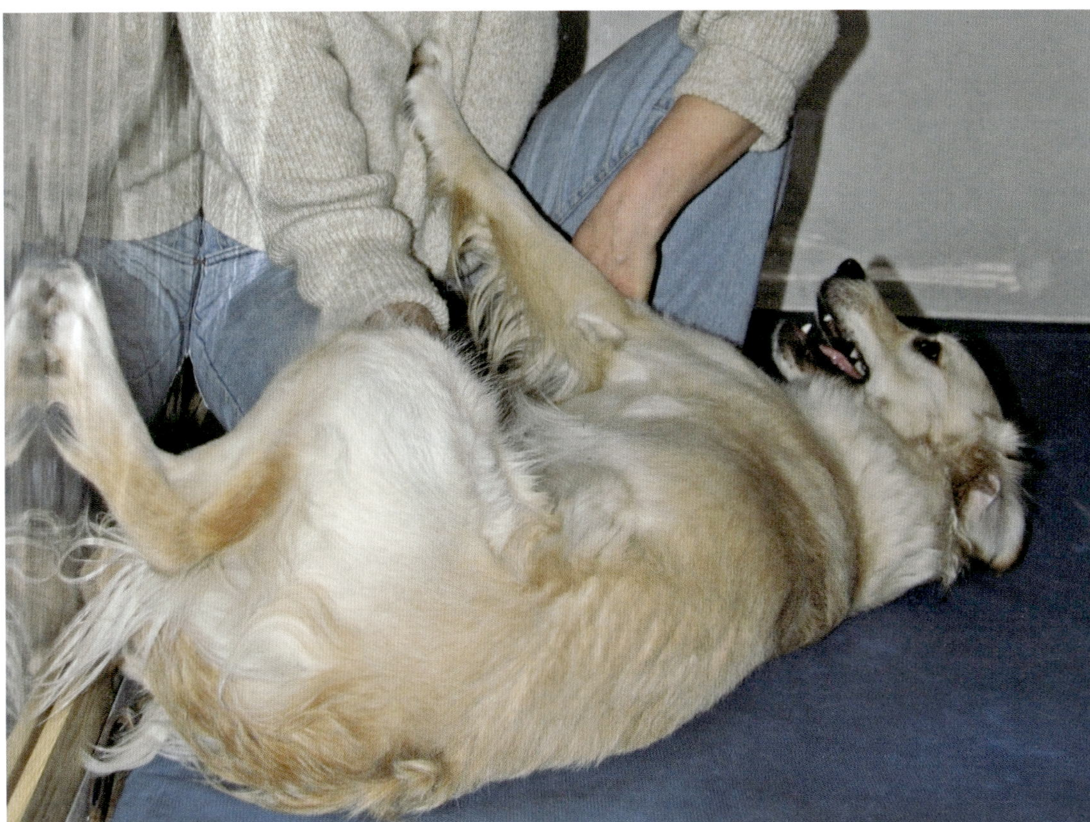

etwas unsicher, obwohl sie ansonsten den Kontakt zu Menschen liebte. Diese Unsicherheit zeigt sie in dieser Fotoserie, indem sie herumalbert und durch verschiedenste Verhaltensweisen der Behandlung ausweichen möchte. Wir sind auf ihre Bitte nach etwas mehr Achtsamkeit bei der Berührung ihres Körpers eingegangen, indem die Osteopathin sie erst eine Zeit lang einfach nur gestreichelt hat, bis sie dann mit der eigentlichen Behandlung begann.

3. Weitere Anzeichen für Stress

Neben den fünf F's gibt es noch eine ganze Anzahl von Signalen, die erkennen lassen, dass ein Hund Stress empfindet. Meist werden diese Signale, egal ob Verlegenheits-, Kommunikations- oder Beruhigungssignale, gehäuft benutzt. Andere Verhaltensweisen werden sehr übertrieben gezeigt (zum Beispiel sich belecken oder bellen). Diese mit einer hohen Sympathikusaktivität zusammenhängenden Verhaltensweisen können selbstbelohnend sein und sollten nicht ignoriert werden.
Grundsätzlich sollte einem Hund, der Stresssignale aussendet, Hilfe zukommen. Er sollte ernstgenommen werden mit seinen Nöten, Ängsten und Bedürfnissen. Dazu ist hilfreich, diese Signale zu kennen und im Zusammenhang mit der Gesamtsituation richtig zu deuten. Genauso wichtig ist es, zu erkennen, wann der Hund im Grenzbereich seiner Konzentration ist oder wann eine Situation unzumutbar wird. Weitere Stresszeichen können auch sein: Zittern, Hecheln, vermehrter Kot- und Harnabsatz (Durchfall), vermehrtes Ausweichen / Zurückziehen, Analdrüse entleeren und eine stark angespannte Muskulatur.

Vermehrtes Zeigen von Beruhigungssignalen, hier Züngeln

Quivive machte erstmals Bekanntschaft mit Katjas Hängebauchschweinen, die in ihrer Hundeschule leben und an Hunde und andere Tiere gewöhnt sind.

Sie möchte eigentlich so schnell wie möglich wieder aus dem Gehege heraus. Das sehr häufig und deutlich gezeigte Züngeln setzt sie hier zu ihrer eigenen Beruhigung ein. Wenn Kommunikationssignale so gehäuft gezeigt werden, hat dies mit Stress zu tun.

Lecken oder Knabbern

In Stresssituationen ist oft zu sehen, dass Hunde sich selbst oder auch Gegenstände gehäuft belecken oder beknabbern.
Nicht nur emotionaler Stress, sondern auch körperliche Ursachen können solche Verhaltensweisen auslösen. Darum ist das Beobachten der Gesamtsituation wichtig und die Vorstellung beim Tierarzt / Tierheilpraktiker angebracht, sollte dieses Verhalten vermehrt gezeigt werden.

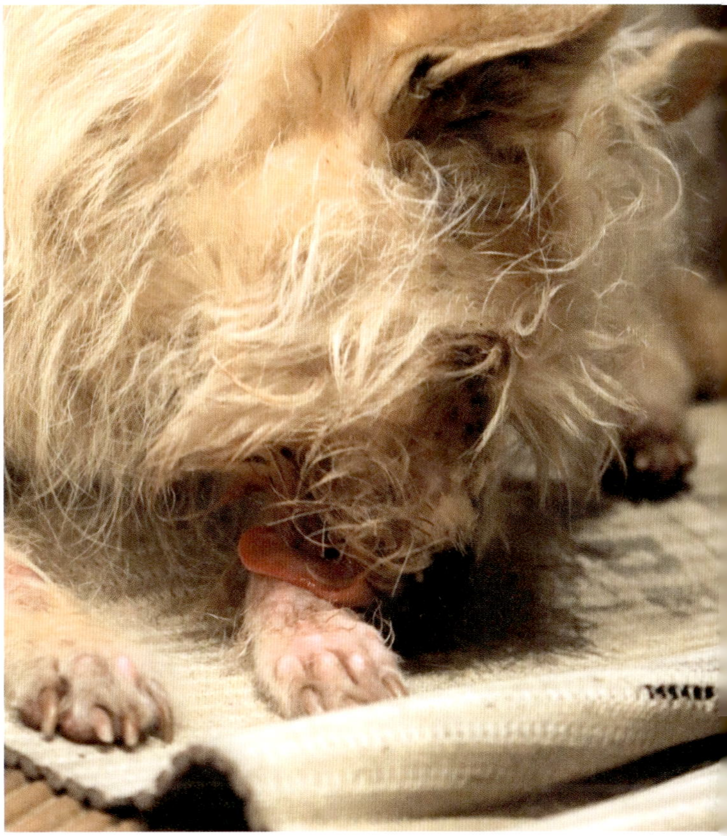

Tamika beleckte sich während einer Erkrankung so intensiv, dass wunde Stellen entstanden.
Ob es für den individuellen Hund besonders häufig ist oder er etwas übertrieben oft zeigt, ist davon abhängig, wie er sich ansonsten verhält. Manche Hunde kratzen sich vermehrt, schütteln sich ständig oder gähnen immer wieder, auch das kann Unwohlsein aus unterschiedlichen Gründen anzeigen.

Zerrspiel an der Leine, Beißen in die Leine

Manchmal ist es auch einfach nur Spielerei, zum Beispiel, wenn es dem Welpen zu langweilig wird, an der Leine zu laufen. Retriever apportieren einfach gerne ihre Leine, auch das ist dann kein Stresssignal. Womit wieder einmal klar ist, dass immer die Gesamtsituation betrachtet werden muss.

Dieses Verhalten wird oft gezeigt, wenn ein Hund gerade überfordert ist, zum Beispiel mit dem Training auf dem Hundeplatz. Das Verhalten tritt oft sehr plötzlich auf, nachdem der Hund vorher freudig mitgemacht hat. Wenn dagegengehalten wird, wird es meist schlimmer. Kürzere Konzentrationsphasen und häufigere Pausen einlegen helfen dem Hund.

Aufreiten

Aufreiten wird meist durch eine stressige Situation hervorgerufen und von Hündinnen ebenso gezeigt wie von Rüden. Natürlich gibt es auch das Aufreiten aus sexuellem Hintergrund, da ist – wie so oft – die Gesamtsituation entscheidend.
Aufreiten kann auch durch den speziellen Geruch verstopfter Afterdrüsen oder anderer gesundheitlicher Probleme wie zum Beispiel Blasenentzündungen ausgelöst werden. Diese Hunde werden, egal ob weiblich oder männlich, gerne und ausdauernd von anderen Rüden bedrängt.

In Stresssituationen lässt sich oft ein Aufreiten, meist am Bein einer vertrauten Person, beobachten, wie es hier Alani macht. Dies dient dem Stressabbau. Es kann auch eine Bitte um Hilfe sein. Auch wenn auf Gegenstände aufgeritten wird, dient es eher der Bewältigung der eigenen Aufregung, zum Beispiel bei Begrüßungen.

Dhanyi reitet hier bei ihrer Ziehmutter Arwen auf. Sie ist mittlerweile zwei Jahre alt und das Aufreiten hat keinen sexuellen Hintergrund, sondern scheint für sie eine Versicherung zu sein, dass mit ihr gespielt wird. Sie zeigt das Aufreiten bei den Hunden, die sie schon sehr früh als erwachsene Hunde kennengelernt hat, denen sie wirklich vertraut und mit denen sie spielen möchte.

Quivive hat sich sehr gerne an Gabi hochgestellt und ihre Vorderbeine um Gabis Bein gelegt. Das ist zwar kein Aufreiten, wurde aber oftmals als solches oder als eine milde Form von Anspringen angesehen. Es war ihr individueller Ruf um Hilfe, der immer beantwortet wurde. In entspannten Situationen hat sie diese Stellung auch zur innigen Kontaktaufnahme genutzt.

Anspringen

Das Anspringen wird in großer Aufregung gezeigt, bei Freude ebenso wie in angespannten und negativ belasteten Situationen. Es hilft dem Hund, Anspannung zu lösen. Tellington TTouch® kombiniert mit einem Training mit positiver Verstärkung kann Abhilfe schaffen. Natürlich ist es eine individuelle Entscheidung, die Kontaktaufnahme durch Anspringen zu tolerieren oder selbst als sehr nett und innig zu empfinden. Es gibt auch Hunde, die nur Menschen anspringen, die sich darüber freuen.

Zerstören

Dieses Verhalten zeigen zum Beispiel Hunde, die nicht gelernt haben, alleine zu bleiben und dann im Stress ganze Wohnungseinrichtungen zerlegen. Man sollte als Hundehalter wissen, dass Stress über den Mund abgebaut wird. Zeigt der Junghund dieses Verhalten, kann es auch einfach mit der Zahnung zusammenhängen.

Penis ausschachten

Das lässt sich bei vielen Rüden beobachten, wenn sie aufgeregt sind und es hat dann keinen sexuellen Hintergrund.

Lautäußerungen: Bellen, Heulen

Bellen, Miepfeln und Jaulen gehören auch zur Kommunikation. Hunde können zum Beispiel auf ganz unterschiedliche Arten bellen und möchten damit auch Unterschiedliches ausdrücken.

Bellen gehört zu den selbstbelohnenden Verhaltensweisen und sollte nicht ignoriert werden, damit es nicht zum Selbstläufer wird. Hunde, die exzessiv bellen, möchten etwas sagen. Es liegt an uns, dies herauszufinden und ihnen zu helfen, damit sie das Bellen unterbrechen können oder ohne Bellen auskommen.

Manche Hunde reagieren auf bestimmte Geräusche wie Sirenen oder Kirchenglocken mit Heulen. Rüden können beim Geruch einer heißen Hündin in Heulen ausbrechen und es gibt auch Hunde, die bei Vollmond damit beginnen. Viele Hunde mit Verlassensangst heulen – ihnen sollte auf jeden Fall geholfen werden.

Schwitzen

Hunde schwitzen hauptsächlich an der Unterseite der Pfoten. Daher kann man den Pfotenabdruck bei Aufregung des Hundes manchmal sehen.

Haaren und Schuppen

Bei fast jedem aufgeregten Hund, beispielsweise beim Tierarzt, lassen sich Haaren und Schuppenbildung beobachten.

Haare aufstellen

Das Aufstellen der Haare, egal in welchem Bereich des Körpers, hat mit Aufregung des Hundes zu tun.

(Ausführliche Informationen finden Sie in dem Kapitel Das Fell, Seite 300)

Veränderungen der Zunge

Bei großem Stress lassen sich verschiedene Veränderungen der Zunge beobachten:

- lang heraushängende Zunge mit Verbreiterung der Zungenspitze
- Blaufärbung bei Sauerstoffmangel oder Herzproblematik
- blasse Zunge bei Kreislaufschwäche
- Schaumbildung auf der Zunge

(Ausführliche Informationen finden Sie in dem Kapitel Die Zunge, Seite 150)

Pupillenweitstellung

Bei Stress kommt es durch den Einfluss des Sympathikus zu einer Pupillenerweiterung

(Ausführliche Informationen finden Sie in dem Kapitel Das Auge, Seite 78)

Verweigern von Futter

Öfter erleben wir Hunde, die eine ausgeprägte körperliche Angsthaltung zeigen, zittern, sich kaum noch bewegen können und auch kein Futter mehr annehmen können. Wir kennen dieses Gefühl auch bei uns, wenn uns etwas vor lauter Aufregung „auf den Magen schlägt" und wir keine Nahrung mehr zu uns nehmen können.

Quivive erlebt mit Gabi zusammen erstmals Schweine aus nächster Nähe. Sie hat Angst und kann gerade das angebotene Futter nicht annehmen. Sie dreht den Kopf von der Futterhand weg. Als sie sich etwas an den Anblick von Katjas Schweinen gewöhnt hat, kann sie wieder Futter nehmen.

Parasympathikus und Sympathikus

Alle Wirbeltiere verfügen über ein vegetatives Nervensystem, das ohne eine bewusste Steuerung des Gehirns (autonom) in der Lage ist, den Körper an unterschiedliche Lebenssituationen anzupassen. Es unterteilt sich, sehr vereinfacht dargestellt, in einen parasympathischen und sympathischen Zweig. Der Parasympathikus ist für den unbewussten Bereich verantwortlich, dazu gehören unter anderem die Atmung, die Herzfrequenz und die Verdauung. Das sind Funktionen, die für Ruhe- und Regenerationsphasen wichtig sind (Rest and Digest). Der Sympathikus regelt den Bereich der instinktiven Reaktionen, ist also unter anderem für das Fluchtverhalten und die Verteidigung zuständig (Flight or Fight). Er wird aktiviert, wenn sich eine (gefühlt) lebensbedrohende Situation ergibt.

Unser Gehirn kann aber zwischen wirklichen realen und empfundenen Gefahren oft nicht gut unterscheiden, und das trifft auch für unsere Hunde zu. So kann eine Situation, die von uns nicht einmal als beängstigend empfunden wird, bei einem Hund mit entsprechenden Vorerfahrungen oder fehlenden Erfahrungen sogar Todesangst auslösen.

Kein Futter mehr nehmen zu können ist also ein guter Indikator für den Stresslevel eines Hundes. Es bedeutet, dass er sich existenziell bedroht fühlt, und wenn er diese Situation

selbst nicht auflösen kann, liegt es in unserer Verantwortung, zu helfen und zu unterstützen. Gutes Lernen kann ohne die Anwesenheit des Parasympathikus nicht stattfinden, auch das sollte uns bewusst sein.
Im Umkehrschluss ist die Wiederaufnahme von Futter ein Zeichen dafür, dass der Stresslevel des Hundes sich senkt. Wenn wir Futter anbieten, sollten es weiche, gut riechende und sehr kleine Futterbröckchen sein, die sich abschlucken lassen, denn Kauen ist in solchen Situationen oft nicht möglich. Schon das Schlucken von Futter aktiviert den Parasympathikus, den wir dringend benötigen, um solche Situationen auflösen zu können. Mäkelige Hunde, die von Natur aus schlecht fressen, werden eine Futteraufnahme bei Stress meist früher einstellen.
Manchmal hat man aber keine Möglichkeit, eine Situation sofort aufzulösen. Der Ohr-TTouch aus der Tellington-Methode ist dann sehr hilfreich, vor allen Dingen, wenn die Hunde fast nicht mehr ansprechbar sind.

Backen blasen

Das Backenblasen (eine Art Aufplustern der Backen, rechtes Foto) wird von einigen Hunden und Rassen bevorzugt gezeigt. Links ein Vergleichsfoto ohne Backenblasen.
Bei Windhunden, Collies, Jagdhunden und Dobermännern und deren Mischlingen lässt sich das öfter beobachten. Manchmal zeigen die Hunde zusätzlich sehr geweitete Pupillen.

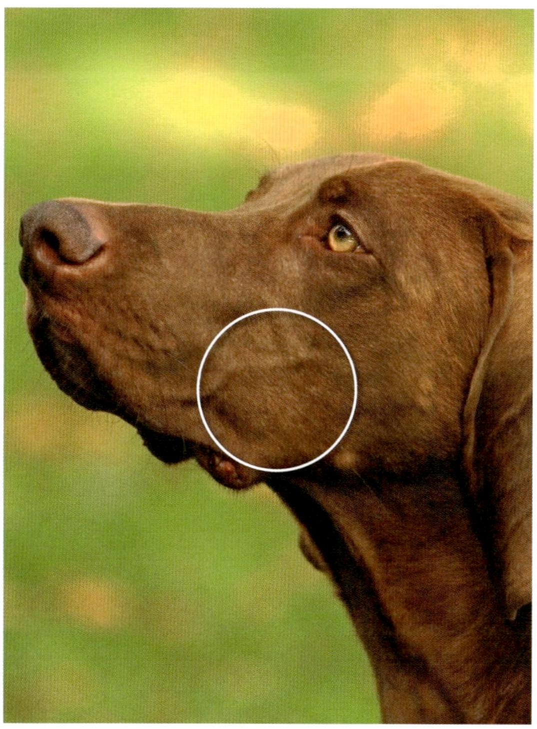

Sabbern

Sabbern und Speicheln kann bei Aufregung entstehen und lässt sich zum Beispiel oft bei Hunden beobachten, die das Autofahren nicht gut vertragen. Speicheln kann auch bei Erkrankungen auftreten.
Wenn das Jakobson'sche Organ (VNO) aktiviert wird, zum Beispiel bei einem Rüden durch den Geruch einer heißen Hündin, kann neben Speicheln auch Schmatzen, Flehmen und Luftlecken beobachtet werden *(siehe auch Teil 1, Kapitel Nase und Atmung, Seite 168)*.

Schaumbildung um den Mund herum kann auch durch starke Aufregung entstehen.

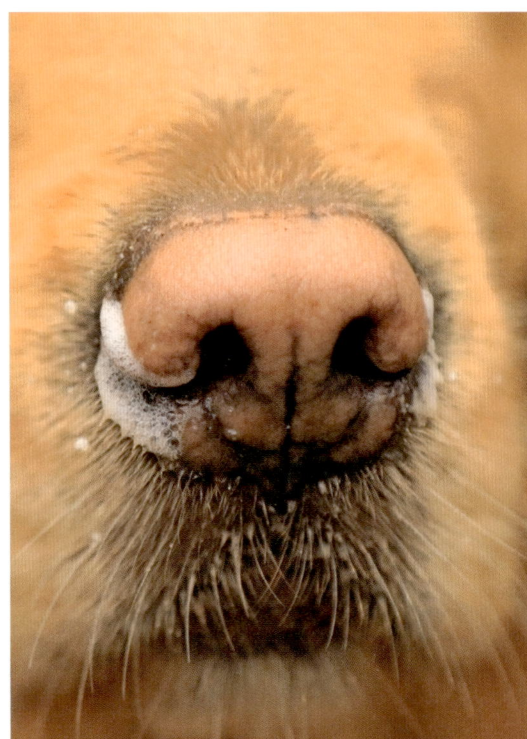

Manche Hunde zeigen bei größerer Aktivität und Aufregung Schaumbildung an der Nase wie hier bei Dhanyi.

Ruhelosigkeit

Ruhelosigkeit, verbunden mit stereotypen Bewegungen, gehört zu den Verhaltensstörungen, deren Behandlung in die Hände von Tierärzten gehört.
Diese Hündin, die in einer Tierherberge lebt, begann sofort zu laufen, wenn sie ins Außengehege kam und hörte damit erst auf, wenn man sie wieder in die Innenräume verbrachte. Da sie bis zur völligen Erschöpfung lief, achtete man darauf, sie nach einer bestimmten Zeit wieder in die Räume zu bringen. Dort kam sie sofort zur Ruhe.

Schwanzjagen

Dieses Verhalten wird von sehr jungen Welpen in bestimmten Entwicklungsphasen gezeigt. Durch bestimmte Umstände (zum Beispiel andauernde Stresssituationen, starken Juckreiz, mangelhafte Sozialisierung, eine zu reizarme Umgebung oder das Leben in ständiger Angst bei ungeeigneten und zu harten Trainingsmethoden) kann Schwanzjagen zur Gewohnheit werden und führt in ein selbstbelohnendes Verhalten. Die Hunde beginnen beispielsweise, an sich selbst, an Decken oder ähnlichem zu lecken und zu nuckeln, exzessiv zu bellen oder nach imaginären Fliegen zu schnappen. Meist ist es erst einmal eine Form der Stressbewältigung, kann aber schnell zur Gewohnheit werden und kann dann zwanghaft und ohne Sinn oder Zweck ausgeführt werden. Zwanghafte Verhaltensweisen gehören zu den Verhaltensstörungen und damit in die Hand speziell ausgebildeter Tierärzte.
Manche Hunde haben aber auch Spaß daran und zeigen das Verhalten aus einer übermütigen Laune heraus, ohne dass es in eine Stereotypie ausartet. Eine genetische Prädisposition für Schwanzjagen kommt bei manchen Rassen vor, zum Beispiel beim Deutschen Schäferhund.

4. Angst

Angst ist eine Überlebensstrategie. Wer keine Angst kennt, lebt mit einem höheren Risiko, eine gefährliche Situation nicht zu überleben. Manchmal ist es vernünftiger, die Flucht anzutreten als vor Ort zu bleiben.
Angst ist also eine sehr gesunde und lebenserhaltende Emotion, bei der im Körper eine Menge Energie freigesetzt wird, um die schnelle Flucht oder im Notfall eine Verteidigung zu ermöglichen.
Wenn aus Angst aber Panik wird oder wenn ein Angsttrauma immer wieder durchlebt wird, schwächt das die Lebensenergie und die körpereigene Abwehr gegen Erkrankungen und zieht körperliche und seelische Folgeschäden nach sich.
In der Literatur werden die Begriffe Angst, Furcht, Phobie und Panik unterschiedlich gedeutet. Angst beschreibt ein Gefühl, welches ein Individuum in einer gefährlichen oder einer als gefährlich empfundenen Situation empfindet. Diese Angst vergeht, sobald die Gefahr gebannt ist. Angst ist objektunabhängig und als eher diffus einzuordnen, während Furcht objektbezogen gezeigt wird.
Eine Phobie bezieht sich auf eine übermäßig stark ausgeprägte und anhaltende Furcht vor bestimmten Dingen oder Objekten, die in der Regel ungefährlich sind (denken Sie an die öfter vorkommende Spinnenphobie bei Menschen).
Wenn Angst so intensiv erlebt wird, dass sie ohne sichtbaren Anlass sehr pötzlich auftritt und eine Ansprache nicht mehr möglich ist, spricht man von Panik.
Da die meisten Hundehalter umgangssprachlich diese Unterschiede nicht kennen oder benutzen, haben wir in diesem Buch eher die allgemein gültigen Begriffe wie Angst oder Unsicherheit verwendet.
Es ist wichtig, Ängste bei Hunden zu erkennen und so zu handeln, dass der Hund weiß, dass er sich vertrauensvoll an uns wenden kann und wir für seine Sicherheit sorgen.
Wenn der Hund zum Beispiel eine Angstthematik bezüglich Feuerwerk oder Gewitter hat oder sich vor etwas sehr erschrocken hat, sollten wir Mitgefühl zeigen und für unseren Hund da sein. Dabei ist es wichtig, Mitgefühl oder Empathie klar von Mitleid zu unterscheiden. „Mit zu leiden“ ist kein guter Helfer, aber Verständnis für seinen Hund zu empfinden und ihn in einer Angstsituation liebevoll zu unterstützen anstatt Druck auszuüben oder „mitzuleiden“, schafft Vertrauen und Sicherheit. Das kann helfen, seine Ängste zu lindern.
Gerade bei sehr jungen Hunden können negative Erfahrungen in bestimmten Entwicklungsphasen zu lebenslangen Ängsten führen. Aber auch erwachsene Hunde können durch ein sehr eindrückliches Erlebnis für den Rest ihres Lebens belastet sein.
Ängste haben viele unterschiedliche Ursachen. Neben traumatischen Erfahrungen können auch Schmerzen, organische Erkrankungen oder das Nachlassen der Sinnesorgane bei alternden Hunden zu Angstverhalten führen.

Angst

Ein Abbild der Angst

Angst drückt sich körpersprachlich durch bestimmte Haltungen des Körpers und der Körperteile (Ohren, Rute, Beine usw.) aus.

Lotti leidet an einer Schilddrüsenunterfunktion, die nicht behandelt wurde. Sie ist unauffällig im Kontakt mit anderen Hunden, hat aber große Ängste vor Menschen.

- gekrümmter hinterer Rücken und geklemmte, nicht sichtbare Rute
- Nacken und Kopf unter der Höhe der Rückenlinie
- flach nach hinten gezogene Ohren
- gebeugte Gelenke der Hinterhand
- Pföteln und Züngeln

Zum Vergleich: Border Collie beim Hüten
Wenn nur ein Teilaspekt der Körpersprache betrachtet wird, kann es in der Deutung der Emotion auch zu Missverständnissen kommen.

Die eingekniffene Rute, die geduckte Körperhaltung, die zurückgelegten Ohren, der offene Mund und die heraushängende Zunge könnten im ersten Moment zu der irrigen Annahme führen, dass dieser Hund Angst hat. Doch die aufgerichtete Hinterhand widerspricht dieser These. Der Hund arbeitet gerade hoch konzentriert an einer Ziegenherde.
Der weit geöffnete Fang und die heraushängende Zunge sind dem Erschöpfungszustand des Hundes und den heißen Außentemperaturen zuzuschreiben. Diese Aufnahme entstand in den Arabischen Emiraten.

Weitere Bilder der Angst

Auf beiden Bildern können die Anzeichen für Angst recht gut gesehen werden: Aufgezogener Rücken, Kleinmachen mit gebeugten Gelenken der Hinterhand, Rute entweder tief oder geklemmt getragen, Ohren flach am Kopf nach hinten gezogen, Faltenbildung unter den Augen, die meist groß und gerundet sind, langgezogene Mundspalte.

Unten: In der Angst können auch entblößte Zähne gezeigt werden und Hunde können in sehr großer Angst zubeißen, wenn sie keine Fluchtmöglichkeit mehr sehen.

Im Junghundealter

Ungewöhnliche Gegenstände, Alltagsgegenstände, aus einer anderen Perspektive betrachtet oder an Plätzen, an denen sie zuvor nicht standen, können einen Junghund schon mal verunsichern bzw. verängstigen. Lachen Sie Ihren Hund bitte nicht aus oder denken Sie deswegen nicht abwertend von ihm! Denken Sie daran, dass Angst eine Überlebensstrategie darstellt und hilft, bedrohliche und als bedrohlich empfundene Situationen zu bewältigen. Unser Gehirn – und auch das unserer Hunde – macht dabei keinen Unterschied zwischen einer Situation, die der Realität entspricht oder als Realität empfunden wird.

Oben: Arwens Körperhaltung zeigt, dass ihr gerade etwas ziemlich unheimlich vorkommt. Ihre Ohren sind nach hinten gehalten, der Rücken ist gekrümmt, der Körper tief geduckt. Der Körperschwerpunkt ist nach hinten und nach links verlagert. Sie weicht etwas nach links aus, ohne ihre Position stark zu verändern.

Mitte: Arwen hat sich etwas aufgerichtet, aber ihr Körperschwerpunkt ist noch nach hinten verlagert. Langsam wendet sie ihren Kopf...

... der Mülltonne zu, die gerade von der Müllabfuhr zurückgeschoben wurde.

Vor unbekannten Objekten

Auch erwachsene Hunde können ein deutliches Angstverhalten zeigen, wenn plötzlich eine Umgebungssituation vom Gewohnten abweicht.

Müllsäcke im Wald – die dort, nicht nur nach Ansicht von Rani und Tochter Dhanyi – nichts verloren haben. Während sich die hellere Rani vorsichtig und mit abgesenktem Kopf nähert, ist Dhanyi im Zwiespalt, ob sie angreifen oder flüchten soll. Ihre Nacken-Schulterhaare sind aufgerichtet, die Hinterbeine sind wie im Sprung gestreckt, während sie mit den Vorderbeinen schon abgebremst hat. Die Ohren sind weiter nach vorne ausgerichtet als bei Rani. Ihre Rute ist heftig in Bewegung.

In einer Hundebegegnung

Viele Begegnungen zwischen Hunden laufen harmonisch ab, wenn alle Hunde gut sozialisiert sind, die Kommunikationssignale kennen und höflich miteinander sind.
Oft läuft es aber leider auch anders ab mit unhöflichem Bedrängen und ohne Beachtung der Signale des anderen Hundes. Bei unsicheren Hunden kann dieses Verhalten zu Ängsten im Kontakt mit anderen Hunden führen.

Chocolat ist durch das zudringliche Beschnüffeln des Golden Retriever Rüden stark verunsichert. Sie klemmt die Rute, der hintere Rücken ist gerundet und ihre Knie- und Hüftgelenke sind gebeugt. Ihren Kopf hat sie abgesenkt, ihre Ohren sind flach nach hinten gezogen. Ihre Mundspalte ist wie zu einem schiefen Grinsen nach hinten gezogen. Sie versucht, sich durch Weggehen den Zudringlichkeiten zu entziehen.

Zum Vergleich: Körpersprachlich ein ganz anderes Bild bietet sie, als sie diesen Rüden trifft, der in einer höflichen Distanz zu ihr Kontakt aufnimmt: ihr Rücken bleibt gerade, der Kopf ist angehoben, die Ohren werden in der sogenannten „Flirtstellung" gehalten.

Wenn aus Spiel Ernst wird …

… oder wenn die Situation nur für einen der Hunde ein Spiel bedeutet, ist eine gute Beobachtung der körpersprachlichen Details wichtig. Wenn Größe, Gewicht und Alter offensichtlich nicht übereinstimmen, fällt der Entschluss zu einer Unterbrechung des „Spiels“ leichter.

Bild 1: Stevy (kleiner weißer Bologneser) war Teilnehmer einer unserer Körpersprache-Kurse. Er ist ein ruhiger und fröhlicher Hund, der gerne Kontakt mit anderen Hunden hat. Hier wird er in einem großen Hundeauslaufgebiet von einigen Hunden umrahmt. Vor allen Dingen der braun-weiße Welpe im Vordergrund möchte Spaß mit Stevy haben.

Bild 2: Die Situation wird Stevy zu eng und er möchte gerne ausweichen.

Bild 3: Während die umstehenden erwachsenen Hunde Stevys Signale verstehen und sich abwenden, empfindet der Welpe dieses Verhalten als Aufforderung zum Spiel. Das ist ein Missverständnis, das häufiger auftritt.

Bild 4: Stevy wird immer mehr zum „Gejagten“. Das ist gerade bei Hunden, die so viel Fell tragen wie Stevy, nicht immer gleich deutlich zu erkennen. Kleinere Hunde wenden häufig „Fooling around“ an, um aus einer solchen Situation zu entkommen. Die umstehenden Menschen empfanden das als spaßiges Nachlaufspiel der beiden Hunde, aber hier hat definitiv nur einer wirklich Spaß: der braun-weiße Welpe.

Hier möchte Stevy dem ungestümen Welpen ausweichen und rempelt dabei in den hellbraunen vorbeigehenden Hund hinein. Das hätte zwischen Stevy und dem hellbraunen Hund zu einem großen Missverständnis führen können, denn eigentlich war dies ein grob unhöfliches Verhalten.
Der hellbraune Hund geht aber souverän und ohne große Reaktion weiter. Stevy ist eigentlich ein höflicher Hund, der nicht ohne Grund einen anderen Hund anrempeln würde. In dieser Situation war er sehr auf seine Sicherheit bedacht und wollte den Welpen nicht aus den Augen lassen.

Nun beginnt Stevy wirklich zu flüchten und wird begeistert von dem Welpen verfolgt, der das Ganze immer noch als Spiel ansieht. Stevy kann sich dem schnelleren Welpen fast nicht mehr durch Flucht entziehen.

An diesem Punkt bitten wir die Halter des Welpen, diesen zurückzurufen, denn hier stimmen Größen- und Gewichtsverhältnisse nicht und Welpenzähne können auch deutlich wehtun, wenn sie eingesetzt werden.
Körpersprachlich ist es wirklich nicht einfach, an bestimmten Signalen festzumachen, dass die Situation für Stevy immer stressiger wird, auch weil zum Beispiel seine Ohrenhaltung und Augenform wegen des Fells schwierig zu sehen sind. Seine Bewegungen werden hektischer. Seine Augen sind runder und größer und die Atmung wird flacher. Seine Rute ist nicht mehr über den Rücken geringelt, sie wird vorwiegend seitlich getragen.

Nach einer kleinen Verschnaufpause sind Rute und Kopf wieder hoch erhoben, Stevy fühlt sich wieder wohl.

Bei Ungewohntem

Der Golden Retriever Tristan hat, bedingt durch eine bakterielle Meningitis, Lähmungen ab der Brustwirbelsäule und bewegt sich ataktisch und schwankend vorwärts. Tristan freut sich über jeden Kontakt mit anderen Hunden. Der Labrador, auf den er sich zubewegt, ist erst einmal sichtlich irritiert.

Er bleibt stehen, schaut gebannt auf den sich nähernden Tristan (noch nicht im Bild) und verlagert seinen Körperschwerpunkt etwas zur Seite. Dabei wirkt er fast wie eingefroren. Seine Augen sind mandelförmig und die Ohren sind im Ansatz flach nach hinten gestellt. Die Augenbrauen sind leicht angehoben, sodass eine leichte Faltenbildung auf der Stirn entsteht. Die Rute ist erhoben und bewegt sich nicht. Dass Ella an ihm schnüffelt, scheint er nicht wahrzunehmen.

Als Tristan näherkommt, schaut der Labrador direkt zu ihm hin. Die Ohren sind jetzt etwas nach vorne genommen und im Ansatz leicht aufgestellt. Um die Oberlippe herum ist eine leichte Anspannung zu sehen. Der Körperschwerpunkt ist jetzt noch mehr zur Seite und auch nach hinten verlagert.

Der Labrador ist fast erstarrt, nur seine Rute bewegt sich jetzt wieder. Der Rutenansatz ist tiefer gehalten. Seine Ohren werden noch flacher nach hinten gezogen. Die Augen beginnen groß zu werden.

Als Tristan in der großen Nähe zu ihm hinschaut, wendet der Labrador schnell den Kopf ab. Seine Augen sind noch größer geworden, er zeigt ein Walauge.
Er möchte diesen seltsamen Hund auf jeden Fall im Blick behalten.

Er verlagert seinen Körperschwerpunkt noch mehr zur Seite. Seine Augen sind groß und stark gerundet.
Er setzt zu einer Ausweichbewegung an.

Unter Züngeln weicht er Tristan aus, ohne nochmals direkten Blickkontakt zu ihm aufzunehmen. Er wirkt fast erleichtert, diese unheimliche Begegnung heil überstanden zu haben.

Vor fremden Menschen

Wenn ein Hund im Kontakt mit Menschen Unsicherheiten hat, ist es hilfreich, in die Hocke zu gehen und einen direkten Blickkontakt oder eine direkte Ansprache zu vermeiden.

Diese Pinscherhündin ist unsicher im Kontakt mit diesem Menschen. Der Mann möchte Kontakt zu ihr aufnehmen und geht in die Hocke, um sich klein zu machen. Er ist mit seinem Körper der Hündin zugewandt und schaut sie direkt an. Er lehnt sich aber nicht nach vorne in ihre Individualdistanz hinein und behält seine Hände bei sich. Vielleicht spricht er sie an. Das alles in so großer Nähe ist für die Hündin zu viel, sie lehnt sich von dem Mann weg, sie senkt den Kopf wie zum Schnüffeln und schaut auch weg. Sie versteckt sich zwischen den Beinen ihres Halters. Werden angeleinte Hunde in solch einer Anspannung angefasst, könnte dies zum Schnappen führen.

Aus nicht erkennbarer Ursache

Bei Emma wurde schon in der Welpenzeit eine schwere Hüftgelenksdysplasie diagnostiziert, die sicherlich auch ihr Verhalten beeinflusst hat.

Emma gruselt sich vor etwas, was außer ihr niemand wahrnehmen kann. Vielleicht hat sie etwas gehört, was die anwesenden Menschen nicht gehört hatten und die anderen Hunde nicht reagieren ließ.
Sie ist sehr angespannt, das ist an ihrer hoch aufgestellten Rute, dem aufgerichteten Schulterhaar und an ihrer starren Körperhaltung zu erkennen. Emmas Spannung steigert sich und sie beginnt zu bellen. Sie springt zunächst nach vorne.

Dann springt sie nach seitlich-hinten in Panik weg. Ihr Fell ist über den Schultern immer noch aufgerichtet.

!!!

Wenn Sie einen Hund haben, der in Angstsituationen nicht mehr ansprechbar ist und zu unkontrolliertem Verhalten neigt, ist eine Absicherung über die Leine angebracht. Daneben sollte versucht werden, eine Ursache zu finden. Schmerzen, Erkrankungen oder nachlassende Sinneswahrnehmungen sind häufig die Ursache für solche Verhaltensweisen, sehr viel häufiger als zum Beispiel traumatische Erfahrungen.

5. Traurigkeit

Traurigkeit hat viele Gesichter ...

... die nicht immer einfach zu lesen und eindeutig sind wie bei dem Hund auf der vorherigen Seite, der schon lange in einem Tierheim lebt. Es gibt vorbildlich geführte Tierheime, die den Hunden viel Lebensqualität bieten, aber ein eigenes Heim und eigene Menschen können sie nicht ersetzen.

Vor allen Dingen fällt es den Hunden schwer, die lange in einer Familie oder bei ihrem Menschen gelebt haben. Der Tod ihres Menschen oder das Auseinanderbrechen einer Beziehung führt viele Hunde auf direktem Weg in ein Tierheim. Neben dem Verlust der geliebten Person oder dem familiären Umfeld müssen diese Hunde auch noch den Ortswechsel und völlig andere Lebensumstände verkraften. Ältere Hunde haben oft keine Chance auf ein neues Leben außerhalb des Tierheims.
Viele dieser Hunde resignieren, andere warten den Rest ihres Lebens auf die Rückkehr ihres Menschen wie im Film „Hachiko“. Häufig schauen wir in Augen, die einen anschauen, ohne wirklich Blickkontakt aufzunehmen. Es ist nicht immer einfach, Traurigkeit zu erkennen.

Trauer um zwei Lebensgefährten

Hunde trauern auch um ihre Hundepartner. Diese Ridgeback-Hündin musste in kurzem Abstand den Tod ihrer beiden vierbeinigen Lebenspartner verkraften.
Alles, was sie zuvor mit Freude gemacht hat, tat sie jetzt nur noch lustlos. Sie wirkte wie eine ältere Hündin, war aber erst zwischen zwei und drei Jahre alt. Sie zeigte wenig Interesse an der Situation und den anderen Hunden im Kurs, so als habe sie „abgeschaltet“.

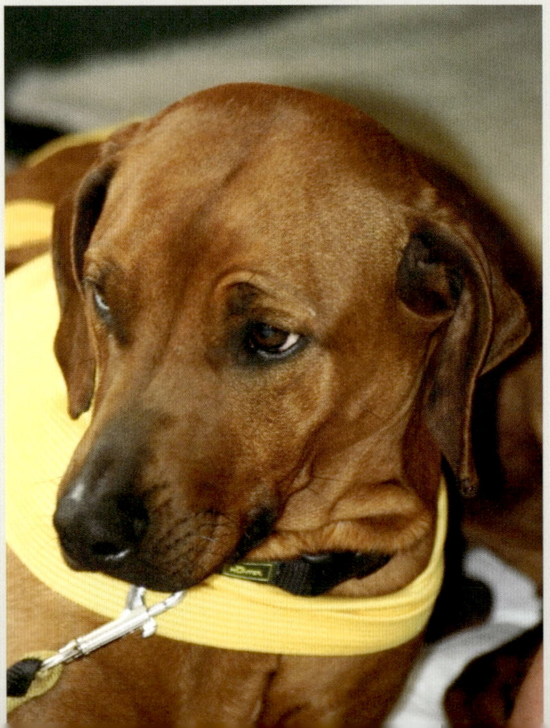

Depressive Verstimmung in der Scheinträchtigkeit

Hunde können in der Scheinträchtigkeit regelrecht depressive Verstimmungen haben. Das ist zwar keine echte Trauer, aber viele Hündinnen wirken in dieser Zeit so. Sie sind völlig antriebslos und lethargisch. Quivive zum Beispiel *(siehe Seite 534 unten)* machte zwar alles mit an angebotenen Aktivitäten wie Clickern oder den Tellington-Bodenparcours, war aber lustlos und ohne die gewohnte innere Freude dabei. Leckerchen nahm sie nicht, auch nicht beim Clickern.
Optisch hing alles in ihrem Gesicht: die Ohren, die langen Augenbrauenhaare, die Haare um den Mund herum. Die Augen waren etwas größer und gerundeter. Der Blick ging oft ins Leere, durch Gabi hindurch, als seien die Augen auf Fernsicht gestellt. Den Kopf trug sie tiefer als gewöhnlich. Auch ihre normalerweise leicht über den Rücken getragene und geringelte Rute hing herab.

Himmelhoch jauchzend ... zu Tode betrübt ...

... ist ein Gemütszustand, der bei Hunden nicht so häufig anzutreffen ist.

Bei Momo, Katjas tauber Border Collie-Hündin, konnte man diesen wechselnden Gemütszustand beobachten. Gerade stand sie noch fröhlich auf der Wiese, mit aufgerichtetem Kopf und gestellten Ohren, mit lustig geringelter Rute und einem Lächeln um die Mundwinkel und im nächsten Moment fiel sie in sich zusammen, der Kopf und die Ohren abgesenkt und die Rute fast geklemmt getragen, mit gerundetem hinteren Rücken und abgesenktem Hinterteil. Warum das so war, wusste man nicht immer, eine Vermutung war, dass ihre zu diesem Zeitpunkt unbehandelte Schilddrüsenunterfunktion eine Rolle spielte.

6. Ärger, Zorn, Wut

Im Internet sowie in der Literatur finden sich viele verschiedene Ansätze, wie diese drei Begriffe zu unterscheiden sind. Wir haben uns Definitionen ausgesucht, die umgangssprachlich vielfach so verwendet werden.

Dabei werden Wut, Ärger und Zorn durch die Intensität der Emotion unterschieden. Wut ist heftiger als Ärger und schwerer beherrschbar als Zorn (Wikipedia), aber die Übergänge können je nach Charakter oder Erfahrungen des Hundes fließend sein.

Was meint Ärger?

„Das Ärgerliche am Ärger ist, dass man sich schadet, ohne anderen zu nützen."
(nach Kurt Tucholsky)

Bei Ärger geht es oft darum, dass der Hund unsicher ist, Angst hat oder seine Signale längere Zeit missachtet wurden. Im Falle einer Distanzunterschreitung zum Beispiel fürchtet er sich womöglich davor, bedrängt oder sogar angegriffen zu werden. Ein souveräner Hund ärgert sich weniger oder nicht so schnell, er steht mehr über den Dingen.
Löst der Ärger des Hundes beim Hundehalter auch Ärger aus, schaukelt sich diese Problematik gegenseitig spiralförmig hoch. Der Hund kann aus dieser Spirale ohne Hilfe nicht wieder herausfinden.
Ein angeleinter Hund ärgert sich zum Beispiel lautstark darüber, dass ihm ein anderer Hund zu nahe kommt und er, bedingt durch die Leine, keine Möglichkeit hat, entsprechend auszuweichen. Dieses Verhalten könnte den Hundehalter verärgern, weil er der Meinung ist, der andere Hund stellt keine Gefahr dar. Wir haben Meinungen zu dem Verhalten unserer Hunde, unsere Hunde haben Gründe für ihr Verhalten.
Hier ist es für den Hundehalter das Wichtigste, einen kühlen Kopf zu bewahren und erst einmal auszuatmen, bevor es zu einer unüberlegten Reaktion auf die gezeigte Emotion des Hundes kommt. Die nächste Überlegung ist das Anbieten einer Alternative, die dem Hund zeigt, dass man verständnisvoll auf seine Problematik eingeht und sich um seine Sicherheit bemüht.
In diesem Falle könnte das Angebot einer Distanzvergrößerung helfen (Abwenden und aus der Situation herausgehen, Bogen laufen). Dies geht natürlich nur, wenn keine Gefahren abgewendet werden müssen – da ist unter Umständen eine schnelle Reaktion gefragt.

Was meint Zorn?

Zorn wird in der Forschung manchmal so beschrieben, dass gezeigter Zorn sein Gegenüber so sehr einschüchtert, dass es dadurch zu keiner weiteren Auseinandersetzung kommt. Zorn ist auch eine sehr heftige Emotion und zornige Hunde können auch „blind sein vor Zorn" oder „vor Zorn außer sich geraten".

Zorn kann auch auftreten, wenn man sich ungerecht behandelt fühlt, wenn die eigenen Bedürfnisse unerfüllt bleiben oder wenn man eine Zurechtweisung nicht verstanden hat – das sind Situationen, denen unsere Hunde des Öfteren ausgesetzt sind.

Was meint Wut?

Wut bei Hunden zeigt sich meist in einer heftigen und impulsiven (reaktiven) Emotion, in der ein völliger Kontrollverlust stattfinden kann und der Hund nicht mehr ansprechbar ist.

Wenn ein Hund wütend ist, kann es darum gehen, dem Gegenüber Angst zu machen. Wut braucht keinen nach außen hin erkennbaren Grund.

Wut kann aber auch durch einen äußeren Auslöser wie eine Frustration, Schmerzen oder eine als unangenehm empfundene Situation entstehen.

Durch Schmerzen können sich Hunde sogar in ihre Wut weiter hineinsteigern. Kleinste Handlungen oder ein Reizwort können ausreichen, jemanden „auf die Palme zu bringen". Wir wissen nicht genau, wie Frustration von Hunden empfunden wird, aber vorstellbar ist auch dieser Auslöser.

Letztendlich kann man sich selbst auch in einen Wutanfall hineinsteigern. Wer leicht in Wut gerät, hat oft wenig Selbstkontrolle. Und das trifft auch auf Hunde zu.

Wiederholte Wutausbrüche sollten am besten mit professioneller Hilfe therapiert werden.

Ärger

Vielleicht ist Ärger eine Emotion, die man am ehesten Hunden ansieht, die man gut kennt. Ärger kann mit Unsicherheit verwechselt werden beziehungsweise die Ursache sein. Das kennen wir auch im Verhalten unsicherer Menschen, die ärgerlich wirken können, wenn sie mit einer Situation überfordert sind. Der Übergang von Unsicherheit zu Ärger kann fließend sein.

Ärger zwischen zusammenlebenden Hunden

Rani ist wirklich verärgert über das manchmal nervende Verhalten ihrer Schwester Ella, die immer wieder versucht, sich in ihren Hinterbeinen zu verbeißen, um sie zu stoppen. Dabei ist Rani die Langmut in Person und versucht immer, jede Situation zu deeskalieren. Es kommt kaum vor, dass sie ihren Ärger derart deutlich zeigt. Ihre zurückgenommenen, flach anliegenden Ohren, die aufgestellten Rückenhaare, der tief getragene Kopf und der angespannte Bereich um den Mund herum zeigen deutlich, was sie von Ellas Verhalten hält und dass es jetzt wirklich reicht! Nachdem sie ihrem Ärger „Luft gemacht" hat, sieht man ihre deutlich entspannteren Gesichtszüge. Obwohl Ella sie weiter anbellt, ignoriert sie diese und bewegt sich einfach von ihr weg, so wie sie es meistens macht.

Klein vs Groß

Begegnen sich zwei gewichtsmäßig oder auch altermäßig ungleiche Hunde, sollten die Halter besonders achtsam sein. Es sollte den Haltern der Hunde bewusst sein, dass kleine und oder sehr leichte Hunde im Gegensatz zu größeren und schwereren Rassen viel einfacher ernsthaft verletzt oder sogar getötet werden können. Auf das Sicherheitsbedürfnis solcher kleinen Hunde sollte viel mehr eingegangen werden, damit es nicht zu seelischen (emotionalen) Störungen und anderen Verhaltensauffälligkeiten kommt, die durch das Gefühl der Machtlosigkeit ausgelöst werden und häufig zu hysterischem Bellen oder Wutausbrüchen führen, da diese Hunde sich leider nicht anders wahrgenommen fühlen. Mit einem sehr kleinen Hund in ein Hundeauslaufgebiet zu gehen, ist eher nicht anzuraten.

Ärger zwischen jungem und erwachsenem Hund

Auch Ranis andere Schwester Tamika konnte als junge Hündin manchmal ganz schön nerven. Sie erkannte auch nicht immer gleich Ranis subtile Signale oder sie wollte austesten, wie weit sie gehen kann ...

Tamika knufft gerne in Ranis Rute, es ist für sie ein beliebtes Spiel.

Rani wird zur gleichen Zeit auch von Arwen „bespielt“. Sie wendet sich Tamika zu, die gerade noch an ihrer Rute hing. Sie wird nun wirklich ärgerlich.

Rani wartet allerdings auch darauf, auf diese Art und Weise „bespielt“ zu werden. Sie ist also nicht nur „Opfer“. Das führt dazu, dass man sich diese Art von Spiel etwas gelassener anschauen kann, auch weil Rani selbst oft die Initiatorin ist.

Ansonsten ist es ratsam, das Spiel der Hunde besser anzuleiten, damit es erst gar nicht bis zu diesen Auseinandersetzungen kommt, die wie gesagt, für die kleineren Hunde auch wirklich zu ernsthaften Verletzungen führen könnten.

Zorn

Wir alle kennen den Ausdruck „gerechter Zorn“ oder „berechtigter Zorn“. Für viele Menschen ist ein zorniger Mensch in der Wahrnehmung etwas anderes als ein wütender Mensch. Dem Zorn geht oft ein Ärger voraus, während Wut plötzlich ausbrechen und völlig eskalieren kann.

Zorn aus Ungerechtigkeitsempfinden

Tamika, die helle Hündin links, wagt es, sehr provozierend in Taschka hinein zu rempeln.

Taschka ist offensichtlich gut gelaunt und nimmt Tamika den Rempler erst einmal nicht übel – sie wendet Kopf und Körper ab und züngelt.

Das ermutigt Tamika, den Rempler fortzusetzen. Nun ändert sich allerdings Taschkas Gesichtsausdruck. Sie zeigt ein Walauge zu Tamika und ihre Oberlippe spannt sich an.

Tamika erkennt rechtzeitig den Stimmungsumschwung bei Taschka, bremst ihre Aktion durch eine Schwerpunktverlagerung nach hinten ab und benutzt deutliches Züngeln, um Taschka zu beschwichtigen.

Die eigentlich friedliebende Tamika fühlte sich aus für Außenstehende nicht nachvollziehbarem Grund ungerecht behandelt. Allerdings hätte das auch zu einer ernsthaften Auseinandersetzung führen können und es ist auf keinen Fall immer angeraten, dass die Hunde das unter sich austragen. Bei manchen Hunden führen solche Situationen zu sehr langen, oft sogar lebenslangen Fehden. Dabei kann es zu Verletzungen kommen oder einer tödlichen Auseinandersetzung. Daher ist es immer ratsam, solche Konflikte in der Entstehung, möglichst freundlich, z.B. durch Zurückrufen oder Trennen, zu unterbinden. Danach kann dann an einem weiteren friedlichen Zusammenleben kontrolliert gearbeitet werden.

Zorn wegen anhaltenden Bedrängens

Häufig sind es unkastrierte Rüden, die andere Hunde sehr bedrängen. Hierbei sollte der Halter des Rüden seinen Hund zurückrufen, wenn der andere Hund sich sehr unwohl in der Situation fühlt.

Bild 1: Die graue Berger-Hündin Verveine wird von dem schwarzen Rüden Laguiole fortwährend belästigt. Er lässt sie kaum zur Ruhe kommen.

Bild 2: Sie hat lange gütlich versucht, ihm klarzumachen, dass sie ihre Ruhe haben möchte, denn sie hat großen Respekt vor dem Rüden, mit dem sie als junge Hündin zusammengelebt hatte.

Bild 3: Nachdem Laguiole auf ihre subtilen Signale keine Reaktion zeigte, „reißt ihr der Geduldsfaden". Sie ist jetzt wirklich zornig und geht vehement gegen ihn vor.

Bild 4: Laguiole weicht ihren Attacken aus, aber nur kurz.
Um Verveine zu unterstützen, wurde Laguiole immer mal wieder angeleint, bis er sich selbst wieder etwas beruhigt hatte.

Zorn zwischen jüngerem und etwas älterem Hund

Viele erwachsene Hunde reagieren sehr zornig auf Avancen jüngerer Hunde.

Dhanyi wollte eigentlich mit Arwen spielen und reagierte sehr zornig, als Neo auch mitmachen wollte.

Quivives Zornesblicke

Gabi selbst hat ihre Hündin Quivive nur zweimal wirklich zornig erlebt. Einmal hatte sie Quivive als sehr jungen Hund sehr hart angefasst, weil sie den alten und blinden Rüden Tiber immer wieder übermütig attackiert hatte. Als Gabi sie festhielt und schimpfte, blitzte sie mit zornesdunkeln Augen zurück – dieser Blick war unvergesslich und erinnerte sofort an die Redewendung: „wenn Blicke töten könnten ...“

Es wurde Gabi klar, dass Quivive überhaupt nicht verstanden hatte, was von ihr erwartet wurde. Sie hatte Gabis Zurechtweisung als einen völlig unberechtigten Angriff angesehen.

Ein weiteres Mal zeigte Quivive diesen Zorn einem anderen Hund gegenüber, der ihr offensichtlich Neutralität signalisiert hatte, was sie mit der gleichen Neutralität und einem gebührend großen Bogen um ihn herum beantwortete.

Als sie an dem Hund schon weit vorbeigegangen war, wurde sie von hinten von ihm angegriffen. Sie drehte sich blitzschnell um und wehrte sich kurz, mit eben diesen zornesfunkelnden Augen und voller Empörung.

Eine Begegnung der besonderen Art

von Katja Krauß

Die Begegnung mit diesen Straßenhunden in den arabischen Emiraten zählt zu den faszinierendsten Erlebnissen mit Hunden, die ich jemals hatte. Daher möchte ich das Geschehen kurz beschreiben.
Eigentlich war ich dort, um die Hundetrainer einer Scheicha zu trainieren. Doch jeden Morgen nahm ich mir etwas Zeit, um Straßenhunde zu fotografieren. Daher kannte ich einige dieser Hunde bereits. An diesem Morgen parkte ich direkt neben einer Baustelle, wo Arbeiter geschäftig ihrem Tagwerk nachgingen. Der braune Rüde hielt sich innerhalb des Baustellenzauns auf und kam erst heraus, als er mich und die Gruppe der weißen Hunde bemerkte.
Bei der Gruppe der weißen Hunde sah es so aus, als handele es sich um zwei Hündinnen mit ihren halbwüchsigen Welpen.
Es schien, als ob der braune Rüde die Situation aus ein paar Metern Abstand im Auge behielt. Die Weißen ignorierten ihn. Ich bin mir sicher, dass alle Hunde sich gut kannten.
Ich war gerade dabei, den braunen Rüden, der auf der linken Seite meines Autos stand, zu fotografieren. Plötzlich schoss er auf eine der weißen Hündinnen zu, die zu einem Angriff auf mich ansetzte, und stoppte deren Attacke. Als er sich kurz abwendete, griff die Hündin erneut an.
Doch nun geschah etwas für mich noch Erstaunlicheres. Der braune Rüde stellte die Hündin erneut und attackierte sie. Sie floh weit hinter das Auto.
Im Nachhinein gesehen hat dieser wildfremde Rüde mich beschützt, wofür ich ihm sehr dankbar bin. Es ist einfach erstaunlich, wenn sich „jemand“ Wildfremdes für einen einsetzt und sogar dafür selbst eine Konfrontation riskiert.

Zorn wegen Schmerzen

Berechtigten Zorn zeigen auch Hunde, die nicht nur bedrängt werden, sondern dabei auch Schmerzen empfinden.

Golden Retriever-Rüde Ronnie wird von einem jungen Husky belästigt, der bei ihm aufreitet. Ronnie war zum Zeitpunkt der Aufnahmen schon etwas älter und litt unter diversen gesundheitlichen Problemen. Er zeigt Walaugen zu dem Husky hin, dessen Zungenspitze zu sehen ist. Ronnies Gesicht ist sehr angespannt, seine Ohren sind nach hinten gezogen, die Kopfdecke ist straff und sein Mund ist geschlossen. Noch ist er bemüht, den Husky durch Blickkontakt, ohne eine Eskalation zu stoppen.

Der Husky lässt sich durch Ronnies Blickkontakt nicht stoppen. Ronnie wendet nun den Kopf etwas von dem Husky weg und hebt ihn etwas an. Sein dem Husky zugewandtes Auge wird größer, er zieht die linke Augenbraue nach innen hoch, ein Zeichen für seinen größer werdenden Ärger.

Dieser entlädt sich nun, er fährt zu dem Husky herum und setzt seine Zähne ein.

Ronnies Ohren sind jetzt im Ansatz nach vorne aufgestellt. Seine Zähne sind noch deutlich entblößt, seine Barthaare sind nach vorne gerichtet. Die sichtbare Augenbraue ist noch nach innen zusammengezogen. Ronnie meint es ernst. Er ist durch diese Aktion mit der Hinterhand fast zusammengebrochen und hat sicherlich Schmerzen.

Ronnie hat Mühe, seine Hinterhand wieder zu stabilisieren. Im Ausschnitt sieht man, dass er den Blickkontakt noch hält, seine Barthaare sind immer noch aufgerichtet und seine Ohren sind nach vorne ausgerichtet. Er möchte auf keinen Fall eine weitere Annäherung. Der Husky springt jetzt an ihm vorbei und schaut von ihm weg. Wegen seiner hellen Iris ist das Walauge nicht so gut zu erkennen.

Halter von Rüden sollten mit Rücksichtnahme auf alle anderen Hunde kein Aufreiten zulassen, es stellt in der Regel mindestens eine Unhöflichkeit dar. Nicht jedem älteren Hund ist sein fortgeschrittenes Alter anzusehen und Hunde sind Meister darin, Schmerzen zu verbergen. Diese Hunde können durch das Aufreiten große Schmerzen bekommen und sich oft auch nicht mehr wirklich dagegen erwehren.

Wut

Körperliche Gebrechen und seelische Traumata, wie sie bei Hunden im Tierschutz häufig vorkommen, können Wutanfälle auslösen.

Wut wegen Kontrahenten hinterm Zaun

Der schwarz-braune Rüde lebt in einer Tierherberge und wegen seines guten Sozialverhaltens in einer Gruppe mit mehreren Hunden. Hinter dem Holzzaun ist ein Dobermann untergebracht, der sich mit anderen Hunden nicht verträgt. Allerdings regt sich der schwarz-braune Rüde gerade bei dem Dobermann sehr auf; es reicht, dass er ihn riecht oder hört. Während die anderen Hunde der Gruppe nur kurz mitreagieren, steigert er sich am Zaun in wahre Wutanfälle hinein.

Die Pfleger können sich das Verhalten nicht wirklich erklären. Die beiden Hunde haben sich noch nie gesehen und sie leben natürlich nicht direkt Zaun an Zaun. Aber auch bei Menschen gibt es beispielsweise das „Sich nicht riechen können", das heftige Reaktionen auslösen kann. Der Rüde kann sich erst beruhigen, wenn der Dobermann sich nicht mehr in seinem Auslauf befindet und normalerweise achten die Pfleger auch darauf, dass die beiden Hunde unterschiedliche Auslaufzeiten haben. Wir haben durch unseren Wunsch, in den Gruppen im Freilauf fotografieren zu können, leider den normalen zeitlichen Ablauf etwas durcheinandergebracht.

Wut zwischen jungem und erwachsenem Hund

Während im Vordergrund zwei ein wildes Raufspiel betreiben, bahnt sich im Hintergrund ein weiteres Geschehen an. Der junge Berner Sennenhund, der rechts im Hintergrund auftaucht, kommt gerade aus dem Wasser.

Er galoppiert mit vollem Tempo in Richtung der befestigten Uferböschung.
Seine Körperhaltung ist offen, Kopf und Rute sind über der Rückenlinie getragen.

Dann bremst er abrupt ab – auf diesem Foto wird der Grund erkenntlich – eine Ridgeback-Hündin taucht im linken Bildrand auf und bewegt sich vehement auf den Berner Sennenhund zu. Er macht sich ganz klein, darum ist er hinter den Hunden im Vordergrund kaum noch zu sehen. Es sieht so aus, als wolle er ganz schnell seine Laufrichtung ändern.

Der Berner Sennenhund versucht zu flüchten. Seine Kopfhaltung ist tief, der Rücken ist im hinteren Bereich abgesenkt und gerundet, die Rute ist nicht zu sehen.

Die Mundspalte ist nach hinten gezogen und die Ohren sind flach nach seitlich-hinten gehalten. Das sichtbare Auge erscheint rot, wahrscheinlich durch eine gereizte Bindehaut. Durch die Absenkung des Kopfes und das Bestreben, zu sehen, was seitlich-hinten von ihm geschieht, ist der Augapfel völlig weggedreht. Er fühlt sich sehr unwohl in dieser Situation, die er sicherlich nicht absichtlich herbeigeführt hat.

Die Ridgeback-Hündin setzt ihm hinterher. Nun ist seine geklemmte Rute zu sehen. Am oberen Rand des sichtbaren Auges erscheint wieder die dunkle Iris.

Die Hündin rempelt ungehemmt in den jungen Hund hinein, sodass er zu Boden geht. Sie wirkt sehr aufgebracht. Man kann das Verhalten als sehr grobes „Erwachsenengehabe“ einstufen.

!!!

Wenn ein junger Hund von einem erwachsenen Hund derart massiv gemaßregelt wird, kann es durchaus zu ernsthaften körperlichen Verletzungen kommen, da das Skelett und der Sehnen- und Bandapparat noch nicht ausgereift und stabil sind.
Nicht zu unterschätzen sind auch die seelischen Schäden, die sich – meist erst nach der Pubertät – in Form von Ängsten oder Aggressionen auswirken können. Sensible Hunde können nach einem solchen Ereignis, auch wenn keine Bissverletzung stattfindet, für ihr weiteres Leben Probleme speziell mit der Rasse oder allgemein mit Hunden haben.
Es ist immer angebracht, den erwachsenen Hund mit Rücksicht auf den anderen Hund im Vorfeld einer solchen Aktion abzurufen.

Erst jetzt scheint die Ridgeback-Hündin sich wieder unter Kontrolle zu haben. Ihr Schwerpunkt ist von dem Berner Sennenhund weggelehnt, sie zeigt Blinzeln. Die Körperhaltung ist aber noch steif, die Rute ist hoch erhoben. Der Berner Sennenhund ist wieder auf die Beine gekommen. Sein Abschütteln kann als Abschütteln des Sandes wie auch als „Stress abschütteln" oder kombiniert gedeutet werden.

Die Hündin vermeidet direkten Blickkontakt, bleibt in ihrer Körperposition aber unverändert. Die Rute ist nun etwas abgesenkt. Es dauert noch eine Zeitlang, bis der Berner Sennenhund es wagt, sich zu bewegen und sich langsam zu entfernen.

Warum diese Wut?

Wir wissen nicht, was die Ridgeback-Hündin zu dieser Aktion veranlasst hat. Bei der Durchsicht der weiteren Fotos ist sie im Kontakt mit anderen Hunden eher distanziert, hat aber schon die Tendenz, Erstkontakte stürmisch zu gestalten. In der Begegnung mit einem Ridgeback-Rüden fordert sie zum Spielen auf, ohne wirklich ins Spiel zu kommen. Es war sehr heiß an diesem Tag und es waren sehr viele Hunde in der Nähe des Wassers unterwegs. Vielleicht war ihr alles ein bisschen zu viel an unterschiedlichen Hundekontakten und sie hat darum überreagiert? Vielleicht gehört der Berner Sennenhund an sich zu ihren Feindbildern? Vielleicht wollte sie den anstürmenden Junghund stoppen, um die Situation unter Kontrolle zu behalten? Vielleicht hat sie die Aktion des anderen Hundes völlig missverstanden und fühlte sich bedroht? Zurückgerufen wurde diese Hündin leider erst, nachdem der Berner Sennenhund am Boden lag.

Disziplinieren

Viele erwachsene Hunde disziplinieren gerne jüngere Hunde. Oft sind sie auf Grund unterschiedlicher Erfahrungswerte zu massiv in ihrer Vorgehensweise. Schmerzen, körperliche Einschränkungen oder Erkrankungen der Organe (wie zum Beispiel die subklinische Form der Schilddrüsenunterfunktion) können zu einem solchen impulsiven Verhalten führen. So schön, wie ein Hundeauslaufgebiet sein kann, aber in großen Arealen tummeln sich Hunderte von Hunden unterschiedlichster Erfahrungen und Verhaltensweisen. Es kann sinnvoll sein, dem Hund zwischendurch eine Pause von zu vielen Eindrücken und Hundebegegnungen zu geben und sich dazu mit ihm an einen stilleren Ort zurückzuziehen.

Wut wegen Müllabfuhr

Müllmänner, Briefträger oder Schornsteinfeger sind für viele Hunde Auslöser für Wutanfälle. Deshalb sollte man diese Situationen am besten von klein an mit seinem Hund in Ruhe üben.

- Fell im Schulterbereich und an Rute aufgestellt
- Hals und Kopf nach vorne gereckt
- Ohren im Ansatz nach vorne gerichtet
- Blick nach vorne gerichtet
- starke Faltenbildung der Kopfdecke
- Mund geöffnet mit kurzer Mundspalte
- Falten im Nasenbereich
- Barthaare nach vorne gerichtet

Zusätzlich ist hier zu sehen:

- Fell im Schulterbereich und an der Rute deutlicher aufgerichtet
- Mundspalte noch kürzer

Zusätzlich ist hier zu sehen:

- Fell über den ganzen Rücken aufgestellt
- Walauge
- obere Zahnreihe zu sehen

Hier lösen Bedienstete der Müllabfuhr einen Wutausbruch aus, die außer Sichtweite auf der anderen Zaunseite gerade Müllcontainer entleeren. Warum die Hündin so stark reagiert, ist nicht bekannt, vielleicht gab es ein Erlebnis in ihrer Vorgeschichte. Sie springt aber nicht nur wütend gegen den Zaun und bellt, sondern ist zwischendrin auch immer wieder mal auf dem Rückzug und wirkt dann eher verunsichert. Wirklich entspannen kann sie erst, nachdem das Müllauto sich entfernt hat. Bemerkenswert ist, dass ihre oberen Zähne nur zu sehen waren, wenn sie den Kopf weit angehoben hatte und die Haut der Schwerkraft folgte. Es machte den Anschein, dass sie die Oberlippe nicht sehr weit anheben konnte.

Es gibt viele Gründe für Wutausbrüche und wenig Wutanfälle ohne eine Ursache.
Wenn man bei seinem eigenen Hund Ursachen und Auslöser für einen Wutanfall kennt, kann man vorausschauend Strategien entwickeln, um eine Eskalation zu vermeiden.

Hier ist ein Beispiel:
Taschka trägt ein Spielzeug, das ihr hilft, ihre impulsiven Aktionen gegenüber anderen Hunden zu vermeiden. Ohne Spielzeug wäre die Begegnung wahrscheinlich anders abgelaufen.

Taschka:

- Rute hoch erhoben
- Ohren nach hinten gelegt
- Walauge
- Körperschwerpunkt von dem Cocker Spaniel weg verlagert

Hunde bauen Stress auch über den Mund ab. Das Tragen von Spielzeug aktiviert den Bereich des vegetativen Nervensystems, der für die Normalfunktionen wie „Schlafen“ oder „Essen und Verdauen können“ zuständig ist (Parasympathikus). Vereinfacht ausgedrückt ist das der Bereich, der auch positiv auf die emotionale Verfassung des Hundes einwirkt.
Taschka hatte zwar nie Verletzungen zugefügt, konnte aber einen sensiblen Hund schon sehr erschrecken. Es war Katja ganz wichtig, dass auch solche eher „seelischen“ Verletzungen möglichst nicht stattfanden.
Die Ursache für Taschkas Verhalten war eine unbehandelte Schilddrüsenunterfunktion in der subklinischen Form, die nicht erkannt wurde, da lange keine eindeutigen Werte bestimmt werden konnten. Katja hatte das aber schon lange vermutet.
Die subklinische Form der Schilddrüsenunterfunktion bewirkt neben körperlichen Symptomen auch mannigfache Verhaltensveränderungen.
Bei Taschka hatte sich das unter anderem in einem übersteigerten impulsiven/reaktiven Verhalten gegenüber anderen Hunden gezeigt.
Dieses Verhalten hatte sich unter der medikamentösen Substitution der Schilddrüse positiv verändert. Man muss allerdings dazu bemerken, dass betroffene Hunde oft in dem einmal erlernten Verhalten verbleiben, auch wenn die Schilddrüse behandelt wird. Es kann trotz der medikamentösen Unterstützung der Schilddrüse notwendig sein, alternatives Verhalten zu trainieren, um eine Änderung zu bewirken.

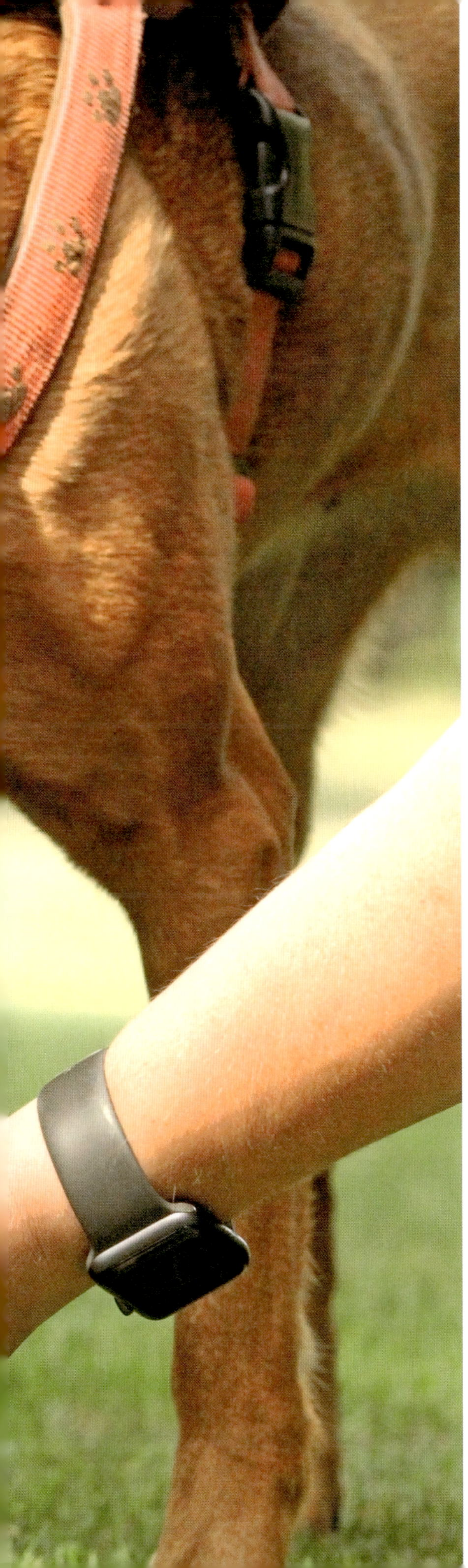

7. Ekel

Ekel scheint eine sehr alte Emotion zu sein, die vor allen Dingen einen Schutz vor Parasiten, Bakterien und anderen krankmachenden Dingen bieten soll, und zwar möglichst, bevor sie in den Körper gelangen. Die Gesichtsmimik bei Menschen dazu ist kulturell übergreifend gleich: die Nase wird gerümpft, die Augen werden zusammengekniffen und die Oberlippe gekräuselt. Würgereiz, Speicheln und Erbrechen gehören symptomatisch dazu.
Wovor sich geekelt wird, ist allerdings kulturell sehr verschieden. Während zum Beispiel in der arabischen Welt gekochte Schafsaugen als Delikatesse gelten, schütteln wir Europäer uns schon bei der Vorstellung, so etwas essen zu müssen.
Auch Hunde können sich ekeln, zum Beispiel vor Zecken. Allerdings ekeln sie sich deutlich seltener als Menschen und darum sind in diesem Kapitel auch nur zwei Beispielserien enthalten. Interessant ist, dass sie tatsächlich die gleiche Gesichtsmimik und die gleichen vegetativen Anzeichen wie Speichelfluss, Würgen und Erbrechen zeigen.

Ekel vor Zecken

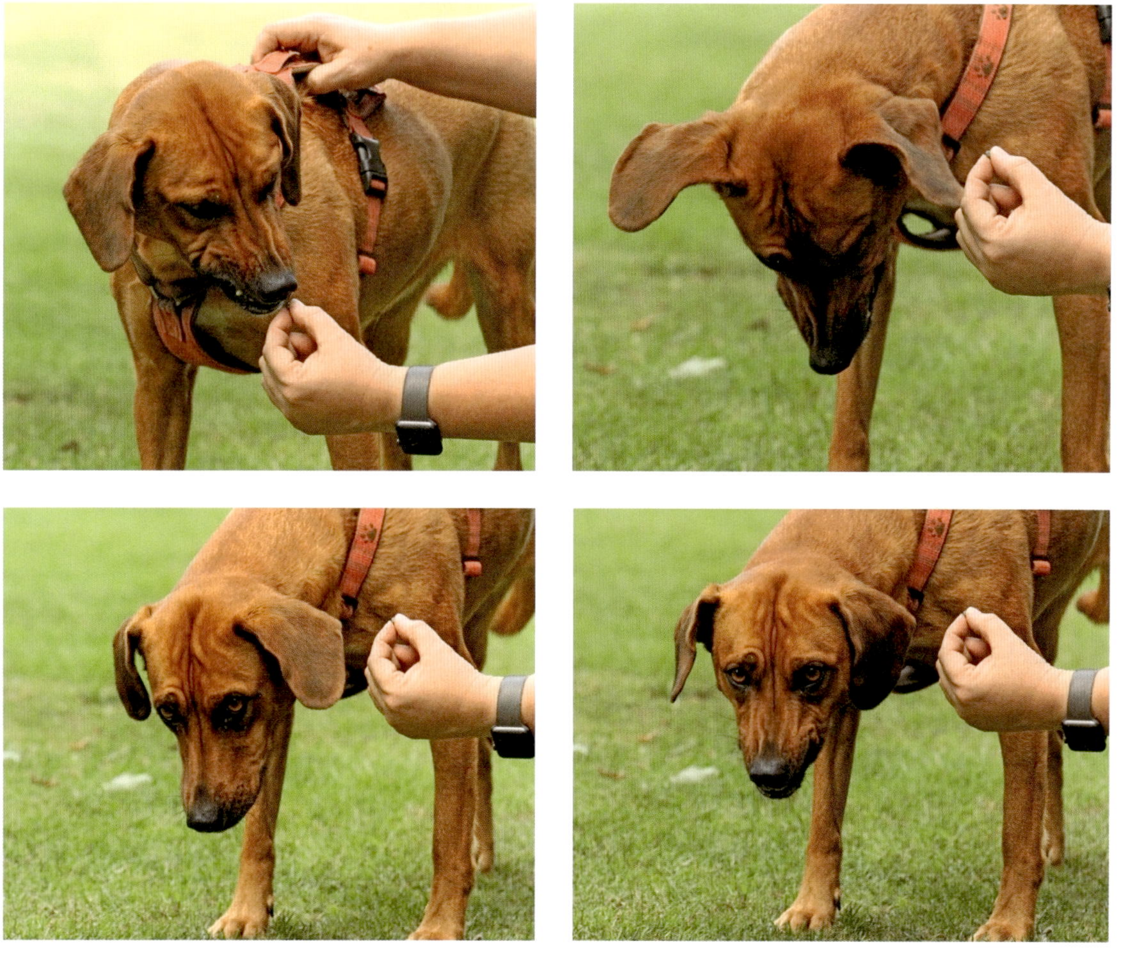

Rhodesian Ridgeback-Mischlingshündin Nelly hat eine abgefallene, vollgesogene Zecke am Boden entdeckt. Es ist bekannt, dass sie sich vor Zecken ekelt, wenn sie vollgesogen sind und ihr mit dem Kopf voraus vorgehalten werden.
Die Gesichtsmimik bei Ekel ist wohl nicht nur kulturell-, sondern auch artenübergreifend: Die Nase wird gerümpft, die Augen werden zusammengekniffen und die Oberlippe wird gekräuselt.

Sie schüttelt sich vor lauter Ekel und Speichelfluss setzt ein.

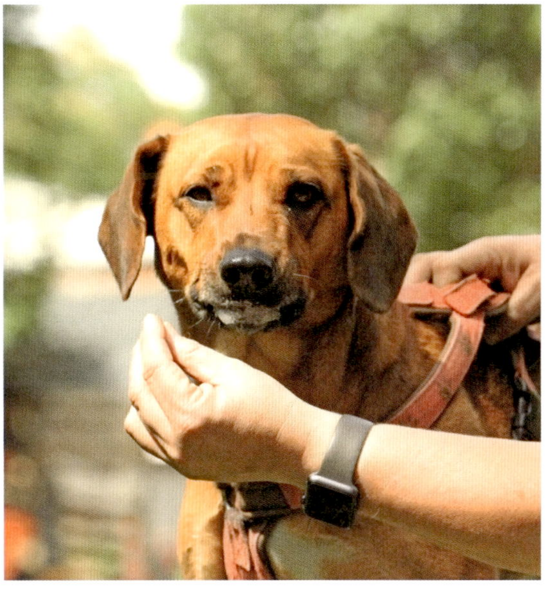
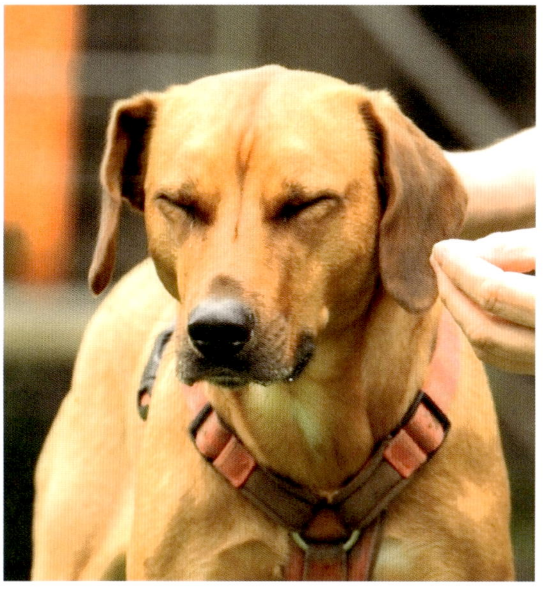

Die Abscheu vor der Zecke ist Nelly ins Gesicht geschrieben ...

An dieser Stelle bedanken (und entschuldigen) wir uns bei Nelly, die tapfer durchgehalten hat, sodass wir diese beeindruckende Fotoreihe zu dem Thema Ekel realisieren konnten.
Sie hat danach verdient besonders gute Leckerchen bekommen! Danke auch an ihre Halterin Annalena Kuhn, die hinter der Kamera stand.

Ekel vor Untergrund

Viele Hunde ekeln sich auch davor, auf bestimmte Dinge ihre Pfoten zu setzen. Natürlich spielt dabei auch ihre besonders gute Riechleistung eine Rolle.

Dieser Hund wird gerade mittels einer speziellen Tellington-Führweise durch das Labyrinth (ein wichtiges Gerät aus dem Tellington-Lernparcours) geleitet.
Er stoppt, weil er am Boden etwas wahrgenommen hat.

Obwohl seine Halterin ihm das Signal zum Vorwärtsgehen gibt, hebt er das linke Vorderbein an, um diese Stelle genauer zu untersuchen.

Erst nachdem er sich wohl von der Unbedenklichkeit dieser Stelle versichert hat, tritt er zögerlich darüber und geht weiter mit.

Unter den Hunden, die an diesem Tag durch das Labyrinth geführt wurden, zeigten einige das gleiche Verhalten wie dieser Magyar Vizsla.

Es gibt viele Berichte und Anekdoten von Hunden, die sich vor etwas ekeln. Quivive zum Beispiel mochte sich nicht auf Wegränder setzen, die voll waren mit den Hinterlassenschaften anderer Hunde. Wenn sie sich doch setzen sollte, schwebte sie mit dem Hinterteil in der Luft – ähnlich unserem Verhalten auf fremden Toiletten, auf die man sich nicht setzen mag. Dieses Bedürfnis, nicht mit etwas Ekelerregendem in Kontakt kommen zu wollen, hat Gabi respektiert und ihr in solchen Situationen kein Sitzhörzeichen mehr gegeben, sie durfte einfach stehen. Wichtig war in erster Linie, dass sie bei Gabi blieb und wartete.

Quivive hasste es auch, in einen – auch den eigenen Kothaufen – hineinzutreten und vollführte jedes Mal einen Riesensatz, um dieses Hindernis zu überwinden, wenn sie nicht seitlich ausweichen konnte. Daran schnuppern ging nur mit gebührendem Abstand.
Erst im Alter, mit dem Nachlassen der Sinnesorgane, wurde sie unkritischer und so musste Gabi sie, mit fast 15 Jahren, manchmal fast davor bewahren, ihre Nase in etwas „hineinzutunken".
Die Kraft ihrer Hinterbeine hatte auch stark nachgelassen, sodass sie oft während des Wasserlassens auf den Boden und damit in ihre eigene Urinpfütze sank. Wieder zuhause, führte sie Gabi zum Abbrausen in die Dusche – sie, die früher die Wasserscheue in Person war!
Das Gefühl des Ekels ist im Alter wohl immer noch vorhanden.

8. Freude

Freude mit einem Gegenstand

Freude ist die Emotion, die wir glauben, am sichersten bei unseren Hunden interpretieren zu können.
Es gibt in der Tat viele eindeutige Ausdrucksmöglichkeiten von Freude, wie in unserem Fotobeispiel von Rani (rechts). Hier spielt sie ausgelassen mit einem von Katjas Schuhen, da diese leider keine anderen Spielzeuge für sie dabei hatte.

Freude am Spiel mit anderen Hunden

Wilde Raufspiele machen Spaß, wenn beide Rücksicht aufeinander nehmen und die Regeln beachten. Außerdem ist es meist von Vorteil, wenn die Größen- und Altersverhältnisse ähnlich sind.

Zerrspiel zu zweit

Zerrspiele sollten gut beobachtet werden, damit beide Hunde Freude haben und kein Streit entsteht.

Freude am Spiel mit bekannten Menschen

Es gibt Hunde, die sehr dosiert spielen und auf Bitte wieder auslassen können. Für andere, die sich ins Zerrspiel hineinsteigern, sollten Spiele gewählt werden, die sie mental mehr auslasten.

Freude am Spiel mit sich selbst

Das lustige Spiel mit sich selbst geht übergangslos in genussvolles Wälzen über. Wälzen in der Wiese, im Sand und im Schnee mach fast allen Hunden Spaß.

!!!

Tipp: Damit Spielen dem Hund Freude bereitet, ist es wichtig, herauszufinden, an welchem Spiel der Hund wirklich Freude hat. Hunde sind ursprünglich Lauftiere und Beutegreifer. Bewegung, Gegenstände apportieren und Wasser gehören für viele Hunde zur Erfüllung von Grundbedürfnissen. Das ist individuell sehr unterschiedlich und kann rassetypisch auf eine bestimmte Eigenschaft (wie zum Beispiel Apportieren) festgelegt sein. Wenn zwei oder mehrere Hunde miteinander spielen, sollten Alter, Gewichtsklasse und Spieltyp (Rauf- oder Renntyp) einigermaßen zusammenpassen. Wir können als verantwortungsbewusste Hundehalter liebevoll und dosiert eingreifen, wenn wir an der Körpersprache eines Hundes sehen, dass das Spiel außer Kontrolle gerät oder einer der Spielpartner eine Pause braucht. Sonst kann aus Spiel schnell Ernst werden oder nur einer der Spielpartner hat wirklich Freude daran (siehe auch im Kapitel Angst, Seite 568).

Freude am Buddeln

Das Buddeln in Sand, Erde und Wiesen kann zur wahren Leidenschaft für manche Hunde werden.
Bewirtschaftete Felder und Grasflächen sollten aber verschont bleiben, denn diese Löcher sind für Mensch und Tier gefährliche Stolperfallen und können daneben auch an landwirtschaftlichen Geräten großen Schaden anrichten. Das unterstützt ein friedliches Nebeneinander von Hundehaltern und Landwirten genauso wie das Aufsammeln der Hinterlassenschaften in den genutzten Wiesen.

Freude am Wasser

Wasser bedeutet für die meisten Hunde große Aufregung. Das kann sich in exzessivem Bellen äußern oder darin, dass die Hunde völlig außer Kontrolle geraten. Auch hier kann man durch die Beobachtung seines Hundes entscheiden, ob ein ruhigeres Angehen oder eine Pause sinnvoll sein können, um diese Aufgeregtheit nicht überborden zu lassen.

Freude an Bewegung

Es ist individuell verschieden, wie sehr Hunde Bewegung lieben.
Es ist selbstverständlich sehr von der Rassezugehörigkeit abhängig, ob Hunde gerne weite Strecken rennen oder eher kurze Sprints machen und damit in einem kleineren Radius bleiben. Grundsätzlich sind Hunde als Lauftiere geboren und es ist zu ihrer Gesunderhaltung wichtig, dass sie sich individuell genügend bewegen können.

Lachen und Lächeln

Lachen können viele Hunde, wogegen Lächeln eine erbliche Komponente zu haben scheint. Es wird von Nachkommen einer Linie gezeigt und von anderen dabei lebenden Hunden nicht.

Rani als Welpe mit einem Lächeln auf den Lippen.

Rani hat sich als erwachsene Hündin ihr Lächeln erhalten.

Dieses Lächeln mit dem Bloßlegen der Zähne kann als Drohen fehlinterpretiert werden, wenn man den Hund nicht kennt. Eve übt hier direkten Blickkontakt aus und hat die Lefzen zurückgezogen wie beim Drohen. Ihre Ohren sehen zurückgelegt aus, wie es auch ein drohender Hund machen könnte. Aber an ihrer locker im Mund liegenden Zunge ist zu sehen, dass sie nicht droht. Und Katja weiß, dass Eve lächeln kann!

Vertrauensvolle Freude am Kontakt mit der Bezugsperson

Trotz einer guten Beziehung zu ihrem Menschen empfinden viele Hunde einen direkten Blickkontakt oder eine intensive Berührung als eher schwierig.

India freut sich über die Berührung ihres Frauchens. Der Ausdruck ihrer Augen, der direkte Blickkontakt, die Stellung ihrer Ohren und ihre Gesichtsmimik bleiben unverändert, als die Hände sie umfassen. Ihre Mundspalte scheint sich zu einem noch größeren Lächeln hin zu verändern. Das ist nicht bei jedem Hund so, vor allen Dingen, wenn der Kontakt frontal von vorne kommt.

Wenn solche liebe- und vertrauensvollen Kontakte in der Welpenzeit angebahnt werden, bleiben sie meist für das ganze Leben bestehen ...

Freude bei der Begrüßung

Oft wird nach dem freudigen Hochspringen das Schütteln gezeigt.

Jeder kann für sich selbst entscheiden, sich von seinem Hund bei der Begrüßung anspringen zu lassen. Andere Menschen sollten allerdings vorher gefragt werden.

Zugehörigkeitsgesten Menschen gegenüber

Manchmal ist Freude nicht so eindeutig an der Körpersprache abzulesen.

Es gibt immer noch genug Menschen, die in einem solchen Verhalten eine Unterwürfigkeitsgeste (submissives Verhalten) ihres Hundes dem Menschen gegenüber sehen.
Es sind aber „Zugehörigkeitsgesten“, welche die innige Bindung zwischen den Familienmitgliedern aufzeigt und bekräftigt, vor allen Dingen dann, wenn man getrennt war.

Zugehörigkeitsgesten anderen Hunden gegenüber

Einige Hunde zeigen ein ähnliches Begrüßungsverhalten (wie das Hinlegen oder sich Kleinmachen) anderen Hunden gegenüber, das schnell als Unterwerfungsgeste fehlinterpretiert werden kann.

Die kleine Sally freut sich riesig, Nachbarshund Olli, einem stattlichen Irischen Wolfshund, zu begegnen. Sie hat keine Scheu, zur Begrüßung an ihm hochzuspringen. Dann legt sie sich immer sofort vor ihm hin und lässt sich beschnüffeln. Ihre Augen sind dabei normal groß und nicht übermäßig gerundet.
Auf dem rechten Foto oben sieht man, dass die beiden Hunde miteinander kommunizieren. Olli zeigt ein Walauge und sie züngelt.

Liebesbezeugung

Auf diesem Bild ist eine Liebesbezeugung zu sehen, wie sie häufig von jüngeren Hunden gegenüber den älteren gezeigt wird. Dhanyi schließt dabei die Augen und den Mund und möchte am liebsten in Arwen hineinkriechen. Sie schätzt ihre erwachsene Ziehmutter und Spielkameradin sehr, zu der sie bis heute aufsieht.

Freude am Kontakt mit Kindern

Es ist nicht selbstverständlich, dass alle Hunde derart gelassen und freudig mit sehr kleinen Kindern umgehen. Es gibt individuell Hunde, die kleine Kinder einfach lieben und es gibt Hunde, die grundsätzlich im Umgang mit Kleinkindern besorgt und damit angespannt sind oder die auf Grund fehlender Erfahrungen ablehnend reagieren.
Wichtig dabei ist auch stets, wie der Hundehalter und die Eltern dem Kontakt gegenüber stehen, da sich der Hund viel an deren Reaktionen orientiert.

Hier entdeckt die junge Golden Retriever-Hündin Kalea die Tochter einer Freundin ihrer Halterin. Die beiden kennen sich bereits, doch sie sehen sich nur selten. Kalea freut sich sehr. Sie nähert sich dem Mädchen sehr bedacht und legt sich sogar auf den Rücken.

Terrier-Mischlingshündin Tamika hat sich voller Freude vor dem etwa sieben Monate alten Kind, das sie sehr gut kennt, auf den Rücken gelegt. Es ist für Kind und Hund immer schön, solche Kontakte zulassen zu können.

Lebensfreude trotz Handicap

Hunde mit Handicap können genauso viel Lebensfreude haben wie gesunde Hunde. Mitentscheidend ist die positive Einstellung des Halters, dass diese Hunde lebensfroh bleiben.

Luke

Luke hat, unfallbedingt durch eine Oberschenkelschaftfraktur, eine Lähmung des rechten Hinterbeins.

Wie man sieht, hindert ihn das nicht am Schwimmen und ausgelassenen Herumtoben.

Hunde können in ihrer – Lebensfreude trotz ihres Handicaps – dem Menschen echte Vorbilder sein *(siehe auch Teil 1, Kapitel Die Rute, Seite 272).*

Tristan

Tristan hat nach einer bakteriellen Meningitis eine Lähmung ab der Mitte des Körpers. Die Ärzte haben ihm keine Chance gegeben, je wieder laufen zu können, aber Katja und ihre Familie haben sich von dieser Prognose nicht entmutigen lassen und alles getan, was sie aus der Tellington-Methode kennen, um ihm wieder ein gutes Körpergefühl und Kraft zu geben. Homöopathie, Akupunktur und Osteopathie haben weiter dazu beigetragen, dass Tristan sich wieder gut bewegen kann.

Heute läuft er wieder auf Spaziergängen mit und freut sich – gesichert mit einer Schwimmweste – über jeden Badespaß.

Stöckchenspiel mit Dhanyi

Tristan und seine Familie auf einem Spaziergang

(Weitere Informationen zu Tristan finden Sie in dem Kapitel Schmerzgeschehen und Erkrankungen, Seite 333.)

9. Neugierde

Neugierde bei Welpen

Schon Welpen zeigen eine erforschende Neugierde, fremde Dinge zu erkunden.
Heute weiß man, dass Welpen schon zu einer Zeit, die sie noch beim Züchter verbringen, schonend und dosiert mit unterschiedlichen Umweltreizen in Kontakt kommen sollen. Ab etwa der vierten Woche erkunden sie mit Neugierde ihre Umwelt, die nicht zu reizarm sein sollte.
Sie benutzen dabei ihre Sinnesorgane, die Pfoten oder den Mund. Das kann man sich zum Beispiel beim Clickertraining zunutze machen und erste Übungen aufbauen.

Neugierde im Zusammenhang mit Wasser

Hunde, die Wasser als Welpen kennengelernt haben, genießen das Planschen und Schwimmen oft ein Leben lang. Es gibt aber auch sehr wasserscheue Hunde, die sogar vermeiden, dass die Pfoten nass werden.

Man kann es vorsichtig erkunden...

...oder man nimmt gleich ein Bad.

Neugierde gepaart mit Vorsicht

Neugierige Hunde sind wissbegierig und lassen sich oft auch leichter trainieren, weil sie offen sind für neue Erfahrungen. Wenn Vorsicht mit im Spiel ist, sind positive Lernerfahrungen in kleinen Schritten sinnvoll.

Dobermann-Hündin Inca wird auf das Zusammentreffen mit Sloughi-Welpe Chemsi vorbereitet. Chemsi hat während der Fahrt auf dem roten Pulli gelegen und Inca nimmt vorsichtig, aber doch neugierig den neuen Geruch auf.
Ihr Körperschwerpunkt ist dabei nach hinten verlagert, der Hals ist weit vorgereckt.

In einer ähnlichen Körperhaltung findet auch der erste Kontakt statt, Inca wirkt fluchtbereit und Chemsi hat sich beschwichtigend mit dem Rücken zu ihr hingesetzt.

So ein ambivalentes Verhalten (das Schwanken zwischen Neugier und Vorsicht) lässt sich bei vielen Hunden beobachten, weil hier widersprüchliche Emotionen gleichzeitig vorhanden sind.

Kopfhaltung bei Neugierde

Die meisten Hunde kippen bei ungewohnten Geräuschen oder Situationen den Kopf.

Inca beobachtet neugierig die spielende Chemsi.

Katjas Hündin Lavjama hört ein küssendes Geräusch.

Auch Ischka und Arwen drehen und kippen hier neugierig den Kopf.

Ob Quivive einen Maulwurf graben hört?

Manche Hunde wie hier Jean heben die Vorderpfote an, ähnlich wie beim Vorstehen, wenn sie etwas bemerken, was ihre Neugier erweckt.

Schlusswort

Liebe Leserinnen und Leser,

wir haben mit Freude viele Beispiele zusammengetragen, um Ihnen die Körper- und Signalsprache als Ausdruck der Emotionen von Hunden nahezubringen. Wir hoffen, dass Sie Hunde nun mit anderen Augen betrachten und das jeweilige Verhalten besser einordnen können. Beherzigen Sie unseren Vorschlag, viele Fotos zu machen und schulen Sie weiter Ihren Blick und Ihre Wahrnehmung für die vielen kleinen Veränderungen und subtilen Signale, die Hunde zur Kommunikation nutzen. Es ist dabei absolut nicht notwendig, Hunde für solche Fotos in Situationen zu bringen, die provozierend wirken, gefährlich werden könnten oder Angst auslösen. Denn gerade die alltäglichen Begebenheiten und Begegnungen werden von diesen subtilen Signalen und minimalen körpersprachlichen Veränderungen begleitet. Diese im Vorfeld von Eskalationen zu erkennen, ist Ziel des Buches.
Wahrscheinlich ergeht es Ihnen bald wie uns – wir nehmen Hunde vornehmlich erst einmal unter diesem Aspekt wahr und sind immer wieder fasziniert, wie viel uns das über ihre emotionalen Stimmungslagen sagt und wie sehr unsere Fähigkeiten und Möglichkeiten, verständnisvoll zu agieren, dadurch erweitert werden.
Wenn Sie irgendwann gar nicht mehr anders können, als ständig auf die kleinen Signale zu achten und sich selber fragen, wieso Ihnen das vorher nicht aufgefallen ist – dann hat das Buch sein Ziel erreicht.
Wir freuen uns über Ihre Bewertungen im Internet und/oder Ihr Feedback an den Verlag unter info@kynos-verlag.de und wünschen Ihnen viel Spaß und weiterhin Erfolg beim Erlernen der Hundesprache!

Danke

Dieses Buch wäre ohne die dankenswerte Mitwirkung vieler Hunde und Menschen nicht zustande gekommen. Wir danken an erster Stelle unseren eigenen Hunden, die als Hauptdarsteller in diesem Buch auftreten.

Wir möchten auch allen anderen Hunden danken, die in unserem Buch abgebildet sind.

Udo Kopernik ermöglichte uns mit einem wunderbaren und professionellen Vorlayout, eine Vorstellung davon zu entwickeln, wie das Buch aussehen könnte. Herzlichen Dank dafür!

Lotte Maue half uns, Logik und Struktur in den Erstentwurf hineinzubringen. Danke an Lotte und auch an Andreas Krauß für ihre Unterstützung bei der Erstellung der Bild- und Textdateien am Computer. Wir danken Kristina Maue-Limbach für die Übersetzung von Lindas Vorwort.

Gisela Rau, Nicole Hilgers und Erika Dick vom Kynos-Verlag haben uns sehr unterstützt. Dafür ganz herzlichen Dank.

Katjas spezieller Dank geht noch an Her Highness Sheikha Latifa Bint Mohammed bin Rashed al Maktoum. Sie und ihre Familie ermöglichten es ihr, einen Eindruck von der Liebe zu Hunden in den Vereinigten Arabischen Emiraten zu erhalten und diese Eindrücke auch auf Fotos zu bannen.

Wir danken ganz besonders Linda Tellington-Jones für ihr wertschätzendes Vorwort und ihre Inspiration.

Unsere Tellington-Kolleginnen Dipl. Biol. Karin-Petra Freiling, Dipl. Psych. Lily Merklin und Dr. med. vet. Daniela Zurr haben das Buch mit ihren Fachbeiträgen bereichert, wofür wir uns bedanken.

Wir danken denjenigen, die uns für das Buch Statements geschrieben haben.

Allen, die uns für diesen Bildband Fotos zur Verfügung gestellt haben, ein herzliches Dankeschön.

Unser ganz besonderer Dank gilt auch den Familien der Autorinnen, die über Jahre das intensive Arbeiten an dem Projekt ermöglicht und mit Geduld mitgetragen haben.

Bildnachweis

Alle Bilder sowie Titelfoto Krauß, Katja und Maue, Gabi außer: Betz, Ingrid: S. 98; Boiselle, Gabriele (www.editionboiselle.de): S.6/7; Braun, Ursula: S. 365 o. li., 441 alle; Büschel, Marion: S. 253, 255 o.; Grobecker, Lina: S. 613 u.; Grote, Esther: S. 225 re.; Hares, Michaela: S. 8 o., 10 u., 139 u., 215 o.; Hoffmann, Natascha: S. 8 mi.; Hoffmann, Sandra: S. 534 mi.; Janssen, Anne: S. 18, 259 o., 585 u.; justjofotografie.nl: S. 11 u.; Kehrl, Jan: S. 178/179; Kess, Volker: S. 9 u.; Kiefer, Anja: S. 9 mi.; Kopernik, Renate: S. 8 u.; Kovanidis, Pantelis: S. 9 o.; Kuhn, Annalena: S. 40 re. u., 44/45, 153 u., 462 Bild 2+3, 504 mi. u., 505 mi. u., 506/507, 569 u., 598 – 601, 608 mi., 618 u. re.; Kuhn, Sabine: S. 257 u.; Löffler, Silke: S. 271 u. re.; Maue-Limbach, Kristina: S. 88 u., 122 u., 294 alle, 317 beide o., 422 o., 492, 493, 552 u. re., 607 o.; Maue, Lotte: S. 380 u.; Maue Wolfgang: S. 20; Mehrwald, Judith: S. 139 o.; Meisel, Thomas: S. 11 o.; Meissner, Jutta: S. 323 o.; Munninger, Nicole: S: 270 o. re., 370, 378 alle, 384/385, 489 alle, 502 alle vier; Swiatkowska, Marta: S. 610 beide oben; Pecqueux, Mathieu: S. 604/605; Raidt, Peter: S. 320 u. li.; Rau, Gisela: S. 250/251; Rickert, Dr. Daniela: S. 10 o.; Schöning, Dr. Barbara: 10 mi.; Sieber, Antonia: S. 78/79, 245 o., 270 o. li., 276 m.; Wild, Ingrid: S. 254 o. li., 266 alle, 267 alle